U0304567

狗的情义

THE
SPIRIT
OF THE
DOG

THE SPIRIT OF THE DOG
An illustrated history

狗的情义

[英] 塔姆欣·皮克拉尔 著

[英] 阿斯特丽德·哈里森 摄

杨莎 译

新星出版社 NEW STAR PRESS

著作权合同登记图字：01-2018-3703

图书在版编目（C I P）数据

狗的情义 /（英）塔姆欣·皮克拉尔著 ；（英）阿斯
特丽德·哈里森摄 ；杨莎译. —— 北京 ：新星出版社，
2019.3
　　ISBN 978-7-5133-3262-0

Ⅰ . ①狗… Ⅱ . ①塔… ②阿… ③杨… Ⅲ . ①犬－通
俗读物 Ⅳ . ①S829.2-49

中国版本图书馆CIP数据核字 (2018) 第244585号

狗的情义

［英］塔姆欣·皮克拉尔 著
［英］阿斯特丽德·哈里森 摄

杨莎 译

责任编辑　汪　欣
特邀编辑　贺　静　江起宇
装帧设计　李照祥
责任印制　廖　龙
内文制作　田晓波

出　　版　新星出版社　www.newstarpress.com
出 版 人　马汝军
社　　址　北京市西城区车公庄大街丙 3 号楼　　邮编 100044
　　　　　电话 (010)88310888　　传真 (010)65270449
发　　行　新经典发行有限公司
　　　　　电话 (010)68423599　　邮箱 editor@readinglife.com
印　　刷　北京利丰雅高长城印刷有限公司
开　　本　920mm×1270mm　1/8
印　　张　36
字　　数　242千字
版　　次　2019年3月第1版
印　　次　2019年3月第1次印刷
书　　号　ISBN 978-7-5133-3262-0
定　　价　198.00元

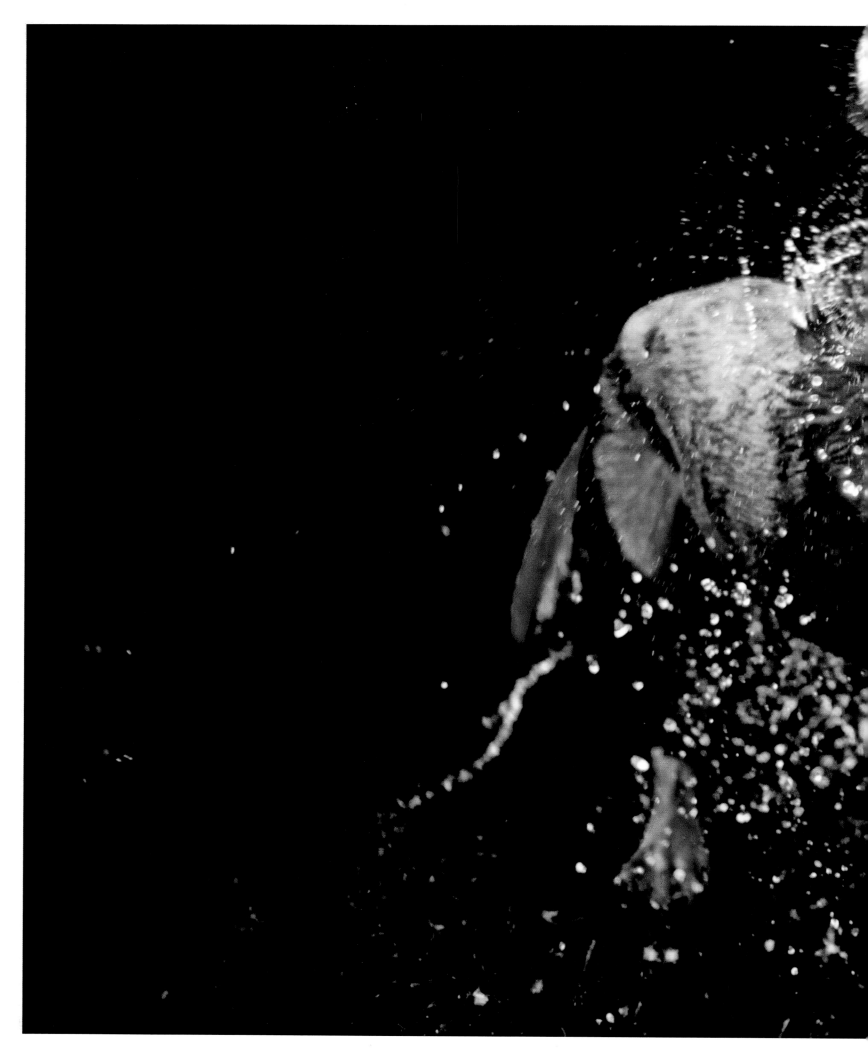

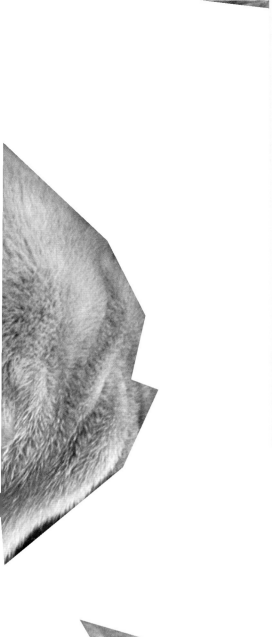

目 录

前言

作为一个致力于为人与犬建造更美好世界的人，我常常为这种生物给人们带来的挑战、惊喜与充实感到震撼。它们天生具备这种取之不尽的神奇能力。身为驯犬师与行为学家，我的主要工作是加深主人对狗的理解，帮助他们建立更健康坚实的情感纽带。

数千年来，世界逐渐被人类主导。从古到今，在不同程度上被人类驯化、在人类社会中蓬勃繁衍的物种比比皆是。而我认为，论适应、发展、维系与人类复杂的共生关系，今天的犬类可谓无与伦比。

现代犬何以在这个驯化它们的生疏世界大获成功？它们的祖先狼要在漫长的驯化史中培养出怎样的特性？一个物种，是如何顺利融入另一个体形迥异、行为也千差万别的物种的？它们又拥有怎样奇妙的能力，可以与人类情感相系、共生共存、心灵相通？

终于，现代行为学解答了一部分问题，但为了从真正意义上理解人类的朋友——狗，我们也必须了解它们的进化与发展史，并学会欣赏潜藏在人与狗之间的易被忽视的力量。

本书用优美的语言翔实地讲述了犬的历史。塔姆欣不仅以多彩的笔触清晰地描绘出每种犬的演化，更编织出了人与犬共生的美好旅程。人类的历史如此漫长，有些甚至不堪回首。《狗的情义》在历史的漫漫长河中探索着不同犬种扮演的多种角色。本书不仅包含各犬种的历史与资料，还悉心为我们讲解了为什么人类最好的朋友有着今日的行为举止、喜怒哀乐。

阿斯特丽德高超的拍摄技巧与塔姆欣的叙述相得益彰。我曾与数位专攻犬类的摄影师共事，本书中的照片是我见过的最精致细腻的。

讲解各类犬种的历史，展现它们与人类相处的方式，描述它们对人类的重要性，可谓一项伟大的工程。塔姆欣与阿斯特丽德共创佳作，歌颂了人与犬之间别样的感情。不管你是不是"狗的喜爱者"，都应承认，几个世纪以来，这个神奇的物种为人类社会与文明带来的影响是毋庸置疑的。本书不仅从学术上讲述了狗作为生物的发展历史，更为我们打开了一扇窗，深入探讨它们自被驯化以来，如何变成了今日的样子，以及人类又该如何肩负起驯化的责任，更加人道并满怀尊敬地与它们共处下去。阅读着妙趣横生的文字，欣赏着精美的摄影作品，读者一定不会感到无趣。

作为一名爱犬人士、驯犬师与狗主人，谨祝各位读者像我一样喜爱这本书，从中汲取更多知识。

维多利亚·史迪威
（英国知名驯犬师、作家）

导语

比起其他生物，狗更深入地介入了人类的生活。它们是人类最值得信赖的朋友，从不记恨我们的过错，热衷于以各种方式取悦我们，也是我们最忠诚的倾听者。它们不会评判我们，只是一味地给我们带来欢欣与慰藉。狗的陪伴、敏感、聪慧、与人类情感上的共鸣，甚至是些许幽默感都加深了人与犬之间独特的感情，这弥足珍贵，却也容易被忽视。人们对狗的诸多精神感同身受，那是在漫长复杂的历史中孕育出的特殊情感——狗与我们的祖先为伴，为他们战斗、觅食、守卫家园、奔波放牧，甚至在寒冷的夜晚献出自己仅有的温度。狗始终对人类无私奉献，并丰富着人类的生活，它们至死不渝的忠诚在变幻莫测的世界里始终如一，无一例外。无论是怎样的狗，大型或小型，温柔或强势，活泼或慵懒，它们在颜色、毛发、形体、叫声或性格上如何不同，都毫无保留地为人类倾尽所有。

比起其他被驯化的生物，天赋各异的犬类或许参与了更多领域。在古代迷信和神话中，它们与诸神并驾齐驱。它们曾带领探险家开拓南北极，成为北极圈文明举足轻重的成分。特色名犬常被作为外交礼物赠予他国。它们还跋山涉水寻找失踪人口，追寻炸弹与非法物品，并在必要时守护人类。而在犬类竞赛的跑道旁，人们的财富或聚或散；犬展一结束，主人追逐名利的梦也或圆或碎。服务犬为盲人、聋哑人等残障人士提供必要的帮助，另外一些则在船只、民宅或工厂负责驱逐害兽。它们看护牲畜、照料儿童，在数百年间都是绘画或故事的热门题材，甚至渐渐成为电视剧、动画片和好莱坞电影的明星。狗对人影响深远，以至于它们的形象被广泛使用，从画作到香烟，从歌曲到洗洁剂。在生活的方方面面，几

乎找不到完全没有狗涉足的地方。它们时刻准备着加入我们的旅程，带来无穷无尽的生活情趣。此外，在某些地域，狗依旧是一种重要的食物来源。

确凿的考古证据显示，人犬关系始于一万四千年前。原始证明来源于墓穴，许多家犬与人类的骸骨共葬。例如德国距今一万四千年的波恩·奥博卡塞尔墓，与人同眠的家犬昭示着与人类特别的关系。在某些复杂的文化背景下，犬也肩负着守卫躯体、引领逝去亡魂前往"灵魂世界"的重任。除了南极洲，各个大陆都发现了犬的墓穴，犬也与历史上几乎所有的主流文化群体有交集。

考古证据为解读犬的历史提供了必要线索，基因研究又进一步对这段历史做出了解释（使之复杂化）。两种结论相互矛盾，使犬的起源至今都饱受争议。目前能确定的是，家犬从灰狼衍化而来。而衍化的起始时间、地点以及时长都未能达成共识。人们在欧洲及亚洲地区发现了类似犬的化石，最早的一些来自比利时的戈耶洞穴，距今三万一千七百年。它们被认为是比狼更早的史前犬类，可以用来研究两者的进化。

目前广受认可的驯化期介于距今一万四千年到一万五千年之间。研究者普遍认为家犬可能源自三个地域，这三处均合乎科学考证，但缺乏确凿证据。第一处是中东，佐证是考古学家在此地发现的遗留物，第二处是欧洲及东南亚，第三处是东亚的长江南部。为判断驯化时期，专业人士研究了各地犬类留下的线粒体DNA，并提出了种种论据，其中萨沃莱宁[1]等人在二〇〇二年，庞先生[2]等人在二〇〇九年，丁女士[3]等人在二〇一一年分别提出了论据。

造成这一重大进化的契机尚且不明。也许幼小的灰狼被人类的炉火或残羹吸引，发现与人类共同生活比在野外独自求生更轻松；也许是人抓住了狼崽，将它们驯养长大，久而久之，这种动物的颌骨与牙齿发生了变化，

①彼得·萨沃莱宁，瑞典皇家理工学院的遗传学家。
②中科院昆明动物研究所的庞峻峰博士。
③中科院昆明动物研究所的丁昭莉博士。

体形逐渐缩小，行为举止也与以往大相径庭。但迄今为止并无证据表明，最初的驯化是单独事件还是在多地发生的事件。

帕克[①]等人在二○○四年的研究中表明，最古老的犬种共有四种：亚洲尖嘴狐狸犬（沙皮犬、柴犬、秋田犬、松狮犬）、原始非洲巴仙吉犬、北极尖嘴狐狸犬（阿拉斯加雪橇犬、西伯利亚雪橇犬），以及视觉猎犬（阿富汗猎犬、萨路基猎犬）。灰狼如何演变成了如此繁多的种类至今尚不明确，但据推测，随着文明的发展，犬也衍生出了各项能力，以满足人类的需求，其中以农业用途为最。距今六千年前的中东及欧洲的文艺作品与考古证据都证实了诸多犬种的存在，其中就有视觉猎犬、獒犬、小型犬及多种其他猎犬。当早期文明从中亚、东亚向外发展时，人们往往带着家犬迁移，它们也因此在新环境中进化出了新能力。如果说东南亚和中亚是家犬的"故乡"，那么中东和欧洲就是它们成长的"阶梯"。在那里，许多早期犬发生了演化并定型。

近几百年来，今天见到的主要犬种才得以形成。此前，犬的分类清晰明显，人类也培养不同犬种从事给定的工作。但这段历史没有实证，也没有犬谱留存于世。也许起初就无人撰写这些材料，或是在流传中遗失了。现在公认的犬种来源大多与一些专业的养犬俱乐部有关。犬种标准日益严格，养犬俱乐部通过犬展、野外测验等竞争手段保护并推广各个犬种。主流的养犬俱乐部，如世界犬业联盟（FCI）、美国养犬俱乐部（AKC）及英国养犬俱乐部（KC）等，将不同犬种分成犬组。犬组按用途分类，如美国养犬俱乐部的"牧羊犬"组（包括畜牧犬）、英国养犬俱乐部的"猎犬"组、世界犬业联盟的"视觉猎犬"组，不过各大犬种俱乐部分类的方法略有不同。本书介绍的各类犬种基于个人挑选，并不与任何俱乐部的分类挂钩。在犬种的"用途"栏里会列出它们曾经及现在的长项与天资，但它们的才能远远不止这些。

本书列举的犬种均会标明"现代"或"古老"，现代犬发源于几百年前，其余皆为历史犬种（其中有些显然更为古老）。一些犬种，如骑士查理王小猎犬由特定历史犬种演化而来，但近年来才定型。此外，犬种亦划分成"稀有"、"中等"或"寻常"。这主要指该犬种在全球范围内的数量，仅作参考——有些特定犬种在某些国家广受欢迎，在另一些地方却默默无闻。

许多早期犬种和特定犬种的历史仅来自传说，并没有真凭实据；而科学印证之路也几经反复，证实被推翻，又再度被证实。可以确定的是，犬类是最先被人类驯化的生物，抑或说是对方选择了人类。犬与人相依相伴，人与犬共生共存，在漫长的岁月中彼此陪伴，进退与共。犬的精神是那样谦恭而深不可测，它们美好的品质触动人类的灵魂。鲜有动物始终如一地对人类表达自己的忠诚、大度与爱意，每当人类需要时，它们一定会挺身而出，捍卫或宽慰人类。无论主人是国王还是乞丐，犬永远是人类最忠实的友人。请不要误会，我们可以认为自己在物种上更为优越，但笑到最后的或许是狗：它们占据着家里最温暖而舒适的角落，在倾盆大雨中把我们拖出房门，训练我们一次又一次丢球让它们玩耍……

---

①海蒂·帕克，美国国立卫生研究院研究员。

第一章
优雅与速度

视觉猎犬是犬类中的纯种犬。它们生来迅捷灵敏，运动能力超群，是奔跑速度极高的犬种。同时，也是最古老的犬种之一。视觉猎犬有辉煌的历史，曾与古代君王和统治者有不解之缘，它们的尊贵尽显无疑。艺术作品中对视觉猎犬优雅外形的描绘也多于其他犬类。

正如其名，视觉猎犬靠视力追逐猎物。它们大多疾驰如风、精力超群，拥有强健的体格，生来就是运动健将。它们头骨较长，头部的长度大于宽度。这一特质与狼及野狗一致，给予视觉猎犬比大多数犬种更宽阔的视野。而其他犬种在漫长的驯化中多形成短小偏宽的头部。视觉猎犬最适合在开阔地形狩猎，那里更有利于它们一眼捕捉到猎物的踪迹。它们大多拥有健壮的长腿，迈出的步幅更大，能轻松疾驰。视觉猎犬以独立与聪慧著称，善于解决问题，即便没有人类的引导也能独立捕猎。每当追捕开始，它们其实是主动追踪、抓捕，并在猎人赶来前扑住、咬杀或衔回猎物。遗憾的是，它们与生俱来的智慧或许与人犬关系存在冲突，毕竟拥有智慧不等同于接受服从：你丢出一根棍子，很可能不得不自己捡回来。

大多数视觉猎犬的天性是极其亲近主人，却对陌生人十分冷漠。它们的行为非常极端——既能猎杀郊狼、豺狼与野狼，又能默默地奉献自己的一切。某种程度上，这种特性让它们在驯化环境中占据了独特的地位。自从有关于视觉猎犬的记录以来，它们便与主人共同生活，既被视作家养宠物，也是重要的狩猎伴侣。另外一些在犬舍长大的专职的工作犬或猎犬则不然，如某些猎犬、护卫犬、气味猎犬及畜牧犬。

这类视觉猎犬精确的起源大多成谜，但惠比特犬除外，它们发展于十九世纪的英国。研究者普遍认为视觉猎犬发源于美索不达米亚、"新月沃土"地带部分地区、今日的伊拉克、叙利亚东北、土耳其东南、伊朗西南及东欧等地区。即便近期研究显示家养犬发源于一万五千年前的东南亚，视觉猎犬依旧在上述中东区域完成进化。人们在史前的苏萨城址发掘到陶瓷碎片，这里位于伊朗底格里斯河的东面。碎片上的犬类图案具备视觉猎犬的典型特征，研究者普遍认为那是公元前四千年的萨路基猎犬。人们在突尼斯奥斯特山的原始岩画中也发现了形似北非猎犬的视觉猎犬的图案，这些岩画完成于公元前七千年到公元前五千年之间。古埃及、古希腊及古罗马时期，视觉猎犬的形象开始较多地留存下来。考古学家从埃及古墓中发掘出了视觉猎犬的木乃伊，墓中还留存着它们的画像和雕塑。

古往今来，视觉猎犬常与名人或位高权重者为伴。二十世纪之前，它们也经常被作为外交礼物赠予他国。亚历山大大帝（前356—前323）喜欢带着视觉猎犬狩猎，它们的速度可以追上马匹。亚历山大大帝从高卢地区莱茵河西南的塞金部落引进了许多视觉猎犬。十一世纪，英国国王克努特大帝（约985—1035）禁止普通民众饲养灵缇犬，因为它们是皇家用于狩猎的御用犬。但目前并无史实证明这一点。几百年后，到了一六一九年，美国弗吉尼亚州议会为保护他们狩猎的"正当权益"，明令禁止将灵缇犬出售给美国民众。然而，大量视觉猎犬依旧被进口到北美洲，携猎犬狩猎成了风靡一时的消遣，同时也成为控制害兽的有效手段。乔治·阿姆斯特朗·卡斯特将军（1839—1876）喜爱狗，甚至在战时也带着自己的灵缇犬及猎鹿犬。一八七六年，卡斯特最宠爱的猎鹿犬"塔克"伴他参加小巨角河战役，一起战死沙场。

　　视觉猎犬在欧洲宫廷也备受欢迎，特别是法国、西班牙和意大利。法国国王路易十一（1423—1483）就对灵缇犬情有独钟。他的一只灵缇犬戴着猩红色的项圈，上面镶嵌着二十颗珍珠；另一只则拥有自己的床铺和睡衣。贵族与灵缇犬的感情十分深厚，一三〇六年，当罗伯特·布鲁斯的夫人伊丽莎白被爱德华一世（1239—1307）监禁时，始终坚持与"……三只灵缇犬、一个醒酒器及一名负责整理床铺的仆从"一同入狱。维多利亚女王（1819—1901）与丈夫阿尔伯特亲王（1819—1861）同样喜爱养犬，并豢养了许多犬种，包括灵缇犬与波索尔犬。其中波索尔犬是沙皇亚历山大二世和三世所赠的礼物。女王对特定犬种的垂爱也带动了当时民间养犬的风潮。

　　如今在许多国家，视觉猎犬捕猎的原始用途已渐渐过时，它们更多被用于赛事或诱猎追捕。在诱猎追捕中，赛犬要通过曲折蜿蜒（或设有路障）的指定路线追逐仿真的机械诱饵。评分方法因国而异，但会依据几个固定标准，如速度、灵敏度、耐力、智商与热情。纵使千年间视觉猎犬的角色已逐渐改变，它们的本性却始终如一。它们是强壮有力的运动健将，也能随时摇身一变，成为播撒快乐的居家良伴。

萨路基猎犬

古老-中东-稀有

体形

♂ 58-71 厘米 /23-28 英寸。
♀ 相对较小。

外观

优雅聪慧，擅长运动。头部狭长，双耳间距较宽，椭圆形的眼睛眼神温和。长耳上的毛发长而光滑，颈部纤长柔顺，胸部深陷而较窄。背宽；腰部圆拱，肌肉发达；腹部紧实。结实的髋骨分得较开。尾部位置低，自然下垂，尖端有饰毛。

毛色

颜色多样，无斑纹（棕色、褐色及其他颜色的斑纹混色）。毛发柔软光滑。耳部、尾部及足部或有饰毛。

用途

原用于捕猎瞪羚羊、野兔、狐狸，诱猎追捕、竞赛犬，也作伴侣犬或展示犬。

萨路基猎犬得名于古代阿拉伯的萨路基市，一说得名于叙利亚的塞琉西亚城。它们是最古老的犬种之一，与古代美索不达米亚平原有不解之缘。这片地区大致相当于今日的伊拉克、叙利亚东北、土耳其东南及伊朗西南等地区。人们在此地发掘了大量遗迹，其中不乏符合萨路基猎犬形态的考古证据，如在苏美尔帝国及苏美尔人居住地区挖掘出的公元前四千五百年至公元前四千年间的人工制品。在伊朗的苏萨城址发掘出的陶瓷碎片上，明显能看出萨路基猎犬的形象。

萨路基猎犬原是"埃及皇室犬"，考古学家从埃及古墓中勘察到了形似萨路基猎犬的木乃伊，它们列葬在主人身旁。不过，真正打造出萨路基猎犬的是中东广袤内陆地区的游牧民族。游牧民族主要指阿拉伯的贝都因人，他们称萨路基猎犬为"艾尔霍"，意为"神圣之物"或"安拉的馈赠"。贝都因人竭尽全力，培育出这一美貌无双、速度超群并极具忍耐力的生物。

人们为了储备短缺而珍贵的粮食，训练萨路基猎犬捕猎瞪羚羊、野兔、狐狸及其他小型动物。这一犬种能与鹰配合进行捕猎行动。猎人先放飞鹰，鹰一旦侦测到猎物，便在上空盘旋导猎，被松开的萨路基猎犬随即追赶并咬住猎物，骑马的猎人紧随其后赶到。伊斯兰教习俗要求猎人以特定的方式杀死猎物。因此，人们训练猎犬捕捉并控制猎物，却不咬死它们。为了顺利捕猎，萨路基猎犬在进化中具备了卓越的体能和力量，无论在松软的沙地还是遍布岩石的粗糙陆地，都能顺利完成任务。它们看似优雅娇弱，实则强大可靠，耐力十足。

在诸多贝都因部族及中东的大片地区，萨路基猎犬的演化大同小异。时至今日，它们分化出了不同体形、体重及身高的品种，有的身披光滑的皮毛，有的则全身多毛。

贝都因人的牧民天性在很大程度上促进了萨路基猎犬在中东的传播，也使这一犬种散布到更为广泛的地域。它们在唐朝被引入中国。西安附近出土的章怀太子墓壁画证实了这一点。在许多中国出土的艺术作品中也出现了类似的形象，比如明宣宗朱瞻基以两只萨路基猎犬为题的名画。

英国萨路基猎犬发展历史中的关键人物是弗洛伦斯·阿默斯特夫人，她从埃及买来一对萨路基猎犬，并在诺福克建立了阿默斯特犬舍。另一位重要人物是弗雷德里克·朗斯准将，他从今日的特拉维夫买回两只萨路基猎犬，带到了英国，其中一只名为萨罗纳·凯博的萨路基猎犬成为犬展上的明星。他在英国为其配种，并为这一犬种在当地的繁衍做出了突出贡献，影响深远而广泛。一九二三年，英国萨路基猎犬俱乐部（也称瞪羚羊猎犬俱乐部）成立，萨路基猎犬的犬种标准由此确定下来，这种犬也正式被英国养犬俱乐部认可。时至今日，依然有一批核心育犬者及爱好者热衷于萨路基猎犬，但它们的数量仍然稀缺。

北非猎犬

古老–中东/北非–稀有

体形

♂ 66–72 厘米 /26–28.25 英寸。

♀ 61–68 厘米 /24–26.75 英寸。

外观

优雅活泼，高贵而威严。身形纤细，头部呈楔形，吻部与头骨等长。三角耳下垂于头部两侧，耳尖较圆。椭圆形的眼睛大而深邃，眼神温和。在浅色猎犬中也属色浅的。颈部纤长优雅，微微前倾。胸骨突出，前胸不宽。背部线条流畅，呈水平状。腹部极为紧实。腰部宽而短，腰肌发达，微微上提。尾巴与背部连接流畅，长达跗关节，移动时永不过背线。四足细长，形似兔足，弯曲的线条优美。

毛色

从浅沙色到赤沙色（浅黄褐色），口鼻或漆黑，身体或有斑纹。毛发精短利落。

用途

在原产国用于捕猎瞪羚羊、野兔、狐狸、野猪及小型动物，诱猎追捕、竞赛，作展示犬或伴侣犬。

北非猎犬又名贝都因灵缇犬或阿拉伯灵缇犬。它们来自北非的沙漠地带，与阿尔及利亚、突尼斯、利比亚、摩洛哥的贝都因游牧民族有着千丝万缕的联系，其祖先很可能来自中东。北非猎犬是古老犬种，起源至今成谜，几乎没有明文记载或物证保留下来。一个珍贵的证据是在突尼斯奥斯特山发现的原始岩画，这些完成于公元前七千年至公元前五千年间的岩画上出现了形似北非猎犬的视觉猎犬。人们经常将北非猎犬与萨路基猎犬混淆。萨路基猎犬是来自中东的视觉猎犬。近期的线粒体基因测试证实，它们并非同一犬种。然而，两者也的确具备一些生理上的共性。古往今来，可以说它们是沿着平行线发展，且都孕育于游牧文化中。

伊斯兰教义视犬为不洁之物，可阿拉伯贝都因人从不认为北非猎犬是"普通的"或"肮脏的"。恰恰相反，贝都因人尊重北非猎犬，一如他们尊重萨路基猎犬。他们认为这两个犬种都是"安拉的馈赠"，是"洁净的"，与其他被称作"凡犬"的截然不同。实际上，贝都因人视北非猎犬为完全不同的生物，与它们一起生活在帐篷中，并遵循着严格的繁殖原则。为了保证北非猎犬的血统始终如一，他们只培育最为纯正的后代。关于北非猎犬最早的文字记载来源于杜马斯将军（1803—1871）。这位将军同时还是位作家，一八三五年被派遣至阿尔及利亚。他撰写了许多以当地文化为主题的书，其中就包括对北非猎犬的翔实记述。他写道，当地人十分尊重北非猎犬，允许它们用人类的毯子取暖。当地人以异国的珠宝或项圈装饰这一犬种，并为它们提供最上乘的肉。必要时，主人甚至用人奶喂养幼犬。人们视北非猎犬为家庭成员，并在它们死去时妥善安葬。杜马斯提到，当地人在北非猎犬的腿部烙下印记，削剪它们的耳朵，并用指甲花的红褐色染料在其身上文上图样。

北非猎犬擅长捕猎凶残的豺狼与野猪，而削剪耳朵能在激烈的角逐中尽可能保护它们。长耳朵会随着奔跑摇摆，容易被豺狼咬住撕扯，而精心削剪过的耳朵就很难被咬住了。时至今日，在突尼斯的一些地区依旧保留着对北非猎犬实施剪耳的传统。人们认为这能使猎犬的听力更加敏锐，并使其耳部免受蚊虫叮咬。烙印及用指甲花染料装饰它们的习俗依旧根深蒂固。在摩洛哥，人们认为指甲花对猎犬的骨骼有益。而突尼斯人则认为，将猎犬的脚浸入指甲花染料中，能使它们避开"邪恶之眼"的监视。还有人在北非猎犬的前腿腿腹烙上几条水平线，认为这能增强腿部的力量。在部分地区，烙印和文身是贝都因人的传统。

一八三〇年至一九六二年间，阿尔及利亚遭受法国的殖民统治。其间，第一批北非猎犬离开故土，前往法国。荷兰艺术家奥古斯特·约翰尼斯·勒格拉斯（1864—1915）在十九世纪末游历了阿尔及利亚和突尼斯，将几只北非猎犬带回本国。那时，北非猎犬在法国与荷兰最为盛行。一九二五年，法国视觉猎犬协会首次颁布了正式的北非猎犬犬种标准。直到一九六二年阿尔及利亚独立之前，北非猎犬都被当作法国犬种。如今，在世界犬

业联盟中，摩洛哥是这个犬种的代表国家。

在法国对阿尔及利亚殖民统治时期，北非猎犬遭遇了几近毁灭性的打击。当时，携视觉猎犬狩猎被明令禁止，人们一旦发现便可以立即射杀，这直接导致这种犬的数量骤减。政治动荡时期，原本富有的当地育犬舍也举步维艰。所幸到二十世纪中期，人们重新开始了对这一古老犬种的保护行动。

北非猎犬在英美的历史尚短，即便有大量爱好者积极培育，数量依旧相对稀少。一九七三年，塔古力·艾尔珊成为第一只来到美国的北非猎犬。一九七九年，美国从德国进口两只，又从法国进口四只。美国与该犬种有关的重要人物包括雅克和厄敏·莫罗－西皮耶，他们是来自法国的北非猎犬育犬者，于一九七六年在法国建立犬舍。两人在一九七九年搬到了美国。一九八一年，第一批在美国出生的北非猎犬进驻了他们在加利福尼亚开设的莫罗－西皮耶北非猎犬国际犬舍。两人继续在一九八九年创立了美国北非猎犬协会，该组织在二〇一〇年被美国犬业俱乐部认证为北非猎犬的国家级家长俱乐部。一九八八年，美国北非猎犬爱好者协会成立，已成为现今大型视觉猎犬赛跑协会的国家级家长俱乐部。美国北非猎犬圈的另一名关键人物则是多米尼克·德·卡普罗纳博士，他撰写了许多关于这一犬种的文章，还创立了席拉扬犬舍。第一批在席拉扬诞生的小狗出生于一九九三年。

北非猎犬的成长往往与主人密不可分，因此也常作为看门犬饲养。这一古老犬种的特性被完好地传承下来，它们对熟人格外友好忠诚，对陌生人却漠不关心。因此在漫长的岁月中，北非猎犬向来难以独自生活或工作。

波索尔犬

古老-俄罗斯-中等/稀有

体形

♂ 74 厘米 /28 英寸。

♀ 68 厘米 /27 英寸。

外观

体形纤长，敏捷活泼，强健而优雅，极具贵族气质。头部狭长，头骨微微圆拱，鼻型似"罗马鼻"，尖端突起。耳根高，耳朵小巧精致，放松时后折，警觉时竖起。深色眼睛呈杏核状，神情伶俐。颈部长而微曲；胸部窄而深；背部紧致，线条流畅；腹部紧实，腰宽而有力。尾部多毛，位置较低，造型优美。

毛色

颜色多样。毛发光滑，或顺直或呈大小卷。头和耳毛短，全身毛较长。后躯及胸部的毛发十分浓密，颈部的浓而卷曲。

用途

原作猎狼犬，诱猎追捕、竞赛，也作展示犬或伴侣犬。

在所有犬种中，兼具勇猛强健与迅捷的猎狼能手寥寥可数，而俄罗斯波索尔犬正是其中的佼佼者。它的美貌与优雅更是与这些特质相得益彰。波索尔犬体形纤长，毛发浓密光滑，一举一动尽显尊贵。柔美的外表下隐藏着坚毅的品性与好动的天性。它们纤细敏感，亲近主人。波索尔犬旧时为皇室饲养的猎狼犬，在现代社会主要作为伴侣犬，偶作赛犬或参与诱猎追捕。在美国某些地域，它们也会被驯作猎犬，主要捕猎郊狼。

"波索尔犬"在俄语中代指一切"迅疾"的视觉猎犬，历史上这类猎犬不在少数。它们的祖先是古代视觉猎犬，如产自中东、发展于中亚地区的萨路基猎犬。这些犬种与俄罗斯本土犬交配改良，成为适应当地严寒、迅敏顽强的运动健将。关于波索尔犬的记载最早可追溯到一二六〇年，在记载诺格罗德公爵的文献中就出现了追捕野兔的皇家猎犬。到了一六一三年，沙皇在加特契纳建立了犬舍，开始对视觉猎犬进行配种与繁殖。

古时，这个品种往往与统治阶层相关，多用于狩猎活动，追逐野兔、狐狸等小型动物，或捕猎狼这类大型野兽。这一犬种曾被称为"俄罗斯猎狼犬"，到了一九三六年，才正式被命名为波索尔犬。鉴于野狼的残暴与凶猛，猎狼被视为英勇的举动，狗的勇敢与捕猎技巧则折射出主人的气魄和能力。一旦发现野狼，主人松开束在波索尔犬左右的牵引绳，它们便即刻追击，直击猎物咽喉。波索尔犬会死死咬住，绝不松口，直到猎人来放掉或杀死猎物。

一八六一年，俄国沙皇签署了废除农奴制的法令，犬舍随即关闭，人们不再热衷饲养猎狼犬，导致猎犬数量锐减。到了一八七三年，猎犬的境况已岌岌可危，旨在保护它们的皇家猎犬繁殖协会正式成立，并于次年在俄国举办了第一场犬展。从那时起，人们为了培育出特定的品种而倾向采取单边育种，以获得更加纯正的血统，"现代波索尔犬"由此具备了基本雏形。

十九世纪九十年代，波索尔犬的发展得到了纽卡斯尔公爵夫人凯瑟琳的鼎力相助，她创办的犬舍使波索尔犬广受人们喜爱。她先后打造出八只波索尔冠军犬。一八九二年，沙皇尼古拉二世派出十六只波索尔犬赴英国参加克鲁夫茨犬展，纽卡斯尔公爵夫人以近两万英镑的天价买下其中一只。美国首次进口的一对波索尔犬则是一八八八年在巴黎犬展上从保罗·哈克手中购入的，哈克的犬源就来自加特契纳皇家犬舍。一八九二年，美国养犬俱乐部正式将波索尔犬记录在册。同年，第一家波索尔犬俱乐部在英国成立。

波索尔犬的繁殖在美国、英国及欧洲大部分地区都相当成功，却在俄国革命期间遭受了惨痛打击。同时，受第一次世界大战影响，英国的育犬项目也举步维艰。后来，人们对波索尔犬重拾兴致，其配种与繁殖在美国、澳大利亚和欧洲等地都备受支持，其中又以德国与加拿大两国为最。

阿富汗猎犬

古老-阿富汗-中等

体形

♂ 69-74 厘米 /27-29 英寸。
♀ 63-69 厘米 /25-27 英寸。

外观

优雅傲气，强健有力。头部较长且高，头顶毛发极具特色。眼睛呈三角形，瞳色漆黑，"东方犬"的表情。耳朵较低，紧贴头部，覆以浓密光滑的长毛。颈部长而有力。背部长度合宜，胸部深陷，腰宽而短。髋骨突出，分得较开。后躯有力，尾巴位置较低，尖端上翘呈环状，尾毛稀疏。前足宽大，毛发长而浓密；后足大，比前足窄。

毛色

颜色多样。被毛精短，其余部分则长而顺滑。

用途

在原产国用于捕猎野兔及瞪羚羊，诱猎追捕，作展示犬或伴侣犬。

研究者一致认为阿富汗猎犬是最古老的犬种之一。它们常被称为"犬中王者"，但具体的起源却一直饱受争议。一些传说提到了阿富汗猎犬，比如它们曾登上诺亚方舟；这种优雅的猎犬还曾陪伴古埃及的母性与生育之神伊西斯，追寻其夫奥西里斯。阿富汗猎犬属视觉猎犬犬组。视觉猎犬拥有最古老的历史，基因研究对一些标记物的测试证实，它们与狼的差异性最小。数千年前，这一犬种的祖先在中东繁衍进化，随着时间的推移，通过波斯（现称伊朗）东迁到了阿富汗，它们便是阿富汗猎犬的前身。

中东中部的大片土地滋养过各种各样的视觉猎犬。包括哈萨克塔兹犬、吉尔吉斯斯坦苔干犬在内的本地猎犬都是现代阿富汗猎犬的祖先，它们是人类社会中必不可少的成员，与上流社会和贫民阶层历来都有着密不可分的联系。对贫困的农耕群落来说，阿富汗猎犬在崎岖的山区和酷热的沙漠都是人们不可或缺的同伴。该犬种曾经为当地人看护羊群，守卫家园，奔走狩猎；难能可贵的是，它们至今仍坚守在这些岗位上。这些生活在村落里的阿富汗猎犬并不像西方国家的同类那般拥有光滑精致的毛发，相反，它们成了坚毅而粗犷的工作犬。纤瘦

的体形潜藏着无尽的力量与精力，也孕育着超乎想象的速度与机敏。因此，富有的伊朗王族也相当青睐阿富汗猎犬，常带它们参与狩猎活动。

十九世纪后期，英国的陆军军官陆续从印度、巴基斯坦、阿富汗和波斯返乡，带回了多种视觉猎犬。在被正式命名为"阿富汗猎犬"前，它们往往被称为波斯灵缇犬或俾路支猎犬。公众对这些异国犬兴趣浓厚。二十世纪初，犬展中"外国犬"的分类下出现了阿富汗猎犬，更是在当时掀起了一股热潮。现代阿富汗猎犬中最重要的一只当属扎尔汀（约 1902—1914），它在一九〇七年被约翰·巴夫上尉从印度带到了英国。同年，英国养犬俱乐部在水晶宫举办犬展，扎尔汀赢得了外国犬分类的冠军。它的胜利轰动一时，亚历山德拉王后甚至邀请扎尔汀做客白金汉宫。热潮过后，人们对阿富汗猎犬的热情也逐渐消退。到了第一次世界大战期间，异国猎犬几乎在西方绝迹。所幸它们在战后重获新生。一九二五年，《印度犬舍公报》研究了一九〇六年关于扎尔汀的文字记载，以此为基础首次提出阿富汗猎犬的犬种标准。一九〇七年，英国正式承认阿富汗猎犬为独立犬种。

二十世纪二十年代，有两种阿富汗猎犬被带到英国，它们便是现代阿富汗猎犬的前身。其中，贝尔·默里少校在一九二一年进口了大批阿富汗猎犬，并在苏格兰成立犬舍。少校的猎犬来自俾路支，那里是阿富汗南方及西南广阔的沙漠地区。它们在外观上明显与传统的阿富汗猎犬不同——身材更高，体形更长，毛发则相对稀少。第二种则由少校和玛丽·安培在一九二五年引进。这些狗被称为加慈尼犬，它们来自喀布尔山区，拥有更为厚重的毛发和相对矮壮的身形。二十多年间，这两种猎犬在英国逐渐融合，形成了今日的阿富汗猎犬。有两家例外的犬舍：荷兰范德奥朗杰·马奈兹犬舍专注于繁殖加慈尼犬（来源于英国），而德国的卡特维加阿富汗猎犬犬舍

也专攻加慈尼犬。

二十世纪二十年代以来，英国的阿富汗猎犬开始输出到北美洲、亚洲、欧洲及澳大利亚。一九二二年，首批阿富汗猎犬来到美国，包括东海岸的邓沃克犬舍在内的数家犬舍也应运而生。美国养犬俱乐部在一九二六年认可了这一犬种，并记录在优良品种登记簿上。除了这批早期的记录，直到一九三一年，培育美国阿富汗猎犬的基础才得以奠定。这一年，马克斯家的小儿子泽伯·马克斯引进了两只阿富汗猎犬，它们是威斯特敏·奥马尔与加慈尼的阿斯拉。泽伯在拍摄电影时无法照料两只爱犬，便将它们转手给麦基恩先生（刚毛猎狐㹴育犬者）。麦基恩先生在康涅狄格州设有荣耀山庄犬舍。一九三四年，他又购入了艾因斯达特的巴德沙。上述三只猎犬成为阿富汗猎犬在美国发展的基石。后来，巴德沙的弟弟图凡也被带到美国。二十世纪三十年代，美国又从阿富汗进口了另外两只——帕格曼的萨奇与贝格·图特的塔兹。

一九四〇年，美国阿富汗猎犬俱乐部成立。一九四八年，人们草拟了阿富汗猎犬的犬种标准，并被美国养犬俱乐部采纳。一九五〇年，阿富汗猎犬土库曼·密西姆斯·劳蕾尔在威斯敏斯特全犬种大赛上摘下了猎犬组的桂冠。一九五七年，格兰杜尔的夏克汉成为第一只在威斯敏斯特犬展上赢得全场总冠军（Best in show，B.I.S）的阿富汗猎犬。当阿富汗猎犬在西方的名气如日中天时，它们在故土阿富汗却销声匿迹了。在战乱的阿富汗，人们乏于记录，也很难对狗进行有倾向的培育与繁殖。

阿富汗猎犬最吸引人的特性之一便是它们的尊贵、美貌与优雅，这在某种程度上掩盖了它们在力量与精力上的不足。该犬种普遍忠诚、对人亲近，是绝佳的伴侣犬。但周身长着光滑的长毛，需要日复一日的精心照料与打理。

灵缇犬

古老-英国-寻常

体形

♂ 71-76 厘米 /28-30 英寸。

♀ 69-71 厘米 /27-28 英寸。

外观

强健优雅，速度超群。头部长，耳间距较宽。吻部长度合宜，下颌有力，轮廓清晰。椭圆形眼睛，深色瞳孔，神情机灵。玫瑰耳[1]小巧玲珑，通常后折，警觉时半竖起。颈部长而微拱，优雅傲人。背部修长而宽大，肌肉健硕。腰部微拱，胸部深陷，肋骨展度良好，侧腹紧实。前腿笔直，腿骨强健。后肢肌肉发达，肘部自然下倾。尾巴位置偏低，长而微曲。

毛色

黑、白、红、蓝、浅褐色，或有斑纹，上述任意一种毛色中都可混入白色。毛发浓密而有光泽。

用途

追猎、诱猎追捕、竞赛，作展示犬或伴侣犬。

灵缇犬的历史源远流长，丰富多彩。历经数千年的岁月更迭，它们的外貌鲜有改变，至今也是最具特色的犬种之一。古往今来，灵缇犬与皇亲贵族、各国元首及核心政治人物均有不解之缘。它们在世界各国流通，是常见的外交礼物，尤其是在欧洲文艺复兴时期。追溯到更早的时间，它们在艺术作品中的出现率也高于其他犬种。另外，灵缇犬也是世上奔跑速度最快的狗。

现在还没有文字资料证实灵缇犬的确切来源。研究者多认为它们产自中东或东欧的古文明地区。在中东的埃及，人们发现了形似灵缇犬的图案，这些古迹来自公元前二九〇〇年到公元前二七五一年。在古埃及法老图坦卡蒙之墓中也挖掘到一些艺术品，上面与灵缇犬相似的狗的图案还清晰可辨。古墓出土的图案常出现类似的形象，这意味着人们可能把它们当作永恒的伙伴。几百年后，这一传统在中世纪的欧洲复苏——考古人员在坟墓最靠里的角落发现了形似灵缇犬的浮雕。

海蒂·帕克博士、伊莱恩·奥斯特兰德博士与同僚对纯种犬的基因结构进行了研究，并于二〇〇四年公布

---

[1]折叠处似玫瑰花瓣的犬耳类型。

了翔实的报告。报告显示，阿富汗猎犬与萨路基猎犬是视觉猎犬中最古老的犬种。更多精密的研究着重解读各犬种界限的划分。令人惊异的是，研究发现灵缇犬、波索尔犬及爱尔兰猎狼犬与欧洲一些牧羊犬拥有同一基因簇。这些牧羊犬种包括比利时特伏丹犬、柯利牧羊犬与喜乐蒂牧羊犬。因此研究人员表明，灵缇犬与波索尔犬是牧羊犬组的祖先或后裔。这一观点今日依旧备受争议。但他们的理论与史实资料为一些研究者提供了依据，证实灵缇犬在两千年到两千五百年前开始在英国的东南部繁衍。

英国现在是与灵缇犬关系最密切的国家。灵缇犬大约在新石器时代末期或青铜时代初期经由陶器文化人群引入英国。那时，陶器文化（全称贝尔陶器文化）遍布西欧各地，陶器文化人群指那些使用特定陶器的人。到了公元前五世纪，古凯尔特人从欧洲大陆迁徙至英国，并带来了视觉猎犬。在罗马侵略不列颠数百年前的公元四十三年，不列颠与欧洲的贸易往来十分频繁。古希腊历史学家斯特拉波（约前63—24）的记述显示，公元前一世纪，双方的贸易也包括犬只交易。

最早，灵缇犬与统治阶层的关系最为密切。儒略历中就出现过不同品种的灵缇犬，这是一部早期的盎格鲁-撒克逊历法，制定于坎特伯雷。历法以图画形式记述了全年的重要活动，在九月篇的野猪狩猎图里便能发现灵缇犬的身影。《森林法》进一步巩固了灵缇犬在狩猎中的作用。征服者威廉（英格兰国王威廉一世，约1028—1087）首次将《森林法》引入英格兰，这部法典规定大片狩猎用的土地仅允许贵族踏入，甚至不准平民豢养灵缇犬。但百姓对食物的需求要仰仗灵缇犬高超的狩猎技能。有不少文字记录讲述了平民因携带灵缇犬赴森林狩猎而被逮捕的旧事。

灵缇犬在欧洲各地广受欢迎，特别是在意大利、西

班牙及法国，贵族们饲育大批灵缇犬，并以不菲的价格卖给各大家族。在欧洲宫廷，被千般宠爱的灵缇犬与它们尊贵的主人同食同眠，过着极尽奢华的生活。

十六世纪，英国及欧洲大陆都时兴带着灵缇犬捕猎野兔。一七七六年，第一家官方的狩猎俱乐部在诺福克的斯沃弗姆成立。一八五八年，国家狩猎俱乐部（NCC）成立并规范了这一运动。十九世纪，捕猎活动在英国空前盛行。这项运动已不分贵贱，无论是农民、商人还是上流贵族都能带着猎犬进行角逐。国家狩猎俱乐部在一八八二年颁布了初版灵缇犬犬种手册，此后便一直记录着英国所有的灵缇犬。

十九世纪，大多数灵缇犬仍属于皇室。维多利亚女王与丈夫阿尔伯特亲王都热衷灵缇犬。亲王的爱犬伊奥斯来自德国，陪伴他度过了十年半的岁月，几乎与他寸步不离。维多利亚女王曾记录过，伊奥斯的死让阿尔伯特十分悲伤。

十六世纪，第一批灵缇犬被西班牙征服者带到了美国。可惜它们与马士提夫獒犬一样命途多舛，在征服者的命令下参与过许多屠杀美国土著人的行动。灵缇犬的速度远超人类，追上土著居民后，便用利齿轻易将他们撂倒。一四九三年，克里斯托弗·哥伦布（1451—1506）开始第二次航行，二十只灵缇犬及马士提夫獒犬伴他上船，它们均被定义为"武器"。一五三九年，埃尔南多·德·索托指挥着九艘船来到美国坦帕湾，随行带着充分的补给、马匹与犬只，其中包括他心爱的灵缇犬布鲁托。布鲁托因对美国土著人的残暴行径而声名狼藉，为了继续起到恐吓作用，它的死讯甚至被严密地隐瞒下来。

一五八五年，沃尔特·雷利爵士（1552—1618）带着一批灵缇犬航行到弗吉尼亚州，捕猎鹿与其他猎物。从这一时期起，灵缇犬主要用于捕猎。灵缇犬是最优秀的视觉猎犬，堪称难以逾越的犬种，它们睿智、迅敏，是捕猎高手。殖民者广泛地用灵缇犬进行狩猎，主要是为了娱乐与运动。一六一九年，弗吉尼亚州议会为保障自身的狩猎权益，明令禁止向美国土著居民售卖英国犬，

特别是灵缇犬。到了十九世纪中期，美国从爱尔兰和英格兰海运来大批灵缇犬，让它们在中西部地区对抗害兽。同一时期，乔治·阿姆斯特朗·卡斯特将军第一次作战就用两只灵缇犬追踪美国土著人。据说卡斯特共豢养了二十二只灵缇犬。

到了十九世纪九十年代，美国也开始时兴捕猎运动，许多俱乐部应运而生。自十九世纪七十年代起，大众对犬展产生了日益浓厚的兴趣，其中最受关注的莫过于灵缇犬。一八八四年成立的美国养犬俱乐部更是让人们对展示犬的热忱水涨船高。一九〇七年，灵缇犬的育犬者成立了美国灵缇犬俱乐部。

一八七六年，由追猎运动演化来的灵缇犬径赛在英国和爱尔兰拉开了帷幕。追猎跑道首次投入使用。同年，英国开创了在跑道上展开的诱猎追捕的比赛。美国人欧文·帕特里克·史密斯在一九〇七年提出了这项活动，并在美国推广开来。赛犬需要共同追逐一个在椭圆形跑道上疾驰的机械饵。前一年，国家灵缇犬协会（NGA）成立并注册了所有的赛事灵缇犬。美国养犬俱乐部不仅注册非赛事灵缇犬，同时会记录已在国家灵缇犬协会注册的灵缇犬；而国家灵缇犬协会则不接纳在美国养犬俱乐部注册的灵缇犬。一九四七年，美国灵缇犬赛犬协会（AGTOA）成立，并在一九六〇年成为国家级机构。如今，灵缇犬赛犬依旧风靡部分国家和地区，如英国、美国、爱尔兰、澳大利亚与欧洲大陆。

伊比赞猎犬

古老–中东/伊维萨岛–中等

体形

♂ 56-74 厘米 /23.5-27.5 英寸。
♀ 55-59 厘米 /22.5-26 英寸。

外观

高挑苗条，擅长运动。头部端正，口鼻突出，鼻头为肉色。杏仁状琥珀色眼睛，神情伶俐。大耳朵时时竖起。颈部长而微拱，肌肉发达。前腿笔直，背部有力，线条流畅呈水平状。臀部到尾巴微倾。胸骨突出，腹部极为紧实。长尾巴位置低，兴奋时或竖起。

毛色

白色、栗色、狮子红，或这三色的混合。毛发或硬或光滑，头部覆以刚毛，尾部及腿腹的毛发长而浓密。

用途

猎兔，诱猎追捕、竞赛，作伴侣犬。

伊比赞猎犬产自西班牙巴利阿里群岛，与这片岛屿最为亲近。而在史前时代，它们却发源于中东。许多与伊比赞猎犬形似的图像被逐一发掘，最早的可以追溯到公元前三千年。这些图像大多出自墓穴，如法老图坦卡蒙之墓。伊比赞猎犬也常被描述为古埃及死亡之神的象征。[①]

研究者普遍认为腓尼基人对伊比赞猎犬的传播做出了突出贡献。他们开创了古代海上贸易文明。到了十八世纪，腓尼基人带着猎犬来到了伊比萨岛，也就是今日的伊维萨岛。伊比赞猎犬在中东的热度逐渐消退，但它们在西班牙的岛屿上却继续蓬勃繁育，并开始被人称为"伊比赞"。

伊比赞猎犬擅长狩猎野兔，这也成了它们的专职工作。人们用这种猎犬扩充食物储备，而不是参与竞技项目。伊比赞猎犬并未受到宠溺，也没有成为人类的家庭成员，而是被当作工作犬。本土的农民只饲育最优质的狗，利用它们超群的速度、运动能力，培育卓越的狩猎能力。伊比赞猎犬在视觉、听觉和嗅觉三方面的能力都得到了充分的进化，并且表现非凡。它

们是高效的捕兔能手，经过训练后能娴熟地抓捕和衔回猎物，绝不立刻杀掉它们。伊比赞猎犬唇部柔软，能保证在回到猎人身边时，口中的猎物依然存活。通常，西班牙农民会豢养一两只猎犬，它们能单独或组队进行狩猎。如今，伊比赞猎犬能以十五只为一组，在狩猎行动中默契地团队协作。

高度灵活的直立大耳朵是伊比赞猎犬的独特之处。它们主要生活在西班牙，也出现在法国、意大利、瑞士、英国和美国，只是数量较为稀少。一九五六年，美国的陆军上校塞瓦内及其夫人从罗德岛进口了第一只伊比赞猎犬。此后，它们主要用于诱猎追捕和竞赛。美国养犬俱乐部在一九七六年正式承认了这一犬种。第一只荣获伊比赞猎犬犬种冠军的是迪恩·怀特饲养的特雷保的塞金·伊特那。有些伊比赞猎犬长有刚毛，但这种类型在美国乃至全世界都不多见。美国史上最优秀的刚毛伊比赞猎犬当属二〇〇〇年出生的格里彭斯·史黛拉·艾米南斯。它五度在威斯敏斯特全犬种大赛上赢得全场总冠军及令人神往的本犬种冠军（Best of Breed，B.O.B）。

英国早期知名的伊比赞猎犬有以下几只：约翰·韦斯特进口的"勇士里奥"、霍尔特夫人养育的索尔，以及戴安娜·贝瑞饲养的依文森·克里奥帕特拉。英国犬展的第一位冠军是苏·詹金斯培育的依文森·朱利叶斯。英国有一家活跃的犬种俱乐部大力推广并保护伊比赞猎犬，坚持保持它们原始的基本特质。伊比赞猎犬跳跃能力惊人，需要在布好围栏的院子里饲育。它们酷爱玩耍，总体来说非常适合与小孩子共处。它们喜欢参与游戏，甚至能爬树。伊比赞猎犬继承了祖先卓越的捕猎技能，当主人松开牵引绳并试图唤回它们时，它们可能会"选择性倾听"。

---

①作者指古埃及掌管亡者魂灵的死神阿努比斯，阿努比斯的上半身是胡狼还是猎犬，如今仍存争议。

爱尔兰猎狼犬

古老-爱尔兰-中等

体形

♂ 79 厘米 /31 英寸。

♀ 71 厘米 /28 英寸。

外观

身躯巨大，雄壮威武，肌肉发达，体态匀称。力量惊人，擅长运动。头部较长，高高抬起，尽显威严。口鼻长而稍尖，下颌有力。眼睛呈椭圆形，眼神温和亲切。玫瑰耳小且光滑，深色为佳。颈部长而强壮，胸部很深，背部长，腹部上提。长尾巴微曲，位置较低。

毛色

有斑纹，灰色、红色、黑色、纯白色、浅黄褐色、小麦色。毛发杂乱，下颌及眼睛上方的毛发尤为坚硬。

用途

原用于猎狼，诱猎追捕，作展示犬或伴侣犬。

高贵的爱尔兰猎狼犬是史上最伟大的犬种之一。关于它们的坊间故事与传说在爱尔兰源远流长。它们是英勇与忠诚的典范，在漫长的时光中陪伴过战士、猎人及皇族成员。早年间，它们是最珍贵的一种猎犬，根据人类的不同需求，可以摇身一变，成为守卫犬、可亲的伴侣犬或凶猛的猎犬。如今，人们已不会再用爱尔兰猎狼犬猎狼，它们主要的作用是伴侣犬。迷人而可亲的爱尔兰猎狼犬适合生活在空间阔大的房间和庭院。

爱尔兰猎狼犬的确凿来源不明，据说它们起源于灵缇犬，或与之有密切的关联。但灵缇犬发源于中东或东欧，没有文字记载显示这批数量较大的犬在什么时候、如何抵达爱尔兰——这片它们最亲近的土地。最早的记述出现在公元前二七九年前后，古凯尔特人侵占希腊德尔斐的图画显示，他们身边带着大量凶猛的猎犬，与爱尔兰猎狼犬形似。这些犬体形巨大，与灵缇犬区别显著。它们是猎犬中身材最高、体形最大的犬种，人类有意将它们培育成如此壮硕的体格。

---

① 此处应为作者笔误。A.J. 道森在所著的《猎狼犬芬恩》中引用了信件内容，表明这封感谢信是执政官写给兄弟弗拉维纽斯的，即弗拉维纽斯才是赠出七只爱尔兰猎犬之人。

凯尔特人相继在一世纪和五世纪的入侵中向苏格兰输入越来越多的猎狼犬。这些猎狼犬对苏格兰猎鹿犬的早期演化产生了影响。而对猎狼犬的明文记载则到三九一年才首次出现在罗马执政官叙马库斯与兄弟弗拉维纽斯往来的信件中。执政官将七只爱尔兰猎犬赠给罗马的竞技场作为斗犬。在信中，弗拉维纽斯对此表示了感谢。① 爱尔兰神话故事频繁提及这种猎犬。早期爱尔兰国王的盾徽由竖琴、三叶草与猎狼犬构成，下面写着"人和我和，侵我必诛"的文字。凯尔特语把这种狗称作"Cu"，大意为"灵缇犬"。为表示对它们勇气与力量的尊重，凯尔特人会在"Cu"字前加上上古战士或酋长的名字。

爱尔兰猎狼犬与爱尔兰守护圣人圣·帕特里克（约387—460）有着难解之缘。帕特里克出生时，欧洲的罗马人正需要大量的爱尔兰猎狼犬，以至于它们的价格居高不下。曾是奴隶的帕特里克试图逃离爱尔兰，就请求一位船长带自己出海前往高卢。当时船上满载着贵重的猎狼犬，它们即将被卖给罗马人。这些猎犬野性十足，难以控制，而帕特里克却能轻易地让它们安静下来，因此船长对他青眼有加。不久后，他们航行到高卢海岸。帕特里克发现了一群野猪，为野猪祷告后，指挥猎犬杀掉了它们，为船员获取了绰绰有余的食粮。几年后，帕特里克再次与猎狼犬结缘。这次恰逢他重返爱尔兰为基督教传教。一位叫迪楚的土著酋长来到他所在的船上，试图处死这个异类并埋葬基督教义。迪楚带着自己高大凶残的爱尔兰猎犬路亚斯，一见到帕特里克，便即刻命令猎犬上前攻击。不料帕特里克随即跪下祷告，摆出进攻姿势的路亚斯竟匍匐在地，用鼻尖轻触帕特里克的手背。这便是在爱尔兰流传下来的圣·帕特里克的首次神迹。迪楚大为震撼，赠予帕特里克一间房屋作为教堂，并接受了这崭新的宗教。

爱尔兰猎狼犬既英勇好斗，又安静温驯，这两种特质形成的巨大反差，长期以来一直是这种狗的巨大优势。它们是居家良伴，同时又能看门捕猎。早期知名的爱尔兰猎狼犬有忠犬盖勒特。一二一〇年前后，约翰王（1166—1216）将盖勒特赠予北威尔士王子列维伦。盖勒特竭尽全力保护着王子一家，包括王妃琼及他们的小王子戴维兹。列维伦某次出征时一如既往地将儿子戴维兹交给盖勒特守护。不料他回到家时，发现婴儿床已被撕碎，满地血迹斑斑。盖勒特浑身是血，安静地守在残破的婴儿床边，一反常态没有出去迎接主人。依旧沉浸在战场氛围中的列维伦满腹杀气，认定盖勒特杀害了儿子。他一剑向狗砍去，然后匆忙翻开婴儿床的碎布，却发现戴维兹安然无恙，而床边不远处倒着一只野狼残破的尸体。列维伦惊觉是忠犬守护了自己的骨肉，但为时已晚。他痛心疾首，将盖勒特的尸体埋在了家附近他最心爱的土地深处。

十五世纪，爱尔兰法令要求每个郡至少豢养二十四只以上的爱尔兰猎狼犬，以控制野狼的数量。从中古时期到十七世纪，爱尔兰猎狼犬广受追捧，也常作为政治礼物在各国王室间流通，它们跨越英国、法国、西班牙、瑞典、丹麦、波兰等国，甚至被送到波斯和印度。由于爱尔兰频繁在交易中输出爱尔兰猎狼犬，它们在本国反倒稀少起来，导致野狼数量剧增。为了维持平衡，奥利弗·克伦威尔（1599—1658）制定法令，严禁将这种猎狼犬从爱尔兰输出国外。这在一段短暂的时间内保证了猎狼犬的数量。到了十八世纪初期，野狼被消灭殆尽，猎狼犬也失去了原本的价值，失宠的爱尔兰猎狼犬几近绝迹。直到十九世纪，爱尔兰民族主义及其重要的凯尔特人的过往（在凯尔特文化中，猎狼犬占据着重要地位）再度唤起人们的兴趣，这一犬种才重焕生机。

数名热衷者对爱尔兰猎狼犬的现代发展起了至关重要的作用，如居住在都柏林的苏格兰人 H.D. 理查森少校，在一八四一年写下了多篇关于该犬种的文章。他将几只爱尔兰猎狼犬带到爱尔兰，并实施了繁殖配种项目，让一些相似犬种与它们杂交。这种繁殖方法随后被多人沿用，包括基尔芬的约翰·鲍尔爵士、百利托宾的贝克先生以及德罗莫尔的马奥尼先生，他们在一八四二年到一八七三年期间为该犬种的繁殖做出了贡献。另一位关键人物是乔治·格拉汉姆长官，他是一个住在英格兰的苏格兰人，也是繁殖苏格兰猎鹿犬的权威人物。他在英格兰开始对爱尔兰猎狼犬进行繁育，并决心拯救这一濒危的古老犬种。格拉汉姆引入了另外几个犬种，如苏格兰猎鹿犬、波索尔犬、大丹犬及一只"西藏巨犬①"。并非所有人都承认爱尔兰猎狼犬再度复苏了，因为他们坚信最原始的犬种早已消失殆尽，而混入其他血统的新犬种根本不纯正。可像格拉汉姆这种热衷者自然无法认同，他坚持培育猎狼犬，并始终朝着重振这一犬种的目标奋进。终于，在他二十年的不懈努力与监管下，爱尔兰猎狼犬的犬种标准在一八八六年得以制定。格拉汉姆还在一八八五年创立了爱尔兰猎狼犬俱乐部。可悲的是，这一犬种在随后的两次世界大战中再遭重创。人们推测到了一九四五年年末，几乎所有在英国的爱尔兰猎狼犬都与其中一条有着直接或间接的血缘关系，它便是奥波罗夫的克隆伯依。为避免过多的同系繁殖，美国爱尔兰猎狼犬俱乐部送来了基尔宏的罗里，它也为该犬种的繁殖做出了突出贡献。此后美国又将里弗劳恩的巴尼·奥谢运到英国配种，不过它的配种频度不及前者。

今时今日，爱尔兰猎狼犬在它们的故乡乃至世界进行繁育，跨度从欧洲到俄罗斯，远及美国和澳大利亚。它们广受爱好者的欢迎，现存相对可观的数量。爱尔兰猎狼犬是极好的家庭伴侣犬，只是需要足够宽阔的户内外空间才能舒适地生存，因此并不适合城市。

①有数篇文献提及这条"西藏巨犬"，它有可能不是常见的藏獒或藏狮，所以有些人称之为"西藏猎狼犬"。

猎鹿犬

古老-苏格兰-稀有

体形

♂ 76 厘米 /30 英寸；45.5 千克 /100 磅。

♀ 71 厘米 /28 英寸；36.5 千克 /80 磅。

外观

强健有力，擅长运动。形似高大健壮、拥有杂乱刚毛的灵缇犬。头部长，耳间距宽，耳尖至耳根渐宽，吻部到鼻尖渐窄，鼻部以黑色为佳，下颌有力。深褐或浅褐色眼睛。深色的小耳朵非常柔软，位置较高。胸部深，腰部圆拱，向尾部下垂。宽而有力的后躯下倾，髋骨分得较开。长尾巴在静止时笔直下垂或微卷，移动时卷曲，但不过背线。

毛色

深蓝灰色、灰色调，或有斑纹及黄色、红褐色、浅黄褐色斑点。胸部、足尖、尾尖或发白。紧密浓厚的被毛长而蓬乱，粗糙而卷曲。头、胸、腹部毛发较柔软。

用途

猎鹿，诱猎追捕，作展示犬或伴侣犬。

苏格兰小说家沃尔特·司各特爵士（1771—1832）形容自己的爱犬梅达为"神明最完美的造物"，它便是一只猎鹿犬。埃德温·兰西尔爵士（1802—1873）曾为它作画。位于爱丁堡的司各特纪念塔[①]中央竖立着一座约翰·斯蒂尔制作的司各特的雕塑，他的身旁便卧着爱犬梅达。梅达的父亲具有比利牛斯山脉血统，因此它并非纯种苏格兰猎鹿犬。加里峡谷的阿拉斯代尔·麦克唐奈[②]（1773—1828）建立了猎鹿犬犬舍，梅达正是出生在这里，这只猎鹿犬的血统丝毫没有影响主人对它的疼爱。绝大多数猎鹿犬的主人都像司各特这样钟情自己的爱犬。这些高贵的猎犬如今已非常罕见，所幸它们的拥护者异常忠诚——一旦养过一只猎鹿犬，家里就永远缺不了它们。

研究者并未对猎鹿犬的起源达成一致的看法，也没

[①] 一座维多利亚时代的哥特式纪念塔，塔高 61.11 米，共 287 级台阶。塔顶的观景台能俯瞰爱丁堡市中心及周边地区。

[②] 本名亚历山大，是加里峡谷麦克唐奈氏族的首领。氏族名得名于加里峡谷。

有明确的文献记载其早期发展。但它们应与灵缇犬有一定的关联，更贴近爱尔兰猎狼犬。疾驰如风的猎犬应产自中东或东欧，它们很早便抵达苏格兰。记录显示，爱尔兰猎狼犬在一世纪来到苏格兰，与本地犬杂交。人们在阿盖尔郡发现了这个时期罗马的陶器残片，上面画着一名猎鹿者，身边围着一群体形高大、毛发粗糙的狗，它们明显是猎鹿犬的祖先。

苏格兰虽频遭侵略，这片土地却具备得天独厚的地理条件，相对疏离其他地域。这给猎鹿犬的成形提供了先决条件，它们根据环境和人类需求逐渐进化出了自己的特征。正如近亲灵缇犬与猎狼犬，在百余年的岁月中，猎鹿犬在外形上也鲜有改变。在苏格兰崎岖不平、高低起伏的大地上，猎鹿犬完美地掌握了捕猎牡鹿与其他鹿的技能，它们猎鹿的水准远胜其他犬种。猎鹿犬的体形比灵缇犬更高大结实，毛发则长而坚硬，能保护它们免受恶劣环境的侵袭。灵缇犬是在平地奔驰最快的犬种，而在崎岖陡峭的丘陵地区，猎鹿犬甚至能超越它们。

十六世纪，猎鹿活动在贵族间盛行，猎鹿犬自然成了他们的宠儿。猎鹿犬通常单独行动或两只组队，在扑倒猎物后或杀死它们，或按住猎物静待猎人的到来。猎鹿犬虽属视觉猎犬，但它们的嗅觉也十分灵敏，这大大提升了其作为猎犬的价值。猎鹿犬（过去和现在都如此）最好养在家里，在人类的陪伴下融入家庭，并不适合养在犬舍。它们以殷勤温暖、对人类极尽友善著称。良好的性格加上独有的猎鹿技能使它们风靡于上流社会。苏格兰氏族首领和名门望族都试图霸占这一犬种。他们的独占意识太过强烈，以至于本土以外几乎再难寻到一只猎鹿犬，这个犬种的数量也因此下滑。一七四六年，卡洛登战役之后，苏格兰氏族制度宣告灭亡，猎鹿犬也几近消亡。大片土地被划分成小块出售，它们的生存环境岌岌可危。

到了十九世纪三十年代，猎鹿犬主要的育种品系仅

剩下最后两支——苏格兰西部的阿普克罗斯和中部的洛哈伯。育犬者不得不启用波索尔犬之类的犬种维持猎鹿犬的数量。十九世纪，后膛枪的发展彻底改变了狩猎方式，使这个犬种再度陷入危难。热兵器高效、致命，迅速取代了日渐失宠的猎犬。随后，邓肯·麦克尼尔[1]（后称科伦赛院长）和阿奇博尔德发起了复兴猎犬的运动，科伦赛猎鹿犬迅速受到大量关注，并以显著的黄色或浅黄褐色毛发著称。

—————————
① 在 1852 年至 1867 年间任苏格兰最高民事法院院长，并在 1867 年被封为科伦赛男爵。

在美国，猎鹿犬因捕猎郊狼、野狼及野兔逐渐名气大增。乔治·阿姆斯特朗·卡斯特将军热衷这种犬，他至少养过三只，其中就有至爱"塔克"。在一八七六年伤亡惨重的小巨角河战役之前，卡斯特送走了其他所有爱犬，只留下塔克与他并肩作战。经此一役，卡斯特全军覆没，塔克也与主人一同丧命。

一八八六年，美国养犬俱乐部首次登记了猎鹿犬。同年，猎鹿犬俱乐部在英国成立。二〇一一年，名为福克斯克里夫·西科里·文德的猎鹿犬在纽约赢得了威斯敏斯特犬展的全场总冠军。

惠比特犬

现代–英格兰–寻常

体形

♂47-51 厘米 /18.5-20 英寸。
♀44-47 厘米 /17.5-18.5 英寸。

外观

优雅精致，极具运动天赋。头部狭长，吻部向鼻尖渐窄。眼距宽，眼睛呈椭圆形，神情警觉机敏，小玫瑰耳。背部和微曲的颈部纤长有力，肌肉发达。腰部圆拱，线条优美。胸部深陷，肋骨展度良好，腹部紧致上提。腰部及后躯强劲有力，大腿肌肉发达。尾尖细，移动时微卷。

毛色

毛色多样。毛发精致、细密而短小。

用途

狩猎小型猎物，追猎、竞赛，作展示犬或伴侣犬。

惠比特犬的起源不得而知。研究者普遍认为，这种美丽优雅的小型视觉猎犬已存在数百年，史前的一些艺术作品也曾以类似的猎犬为题。这些猎犬究竟是小型灵缇犬还是惠比特犬，至今仍是个谜。文艺复兴时期，类似的小型视觉猎犬频繁在艺术作品中亮相，其中有两件最为突出。第一件是阿尔布雷特·丢勒（1471—1528）的《圣尤斯塔斯》[1]（约 1500），另一件则是杰拉德·霍伦鲍特笔下的《一月》（约 1510—1520）。惠比特犬模样的小型视觉猎犬在欧洲大陆广受欢迎。它们在那里被称作"拉维瑞"，指代多种多样的视觉猎犬。当时，人们对惠比特犬的称呼相当混乱，比如在法国宫廷画家让·巴普蒂斯特·乌德里（1686—1755）笔下，有一幅精美的名画描绘了路易十五的两只"灵缇犬"。但根据猎犬与画作上植株的对比来看，它们明显是两只惠比特犬。

现代惠比特犬与十九世纪英格兰最北部的地区密不可分。当时，它们在曼彻斯特和利物浦周边的矿工及工人团体间备受欢迎，同时也活跃在兰开夏郡、约克郡、达勒姆郡及诺森伯兰郡的煤炭工人之间。这些勇于狩猎

---

[1]蚀刻版画，现存于美国大都会艺术博物馆。
[2]英文为"Snap dog"，指迅猛地咬、抓等，类似中文的"猎兔犬"。

的小型犬跑得飞快，性情温和，因此常常被称为"穷人的灵缇犬"。比起那些高大的近亲，它们更便宜，也更好养。人们常用贝灵顿㹴等各种㹴犬与之杂交，繁育出更小、更善于运动的非纯种竞速赛狗的品种。同时，惠比特犬也是偷猎者的好伙伴，它们兼具灵缇犬的速度、视觉猎犬的特质及无比坚忍的品性。惠比特犬看似柔弱，实则是顽强且极富耐力的狩猎能手。它们迅猛无比，一旦发现猎物，便全速追赶，一击即中。

惠比特犬在同等体形的犬中跑速最快，能在短距离内加速到惊人的三十五英里 / 小时（56 千米 / 小时）。惠比特犬对猎物或侵入者的最初一击势不可当，因此最早又叫"抢犬"[2]。早年乡间盛行一种运动，工人阶层聚在一起，看惠比特犬能在围栏内"抢"到多少只兔子。后来这项活动演变成了猎兔运动，一只惠比特犬要不停地追逐野兔，一天最多可抢到二十余只。如今在一些猎兔依旧合法的国家，惠比特犬仍被用来捕猎野兔。不过人们还是最喜欢将它们作为赛犬。在早期的工业城镇，惠比特犬犬赛大多在工人房屋林立的街头巷尾展开。后来这项运动更加风行，爱好者引入了跑道，赛跑的总长超过两百码（183 米）。根据惠比特犬的体重和过往赛绩，人们制定了相应的赛制。犬主人站在跑道终点，手中挥舞一块布条来鼓励爱犬向自己奔跑。因此，惠比特犬又被称为"逐布犬"。惠比特犬犬赛在英格兰北部和苏格兰的热度至今未消，此外，还风靡于北美洲和欧洲部分地区。

惠比特犬产自英国，但首先将它认定为特定犬种的却是美国。英国的轧钢工在移居马萨诸塞州时将第一批惠比特犬带到美国。此地随后成为惠比特犬繁殖和竞赛的核心地区。这项运动和惠比特犬本身日渐受到美国人的青睐，迅速风靡南部的马里兰州，以巴尔的摩市为最，当地的绿泉谷拥有最知名的跑道。美国禁酒令期间（20

世纪 20 年代至 30 年代）及随后的一段日子里，赌博大多属于非法行为，而律令严禁赛狗赌博。因此绿泉谷的赛狗被称为"绅士为绅士举办的活动"。即便如此，灵缇犬犬赛仍然作为地下活动在乡间盛行，人们踊跃下注，鼎力支持。在马里兰州的里维埃拉海岸，人们首次为惠比特犬启用圆形的电子跑道。跑道根据灵缇犬跑道仿制而成，诱饵则是电动的野兔。这对向来在直线形跑道上竞赛的惠比特犬来说是一种新的尝试。后来，圆形、椭圆形的跑道在美国愈发流行，因为它们为观众提供了最佳的观赏视野，再也不需要跑者不断鼓励赛犬前行了。

一八八九年，美国知名马戏团团长兼艺人菲尼亚斯·泰勒·巴纳姆在伦敦的奥林匹亚竞技场开展马戏团巡演，并首次将圆形惠比特犬跑道引入英格兰。一九二四年，威尔士亲王爱德华对马萨诸塞州的波士顿市进行访问，并拜访了友人小巴亚德·塔克曼。塔克曼恰好是一名惠比特犬爱好者，他临时在自己的庄园为亲王展示用于参赛的惠比特犬。亲王深深地为这项活动吸引，随即命一名波士顿珠宝工匠打造了一只 18K 金的女士手镯及一枚领带别针，上面都印有惠比特犬。一九二八年，惠比特犬犬赛的热潮席卷了百慕大群岛，当地启用电子起跑箱[1]，并相继从美国运来赛犬。此时，惠比特犬犬赛蔓延到了美国的东部、南部、西部，乃至加拿大、南非和欧洲的大片区域。

美国养犬俱乐部在一八八八年注册了第一只惠比特犬，它于一八八五年出生于费城。而英国养犬俱乐部直到一八九一年才认可这个犬种。一八九九年，世界上第一家相关的俱乐部——惠比特犬俱乐部在英格兰成立。从那时起，这些优雅而聪慧的猎犬的规模才理所当然地日益壮大起来。由于惠比特犬温和亲近人的天性，它们今天也常作为伴侣犬或工作犬。

---

①用于保证赛犬在同一时刻起跑的起跑箱。

第二章

美貌与耐力

尖嘴狐狸犬令人瞩目的美貌或许掩盖了自己出众的才能与力量。它们常作为伴侣犬，但也承担着狩猎、护卫、放牧、拉雪橇等任务，甚至能参与搜救行动。在一些国度，特别是北极大片的荒野地区，人们普遍使用工作犬种的尖嘴狐狸犬。它们在这片冰雪漫漫、极尽严寒、可谓孤绝的土地上任劳任怨地履行重任。只有最强壮、最坚毅的犬种才能存活下来，环境带来的严苛的体能要求使尖嘴狐狸犬自然地进入了物竞天择、适者生存的循环。古代工作犬种的尖嘴狐狸犬就这样演变成了最为健硕的犬。它们浓密的双层毛发有防水功效，又能抵御严寒。而与人类共处的近千年时光更培养了它们友善亲和的性情。

尖嘴狐狸犬最初被驯服时默默无闻，人类认识到它们在北极地带交通运输方面的价值，它们转而对游牧文化产生了深远的影响。尖嘴狐狸犬的加入大大延伸了行进的距离，换来了更多狩猎机会。一旦猎物被杀死，它们也能轻易地将猎物运回家。尖嘴狐狸犬还被用于狩猎、守卫家园、看护婴儿。随着狩猎采集文化逐渐被游牧文化替代，尖嘴狐狸犬开始担当起放牧并守卫牲畜（驯鹿）的作用。它们的皮毛能制成高保暖衣物，萨摩耶德人会特意收集自家狗身上的毛，纺成线团。人类有时也会以它们为食。数百年后，这种尖嘴狐狸犬被西方人用于南北极的开发。在这场艰难严酷的远征中，它们备受考验，失去了大批同伴，像许多早期的探险家一样。记录显示，人们会将死去的尖嘴狐狸犬喂给它们幸存的同伴，在必要时，它们也充当过探险队的口粮。

这类北极尖嘴狐狸犬被广泛运用于克朗代克河淘金热（1897—1899）与诺姆淘金热（1899—1909）时期，它们主要负责在人们追逐财富时运输人员与设备。同一时期，狗拉雪橇的运动逐渐升温。从二十世纪初到

一九一七年，阿拉斯加雪橇犬大赛拉开帷幕，雪橇犬组队竞技，进行激烈的角逐。这项发源于北美洲的运动随后扩展到北欧。如今的爱迪塔罗德雪橇犬大赛已成为一年一度的盛会，起点为美国安克雷奇市，终点为诺姆市，全程共一千一百五十英里（1850 千米）。虽说尖嘴狐狸犬天生酷爱奔跑与拖运，但这场严苛的试炼依旧考验着参赛犬的勇气与意志。

"尖嘴狐狸犬"指具有一定共性的犬，并非特指某个犬种。如今，它包括为数众多的犬种，它们在外观上具备以下共性：能弯曲到背部的尾巴、竖起的小巧三角耳、尖嘴、尖鼻头与浓密厚实的毛发。绝大部分真正意义上的古代原生尖嘴狐狸犬是典型的工作犬，如今有大量犬种继承了它们的特性。比起工作犬，它们的体形相对较小，源于古代尖嘴狐狸犬，近几百年来才在欧洲成形。古代尖嘴狐狸犬是最为原始的犬种，与它们的祖先狼很相似。近期基因测试证明，许多尖嘴狐狸犬属于世上最古老的品种，包括阿拉斯加雪橇犬、西伯利亚哈士奇、萨摩耶犬、日本秋田犬、松狮犬与巴仙吉犬。在上千年的演变中，由于地理位置的隔绝，它们很少受到其他犬种的影响，并没有发生显著进化。到十九世纪，它们真正进入公众视野时，依旧保持了自身在进化中血统的纯正。

在亚洲，人们普遍认为尖嘴狐狸犬种首先出现在中亚及东南亚地区。当原始文明发生迁移时，人类带着家犬来到不同区域，这些犬类也变得各具地域特色。中非的名犬巴仙吉犬就拥有比北极狐狸犬更细腻的毛发，同时兼具该犬类的基本特性。在非洲，它们处于原始文化的边缘，与中非的俾格米人文化有着千丝万缕的联系。在这里，巴仙吉犬从事着最擅长的工作——狩猎。

尖嘴狐狸犬作为猎犬可谓出类拔萃，如中国松狮犬

与日本秋田犬，两者都源于古老犬种，以狩猎和守卫时的勇气与坚忍著称。令人感伤的是，为了欣赏它们搏斗的勇姿，日本的犬种还会参与激烈的斗争。松狮犬的祖先以竞技与速度闻名，现代松狮犬则有些不同。它们跟北极的近亲一样，在历史上曾被用于拖运货物。十九世纪末二十世纪初，松狮犬广受名流喜爱，甚至成了好莱坞影星。

　　北欧也与尖嘴狐狸犬息息相关。欧洲最北部的芬兰、瑞典、挪威是许多尖嘴狐狸犬的故乡。挪威猎麋犬与北极犬种非常类似。拥有厚实的双层毛发，广泛应用于大型猎物的追捕。许多相对小型的尖嘴狐狸犬在欧洲（以欧洲为主）得以演化，包括活泼好动的芬兰狐狸犬与挪威卢德杭犬，两者都曾主要用来捕猎鸟类。在荷兰，则演化出了荷兰毛狮犬（曾用名为狐狸狼犬）。德国也有不少独特的尖嘴狐狸犬，统称德系狐狸犬，其中体形娇小的伴侣犬波美拉尼亚犬备受人类青睐。德系狐狸犬自十七世纪以来进入美国，是美国爱斯基摩犬的前身。

阿拉斯加雪橇犬

古老-阿拉斯加-寻常

体形

♂ 64-71 厘米 /25-28 英寸。
38-56 千克 /85-125 磅。
♀ 58-66 厘米 /23-26 英寸。
38-56 千克 /85-125 磅。

外观

强健有力，骨架宽大，毛发厚实。头部宽，耳间距较宽，眼距较窄。吻部大，黑色或棕色鼻。深色眼睛呈杏仁状。小三角耳分得较开，耳尖略圆，通常竖起，可折向头部。颈部有力，体形强健，胸部深，背部笔直，由肩部向臀部微倾。后躯发达。

足趾紧，趾间有保护性毛发。尾巴相对高，运动时翘起过背，形似一根伸展的羽毛。

毛色

灰色，或浅灰色、黑色，可混有金色、红色、深红褐色。胸腹、腿下、足的全部，及面部的一部分为白色或纯白色。双层毛发，被毛粗糙厚实，中等长度；底毛油而浓密，呈毛绒状。

用途

原用于拉沉重的雪橇，作展示犬、伴侣犬。

　　了不起的阿拉斯加雪橇犬强大、聪慧又高贵，古往今来，在诸多方面都是人类的得力干将。它们是爱斯基摩人生活上的重要助手，是极地勘探的一线成员，是克朗代克河淘金热的出色服务者，也是美国邮政总局在遥远北极地区的邮递员，还曾先后被征召参与两次世界大战。这种犬体力充沛、吃苦耐劳，能抵御极端严寒的气候。因为它们可爱、热情的天性，近些年来也成为优秀的伴侣犬。

　　近期基因测试显示，尖嘴狐狸犬是世界上最古老的犬类之一。研究者认为尖嘴狐狸犬发源于中亚，在某一时期被游牧部族带到了西伯利亚。它们在西伯利亚广阔的内陆地区塑造了基本特性，最终又被游牧民带到北美洲。人类学证据表明，爱斯基摩文化发源于公元前一八五〇年阿拉斯加西北部的克鲁辛斯特恩岬。这片孤立无依的土地似乎只有一望无际的茫茫冰雪，因此早期

的爱斯基摩人只能靠四处游历搜寻食物。当爱斯基摩人意识到能给这些强健的犬种佩上缰绳，命令它们拉动雪橇时，他们的生活发生了翻天覆地的变化。

　　阿拉斯加雪橇犬对于爱斯基摩人来说十分珍贵，因此也得到了人们的温柔对待，生活上可以说是不愁吃喝。当地人有针对性地饲育这种犬，只选择那些最强壮可靠的来拉雪橇，因此它们的数量相对较少。爱斯基摩人对它们实行严格的看管，极少让它们流出爱斯基摩文化圈。这决定了现代阿拉斯加雪橇犬的祖先数量有限，且在地缘关系上相对集中。

　　一八九六年，在加拿大西北处育空地区的克朗代克河，人们发掘到丰富的金矿，这直接导致了克朗代克河淘金热。阿拉斯加雪橇犬被认定为搬运重物的最佳选择，那时一只犬的价格甚至飙升到了五百美金。探矿者试图让这种犬与其他犬种配种，如体形更小、脚程更快的犬种，或更高大的圣伯纳犬，以让它们诞下更"优质的"后代。[①]

　　阿拉斯加雪橇犬也是极地勘探必不可少的大功臣。一九一〇年至一九一二年，罗尔德·阿蒙森（1872—1928）进行南极探险，他用这种犬来运载货物和探险队员。理查德·伯德上将（1888—1957）在二十世纪三十年代到五十年代对南极洲进行探险，也利用了这种犬的能力。时至今日，依旧有人用这种犬拉雪橇。亚瑟·沃尔登在新罕布什尔州建立了奇努克犬舍。伯德上将的阿拉斯加雪橇犬主要来自这里。西利夫妇接管了犬舍，开展了一系列育犬活动，力求重现这种犬最原始纯正的科策布湾血统[②]。西利夫妇的努力也为美国养犬俱乐部接纳这一犬种奠定了基础。一九三五年，美国阿拉斯加雪橇犬俱乐部成立。同年，美国养犬俱乐部认可了这一犬种，但起初只开放了一小段注册时间。许多阿拉斯加雪橇犬在第二次世界大战期间丧命，已注册的幸存犬血源少之又少。如今，所有注册过的这种犬都源于阿拉斯加。

[①] 20 世纪初赌博赛狗盛行，阿拉斯加雪橇犬的杂交更多，但并未使它们繁衍出更优质的后代。这段时期反倒被称为"北极雪橇犬的衰落期"。
[②] 阿拉斯加雪橇犬英文名为 Alaskan Malamute，其中 Malamute 取自马拉缪特部族，该部族生活于阿拉斯加的科策布湾。

西伯利亚哈士奇/西伯利亚雪橇犬

古老-西伯利亚-寻常

体形

♂ 53-60 厘米 /21-23.5 英寸；
20-27 千克 /45-60 磅。

♀ 51-56 厘米 /20-22 英寸；
16-23 千克 /35-50 磅。

外观

体形中等，敏捷强壮，性格外向。外形似狐狸，头顶稍圆，从最宽处向眼睛渐窄。吻部长度中等，黑色、深褐色或肉色鼻子。眼睛呈杏仁状，颜色为蓝色或棕色。双眼呈单色、异瞳，或杂色，眼神友好而活泼。三角耳直立，位于头部较高的位置。颈部呈拱形，直立时挺拔，肩部弧度流畅。前腿笔直，足部椭圆形。背部直而有力，背线水平，腹部较为紧绷，胸部深。后躯有力，跗关节轮廓分明。尾似狐尾，下垂或弯曲过背线。

毛色

颜色多样，或有斑纹。双层毛发非常厚实，长度中等。底毛浓密柔软，被毛顺直光滑。

用途

拉雪橇，作展示犬、伴侣犬。

西伯利亚哈士奇是纯种的北极雪橇犬中脚程最快的，因此也自然成了雪橇犬大赛的宠儿。与出众的速度相得益彰的，是它们结实的身躯和坚定的意志。西伯利亚哈士奇温柔而亲切，甚至会以不逊于对主人的热情对待闯入者。对有经验的养狗人士来说，西伯利亚哈士奇可谓良选，不过它们需要主人高水平的管理、理解力、耐心以及充分的练习。它们聪明而独立，善于团队行动，因此更适合身旁有伴——不管是同类还是人类。

西伯利亚哈士奇源于古代原始的尖嘴狐狸犬，是楚科奇犬的直属后裔。楚科奇人是中亚的原住民，后往东北迁移，最终在地处亚洲最东北端的楚科奇半岛扎根。养鹿楚科奇人①饲养驯鹿，他们养的狗多用于捕猎或运输。沿海楚科奇人则定居在沿海地域。研究显示，他们是最早依靠犬类生存的人群。数百年后，在相对隔绝的环境中，楚科奇犬完美适应了当地的气候、地形和驯养目标，既能在食物短缺的情况下忍受极端天气，也能在漫长的旅途中快速运输相对轻便的货物。

_____

① 楚科奇人分为养鹿楚科奇人和沿海楚科奇人。

很难说楚科奇犬何时在境外被"发现"，但很可能是在十六世纪，即俄国人开疆辟土，统治西伯利亚地区的那段时期。俄国人占领西伯利亚后，那里的诸多部落渐渐融为一体。西伯利亚部落原住民、阿拉斯加皮货商和捕鲸者间的贸易往来日益密切。一九〇八年，第一批被文字记载的西伯利亚雪橇犬来到了阿拉斯加诺姆市，当时它们被称为"西伯利亚犬"。到了一九二九年，美国养犬俱乐部正式承认这个犬种后，名字加上"哈士奇"的这一犬种才被记录在册。

拉雪橇竞赛历史悠久，但直到二十世纪初期，第一场正式的雪橇竞赛才拉开帷幕。阿尔伯特·芬克在诺姆市奠定了狗拉雪橇大赛的基础，他于一九〇八年创建了诺姆养犬俱乐部，并担任首届主席。一九〇九年，第一组西伯利亚哈士奇小队参加了全阿拉斯加大奖赛，赛程四百零八英里（656千米），从诺姆市出发。这组西伯利亚哈士奇的主人是一位名为威廉·古萨克的皮货商。由于雪橇手缺乏经验，他们只获得了第三名的成绩。但一位同为参赛选手的年轻苏格兰人仍旧察觉到了西伯利亚哈士奇绝佳的能力，随即从西伯利亚采购了六十只西伯利亚哈士奇。他在一九一〇年的全阿拉斯加大赛中投入了三组西伯利亚哈士奇，分别荣获了第一、第二及第四名的佳绩。由此，人们迅速认识到了西伯利亚哈士奇的竞赛价值。

一九一四年，罗尔德·阿蒙森为即将进行的北极探险准备了一批西伯利亚哈士奇。他将这批狗托管给诺姆市的莱昂哈德·赛帕拉加以训练。而随后爆发的第一次世界大战让阿蒙森不得已终止了探险计划。赛帕拉与这批西伯利亚哈士奇继续参加竞赛，一路所向披靡，战无不胜，在一九一五年、一九一六年、一九一七年三届全阿拉斯加大奖赛中连斩三金。西伯利亚哈士奇最伟大的成就要数"血清接力"。一九二五年，诺姆市急性白喉肆虐，而救命的血清远在六百英里之外。赛帕拉毅然带着二十只西伯利亚哈士奇离开诺姆市，踏上了接应血清的征途。他与运送血清的雪橇手计划在三百英里外的努拉托会合。同时，政府官员也在行程范围内安排了多组雪橇队接力。赛帕拉在沙克图利克接到血清后即刻返程，冒着此生中最凶险的暴风雪义无反顾地直奔诺姆。在戈洛文，赛帕拉将血清交给接力的雪橇手查尔斯·奥尔森，随后又在小镇布拉夫传递给下一棒的贡纳·卡森。卡森驾着他的领头犬波图历尽艰险，终于返回诺姆。在纽约中央公园伫立着一座西伯利亚哈士奇的雕塑，便是为纪念这二十组雪橇犬小队而塑的波图之像①。为纪念血清接力中雪橇手与雪橇犬的壮举，自一九七三年起，充满挑战的艾迪塔罗德狗拉雪橇年度大赛应运而生。赛程由安克雷奇去往诺姆，途经许多血清接力期间重要的驿站。

之后，赛帕拉带着他的雪橇犬巡游全美，在许多雪橇竞赛中均拔得头筹。后来他与同为西伯利亚哈士奇爱好者的伊丽莎白·里克搭档，在缅因州的波兰泉建立了犬舍。犬舍在一九三一年关闭之前，为北美洲源源不断地提供着雪橇赛犬。赛帕拉将他的西伯利亚哈士奇转交给了魁北克的哈利·惠勒。惠勒后来成立了知名的犬舍，并冠以"承自赛帕拉"的前缀。如今，所有注册过的西伯利亚哈士奇都源于上述两家犬舍。美国早期还有一些重要的犬舍，包括伊娃·西利的奇努克犬舍和洛娜·德米多夫的蒙纳多克犬舍，两家都设立在新英格兰地区。

美国养犬俱乐部于一九三〇年正式认可这一犬种，两年后起草了犬种标准的初稿。第二次世界大战期间，该犬种被军队用作搜救犬。同一时期，西伯利亚哈士奇来到了英国。不过直到一九六八年，英国普罗菲特夫妇家的西伯利亚哈士奇才被记录在案。第一只注册犬的主人是美国的一位海军少校。一九七一年，这两只犬在英国产下第一批注册的小狗。自二十世纪七十年代以来，这种犬风靡大西洋两岸，雪橇犬大赛也被人们津津乐道。

①多只西伯利亚雪橇犬在这场征途中因劳累或冻伤而牺牲，1995年的动画片《小狗波图》正是以波图为原型创作的。

萨摩耶犬

古老-西伯利亚/俄罗斯-寻常

体形
♂ 51-56 厘米 /21-22 英寸。
♀ 46-51 厘米 /18-21 英寸。

外观
引人注目，脾气温和，活泼好动。有力的头部呈楔形。吻部长度中等，黑色鼻唇（为佳）。深色眼睛呈杏仁状，表情伶俐。三角耳竖起，不太长，分得较开。颈部有力，呈拱形。前腿笔直，腿骨发达，足长而平，足毛厚实。背部长度中等，背宽而有力。胸部深，后躯肌肉极其发达。长尾巴覆盖着浓密的毛发，卷向背部或身体一侧，休息时或下垂。

毛色
白色、奶油色、白色带浅褐色，被毛毛端闪烁银色光泽。双层毛发，被毛粗糙直立，能抵御不良气候；底毛短小柔软。

用途
放牧驯鹿、拉雪橇，作守卫犬、敏捷赛犬，亦作展示犬、伴侣犬。

超凡脱俗、气质尊贵的萨摩耶犬原名"贝杰吉尔"，意为"微笑的狗"。犬如其名，它们拥有不逊于任何犬种的阳光个性，并继承了祖先与生俱来又深入骨髓的友善与亲和。它们多才多艺，外形漂亮。说起家系，则要追溯到史前时期。萨摩耶犬与祖先狼关系密切，由于故土相对隔绝，其在历史上极少受到其他犬种血统上的干扰。

这个犬种得名于萨摩耶德人。萨摩耶德人是亚洲古老的游牧民，是生活在中亚最早的部族之一，后来带着犬移居到了亚洲西北部地区。桑德拉·奥尔森是宾夕法尼亚州匹兹堡卡内基自然历史博物馆的人类学馆馆长。她的记述提及，研究员在哈萨克斯坦北部的波泰发掘出铜器时代的遗迹，这些人类学证据包括犬的头骨及类似现代萨摩耶德人的骨骼。这意味着萨摩耶犬出现在更靠南的位置。不过，这一犬种在寒冷的北极才演化出了其基本特征。

萨摩耶德人居住在一片并不宜居的土地上，冰雪皑皑、一望无际的冻土地带，从俄罗斯西北海岸的白海一路延伸至叶尼塞河，他们主要生活在西伯利亚西北的泰梅尔半岛。萨摩耶德人的生活与驯鹿有着千丝万缕的联系。他们追踪、狩猎驯鹿，跟随四处觅食的驯鹿，过着游牧生活，因此他们饲养的狗成了生活中必不可少的成员。当萨摩耶德人外出捕猎，萨摩耶犬就留守家中，甚至还看护儿童。它们也有可能与猎人随行，协助捕猎、拉雪橇，或是将猎物运回家。久而久之，萨摩耶德人从猎人变成了牧人，开始饲养自己捕获的驯鹿。这时，萨摩耶犬才开始守卫并放牧牲畜。它们是多面手，但最擅长运送货物，拥有出众的力量。萨摩耶德人视家犬为家人，对它们百般疼爱。萨摩耶犬可以随意出入帐篷，伙食丰富，备受人类关心。从古至今，它们与人类一直密切相伴，这也造就了萨摩耶犬温驯、忠贞的品性。

数百年间，萨摩耶犬与萨摩耶德人一起在相对隔绝的土地上生活，它们的特性也由此得以塑造。时至今日，萨摩耶德人数量锐减，有一些仍过着半游牧生活。直到十七世纪初，俄国开始探索并开拓西伯利亚的大片殖民地，外界才渐渐了解萨摩耶犬。人们迅速肯定了萨摩耶犬的美貌与品质，探险家和俄国收税员开始驾着萨摩耶犬拉的雪橇东奔西走。到了十九世纪，萨摩耶犬因为一些欧洲探险家受到世界瞩目。在首批启用萨摩耶犬的探险家中有一位挪威人弗里乔夫·南森（1861—1930），他请了一名俄国政府人员亚历山大·特隆赫姆来搜集探险用的雪橇犬。南森仔细调查过萨摩耶犬，认为它们是最符合需求的北极犬犬种。一八九五年，南森带着一组雪橇犬向北极迈进。虽然最终未能抵达目的地，但他是当时抵达最远腹地的探险家。遗憾的是，与他为伴的雪橇犬无一幸存。探险的细节令人毛骨悚然：当粮食极端短缺时，一些狗日益衰弱。南森将最弱的杀死，用它们的肉来喂食最强健的那些。南森的探险鼓舞了络绎于途的后继者，其中就包括意大利国王的弟弟阿布鲁齐公爵[①]。他向南森请教，并通过特隆赫姆获得

---
①即西班牙王子路易吉·阿玛迪奥，西班牙国王阿玛迪奥一世的三子。

了一百二十只萨摩耶犬。一九一〇年到一九二〇年间，罗尔德·阿蒙森在南极探险中也采用萨摩耶犬作为雪橇队的领头犬。

最早来到英国的萨摩耶犬是一批来自俄国的外交礼物。萨摩耶犬十足的异域风情与温和友善的天性，使它们迅速变为俄国皇室的宠儿，与其他一些犬种一起成为重要的外交礼物。彼时，英俄皇室关系复杂却密切。一八九四年，维多利亚女王的外孙女亚历山德拉（阿利克斯）嫁给了俄罗斯帝国的末代皇帝尼古拉二世。夫妇两人频频向阿利克斯的舅舅威尔士亲王及夫人亚历山德拉赠送名犬，其中就包括一些萨摩耶犬。这位亲王就是后来的英国国王爱德华七世。卡尔·法贝热根据亚历山德拉王后在一八九九年收到的一只萨摩耶犬为原型，辅以玫瑰钻，打造了一只微型玉犬。这只萨摩耶犬原来的主人是 F.G. 杰克逊少校，他是远征法兰士约瑟夫地群岛的杰克逊·哈姆斯沃思探险队的领队。

欧内斯特·基尔伯恩·司各特及夫人克莱拉将这个犬种带入英国。欧内斯特供职于苏格兰皇家动物学会，经常周游四方，他对萨摩耶犬一见倾心，从探险家手中及西伯利亚分别购入了一些。十九世纪八十年代，他将一只小萨摩耶犬带回英国，瞬间引起轰动。萨摩耶犬在家乡并不限于白色的品种，但白色的萨摩耶犬成了英国人的最爱。司各特从海外引入了更多纯种的白色萨摩耶犬，积极投入繁育的事业。英国养犬俱乐部允许萨摩耶犬参与外国犬种分类的竞赛。一九〇九年，基尔伯恩·司各特成立了萨摩耶犬俱乐部。同时，"萨摩耶德犬"取代"贝杰吉尔"成为这一犬种的正式称谓。一九一二年，英国养犬俱乐部正式承认了这一独立犬种。一九二三年，"萨摩耶德犬"的"德"字被删去。基尔伯恩·司各特与 F.G. 杰克逊少校成为对这个犬种有深远影响力的育犬人，并将多只狗相继出售给探险家。一九二〇年，萨摩耶犬

俱乐部与女士萨摩耶犬协会合并，更名为萨摩耶犬协会。这一机构至今依旧为萨摩耶犬贡献着力量。

现今俄罗斯的萨摩耶犬在俄国革命及第一次世界大战后期受到了近乎毁灭性的打击。这一犬种的输出中断，许多皇室饲养的萨摩耶犬惨遭屠杀。而绝大多数繁殖群则在英国、欧洲大陆和美国存续。一八九二年到一九一二年间，美国购入了一些基尔伯恩·司各特犬，其中有十二只成为今日全美萨摩耶犬的祖先。一九二〇年，基尔伯恩·司各特移居美国，克莱拉则陪着他们养的狗留在英国。克莱拉为萨摩耶犬的繁殖付出了全部心血。英国冠军犬喀拉海是早期的种犬之一，它的血脉遍布大西洋两岸。

美国早期的萨摩耶犬是俄罗斯的冠军犬，名叫阿尔根瑙的穆斯坦，在一九〇四年抵美，是美国养犬俱乐部注册的首只萨摩耶犬。截止到一九二〇年，约有四十只萨摩耶犬注册。美国萨摩耶犬俱乐部在一九二三年成立，并制定了犬种标准。二十世纪三十年代，海伦·哈里斯在宾夕法尼亚州建立了雪域犬舍，为萨摩耶犬在全美落地奠定了基础，她饲育的萨摩耶犬也促生了另外几所犬舍，包括艾格尼丝·梅森在加利福尼亚州建立的白蹼犬舍。梅森的萨摩耶犬主要用于拉雪橇，其中一些接受过携降落伞从小型飞机降落的训练，以参与搜救行动。[1]其中里米尼的冰霜战士在第二次世界大战期间表现出众，甚至赢得了品行优良奖章和胜利勋章。

在漫长的岁月中，萨摩耶犬无数次证明了自己的多才多艺和令人叹为观止的适应力，并始终为人类提供无私的帮助。它们是冰雪聪明、热忱深情的良伴，最快乐的瞬间莫过于从主人那里接到命令。无论遭遇多大的苦难，萨摩耶犬永远是那么轻松愉悦。

---

①白蹼犬舍专注训练萨摩耶犬参与搜救行动，其中的名犬雷克斯曾参与过 30 余场山地救援，被冠以"风雪王"的美誉。第二次世界大战期间，梅森投入了几只受过救援训练的萨摩耶犬接受跳伞培训，以便在更偏远、难以抵达或危险的领域参与救援。由于被外界质疑虐待动物，犬类跳伞项目迅速流产。

秋田犬

古老-日本-寻常

体形

♂ 66-71 厘米 /26-28 英寸。

♀ 61-66 厘米 /24-26 英寸。

外观

结实有力,勇往直前。头部大而宽,呈钝角三角形。深褐色的小眼睛呈杏仁状。小三角耳粗厚而前倾,与后颈呈水平线。颈部较短,肌肉发达;肩部坚实;前腿笔直,腿骨发达;胸部宽且深;

背部比体高略长;后躯有力;腹部紧实。长尾巴毛发丰富,位置较高,弯过背线。

毛色

白色、杂色、斑纹三种混合。双层毛发,被毛直而粗糙,底毛柔软浓密。

用途

原用于狩猎、斗犬,现作展示犬、伴侣犬。

秋田犬是现代犬种,直到二十世纪才被分类定性。不过,它们的祖先要追溯到遥远的过去,而其丰富的历史至今也备受争议。围绕着美国秋田犬及日本秋田犬这两个犬种的划分方法,近年来研究者更是各执一词,激辩不休。世界上各大养犬俱乐部的意见几乎泾渭分明:美国养犬俱乐部认为这两种犬都源于同一个犬种,因此均应被认作"秋田犬";而英国养犬俱乐部、世界犬业联盟和日本养犬俱乐部则认为美国秋田犬与日本秋田犬是两个犬种。

提起现代秋田犬就不得不提到大馆市(十九世纪八十年代以来被称为"狗城")及秋田县邻近大馆市周边的区域。这片崎岖而相对隔绝的土地位于本州岛的北端,以严酷的寒冬著称。秋田县遍布着一群具有共性的地方犬,比如现代秋田犬,又被称作"熊犬[①]"。它们属于古老的尖嘴狐狸犬种,是日本本土犬,拥有厚实的双层毛发、高大强壮的身形、竖起的耳朵和卷曲的尾巴。熊犬多用于捕猎大型野兽,比如熊、野猪和鹿。它们经过训练,可以在猎人抵达前追踪、捕捉和控制猎物。它们对主人忠心耿耿,非常深情,同时保护欲极强,因此也常

①指与日本猎人在日本东北部狩猎熊与鹿的猎犬。

作为守卫犬。熊犬在秋田县十分常见,贵族与农民身边都有它们的身影。

秋田犬在历史上与斗狗有关。百余年前,富有的人家会豢养几只斗犬,互相进行角逐。到了十九世纪七十年代,大馆市附近的地带专门培育斗犬,旨在鼓励日本武士的战斗精神,提高作战士气。这在很大程度上影响了秋田犬在现代西方世界的声誉。如今的秋田犬成了可爱的居家犬种,已不再参与这项活动。

一八五四年,日本的大门向西方敞开,一些海外犬种也得以入境,包括马士提夫獒犬、德国牧羊犬和大丹犬。这些犬种与日本本土犬杂交,培育出了后来的土佐犬(日本斗犬)。斗狗之风日益昌盛,特别是在大馆市。那时人们引入了比本地熊犬体形更大、攻击性更强的土佐犬。人们自然而然地尝试让更多的犬种进行杂交。一八九九年,大馆市建立了一家机构监管斗狗,同时监管一家赛狗竞技场的建设,这也进一步促进了犬种间的杂交,并直接导致本地犬数量锐减。为此,日本政府在一九一九年立法,开始重育一系列犬种,并将它们定义为"天然纪念物"。一九二七年,大馆市市长泉茂家设立了秋田犬保护协会,以推广该犬的统一性,并在一九三一年正式确定这个犬种,将其命名为"秋田犬"。一九三八年,秋田犬的犬种标准最终制定下来。

一九三二年,一则忠犬的故事被广泛报道,引起了公众对"新"秋田犬犬种的巨大关注。这只狗叫八公,一九二三年在大馆市出生,主人上野英三郎是东京大学的一名教授。上野教授在八公还是幼犬时就把它带到了东京。八公每天都会陪教授走到火车站,然后静静等他下班回家。一九二五年的一天,上野教授在大学突发中风,离开了人世。而八公依旧每天痴痴地等着主人回来。后来八公被别人收养,却依旧一次又一次地逃离新家,重返车站等待教授。忠犬八公就这样苦苦等了十年,为

主人的离去而默默哀悼，它也因此成了日本的国民英雄。一九三四年，人们在八公等候教授的车站为它建立了一座雕像。次年，八公随主人而去。它的死引发了极大的轰动，被八公感动的人们从全国各地来到它的雕像前献上鲜花。

失去了视力与听力的美国作家及政治活动家海伦·凯勒（1880—1968）于一九三七年远赴日本，听说了八公的故事。当海伦抵达秋田县时，她提出想带走一只秋田犬。她返回美国后，便收到了一只名为"神风号"的秋田幼犬。可惜"神风号"很快染病去世。一九三九年，日本又将"神风号"的哥哥"剑山号"赠予海伦，海伦对它百般疼爱。

二十世纪上半叶对日本的秋田犬来说是段难熬的时光。第二次世界大战期间，许多狗被充公，因为它们的毛发可以制作军装。警官有权没收除德国牧羊犬外的一切犬种，而德国牧羊犬归军队专属。对人类来说，粮食也急剧短缺，更不用提狗了，它们甚至有被吃掉的危险。因此到了一九四五年，秋田犬已寥寥可数。它们主要分为三类：原始猎熊犬（一关系）、杂交斗犬（出羽系），以及与德国牧羊犬杂交的秋田牧羊犬。

战后，为拯救这个犬种，人们努力尝试明确它们的繁衍系谱及特征。最终一关系及出羽系留存下来。秋田犬在日本恢复繁衍时，以出羽系为主的秋田犬在美国也渐渐受到欢迎。许多美国军官回乡时带走了秋田犬，并着力将它们打造成更高大、毛色更丰富的形象。美国养犬俱乐部在一九五五年将秋田犬归纳至混杂犬类，直到一九七二年才通过犬种标准，将其移入工作犬组。一九七四年，美国才进口了这一犬种的基础繁殖群。当时，美国养犬俱乐部尚未承认日本养犬俱乐部，因此禁止注册日本的基础繁殖犬群。一九九二年，日本养犬俱乐部得到认可，而其中的空白时段正是造成美国与日本的秋田犬犬种分歧的关键原因。如今，美国秋田犬叫"秋田犬"，而拥有日本血统的则叫"日本秋田犬"。它们被视作两个完全不同的犬种（在英国、日本和其他一些国家），外观也不尽相同。美国秋田犬延续了原始斗犬的血统，比日本犬体形更大、体重更沉；而日本秋田犬的神情更为东方化，主要继承了原始猎犬的血统，也包括熊犬在内。比起祖先，日本秋田犬毛发更光滑，体形更小，外形则更像狐狸。日本秋田犬的犬种标准对毛色的要求十分严格，只认可四种颜色，对斑纹的限制也非常细致；而美国秋田犬的标准相对宽松。

英国养犬俱乐部直到二〇〇六年才将秋田犬划分为秋田犬（美国犬）及日本秋田犬两个犬种。二十世纪三十年代，秋田犬被引入英国，其中一只在英国克鲁夫茨犬展中展出。从那时起，英国开始从日本和美国进口秋田犬，并让两类犬杂交。二〇〇一年，日本养犬俱乐部禁止将日本秋田犬出售或出口到不区分这两个犬种的国家。二〇〇六年，英国养犬俱乐部宣布日本秋田犬在基因型上得以独立（表型不独立），这意味着只有三代以上纯血统的日本秋田犬才能注册到这一分类中。英国接受日本秋田犬的时日尚短，英国养犬俱乐部在二〇〇七年才承认日本秋田犬。同年，克鲁夫茨犬展首次展出了这一分类。

秋田犬与日本秋田犬都是勇于奉献、忠于主人的家犬，不过也常常显得比较独立。它们天性独特，对外人相对疏离。它们也很难容忍逗弄或开玩笑，因此并不是所有家庭的良选。不过，秋田犬对自己的主人亲近友好，性格表现丰富，跟孩子们相处得也格外好。秋田犬在历史上曾被作为"儿童看守者"，主要负责照顾儿童，据说它们能给小孩子带来好运。

松狮犬

古老-中国-寻常

体形

♂ 48-56 厘米 /19-22 英寸。

♀ 46-51 厘米 /18-20 英寸。

外观

外形似狮子，结实强健，威严十足。头部宽，吻部长度中等，鼻宽，以黑色为佳。椭圆形眼睛，多为深色。小而厚的耳朵向前倾，竖在双眼上方，显得愁容不展。舌头及口内为独特的蓝黑色。颈部强壮，肩部肌肉发达，胸部深而宽。背部短，呈水平状，后腿较直。尾巴位置高，在背后竖起。

毛色

纯黑色、红色、蓝色、奶油色、浅黄褐色或白色。无斑纹，不混色，但常有深浅过渡色。粗糙和光滑两种毛。前者被毛质硬，直而浓密，根根分明，底毛柔软似羊毛；后者双层毛，毛发短，直而浓密，毛绒状。

用途

原用于守卫、放牧、狩猎、拖曳马车或作食物。

中国古代有个传说，当神明创世，用繁星装点天空时，有几块天空的残片掉落凡间，恰巧路过的松狮犬舔了几口，舌头便染上了洗不掉的颜色。蓝黑色的舌头称得上这一犬种最显著的特征之一，引人注目的还有它们类似狮子或熊的外形。松狮犬安静、威严而贵气十足，以独立的天性和忠诚的品质著称。在上千年的岁月中，松狮犬早已证明了自己的多才多艺。别看松狮犬身体壮实，它们也曾以高超的狩猎技能与速度驰名。

近期的基因测试显示松狮犬属于古代犬，是原始犬类的直系后代。松狮犬原本生活在北极圈，渐渐南下到蒙古、西伯利亚与中国。关于它们的起源主要有两种说法。一种理论主张，它们是两种同时期的古代犬杂交的后代，即藏獒与萨摩耶犬。不过这一论点算不上有力，毕竟萨摩耶犬没有松狮犬蓝黑色的舌头。倒不如说松狮犬更有可能是萨摩耶犬和其他相似犬种的前身，如挪威猎麋犬、荷兰毛狮犬和波美拉尼亚犬。研究者普遍认为松狮犬是尖嘴狐狸犬种的祖先之一，它的古老历史毋庸置疑。另一种理论称松狮犬与中国的联系最密切，它们的繁衍发展同样在中国。还有一种小众说法（可能性也低）称松狮犬与现已灭绝的史前半熊有关。半熊约存在于一千六百万年到一千一百万年前，被人形容为"半狗半熊"；比它们体形更小的近亲原始扁鼻犬（已灭绝）被认为是松狮犬的前身，它们的外形也与熊类似。

汉朝的人工制品上刻有明显形似松狮犬的犬类图案。有一件（约前 150）刻画着八名猎人带着猎网与八只形似松狮犬的犬整装待发，准备捕猎鹧鸪或鹌鹑。同时期的小型陶瓷雕塑证实，松狮犬从那时起在外观上几乎分毫未改。这些工艺品昭示着松狮犬进化的时期，不过它们早在公元前三〇〇〇年就出现了。由于彪悍的守卫和捕猎能力，松狮犬在蒙古和中国的部落被广泛使用。后来，佛教繁荣发展（公元前 6 世纪），西藏的寺庙开始养松狮犬守卫院落。时至今日，一些乡间的寺庙依旧用它们来作守卫犬。有趣的是，这些松狮犬基本都长着蓝色的毛发。松狮犬无尽的勇气和出众的嗅觉在犬种确立之初便得到了认可，它们也被广泛运用到捕狼和捕猎小型猎物的活动中。

中国皇室视犬类为重要成员，史料记载显示，公元前一千年的宫廷设有"狗监"一职。在唐朝，松狮犬成了皇室必不可少、受尽宠爱的伴侣犬。帝王多拥有大量松狮犬，将它们广泛投入狩猎活动中。同时，松狮犬也为民间百姓做了不少事情。它们浓厚的毛发能轻松抵御冬季的严寒，工作能力也得到大众认可。松狮犬不仅是优秀的守卫及狩猎犬，也适用于放牧和拉雪橇。不幸的是，它们同时也是珍贵的食材，皮毛也受人追捧。有一些小型农场专门饲养肉狗。

松狮犬名称起源的说法仍不统一。松狮犬在英文中被称为"Chow"或"Chou"，中文俚语有"可食用"的意思，而"Chow"在西方口语中也有"食物"之意。另一种说法是"Chow Chow"二字出自十八世纪的洋泾浜英文[1]，船长用这个词组指代各种各样的货物。此外还有一种说法，称该名源于古文"Chao"[2]，意思是"骁勇强健的狗"。

西方对松狮犬最初的记载要追溯到一七八一年。吉尔伯特·怀特牧师（1720—1793）有一户从印度举家搬到英国的邻居，他记述的松狮就来自这户人家。十九世纪早期，伦敦动物园进口并展出了几只"中国野犬"，这一犬种开始进入公众视野。不过在进口初期，它们在英国还鲜为人知。一八七九年，一只名为"中国之谜"的黑色松狮犬来到了英国，并于次年参加水晶宫的犬展。来自异国的松狮犬在犬展上大受瞩目，吸引了大批爱好

者。格兰维尔·戈登夫人是早期的育犬者。后来，她的女儿福代尔·菲利普斯夫人在埃塞克斯建立了知名的阿姆韦尔犬舍。一八九四年，松狮犬首次被记录在英国养犬俱乐部的优良犬种登记簿上。一八九五年，松狮犬俱乐部建立。

一八九〇年，松狮犬首次在美国展出。一九〇三年，美国养犬俱乐部正式承认这一犬种。一九〇六年，美国松狮犬俱乐部被批准成为美国养犬俱乐部的成员俱乐部。从彼时起，松狮犬在美国乃至全世界的人气日益飙升，富人与名流格外喜爱这个犬种。心理分析学家西格蒙德·弗洛伊德与松狮犬便有着不解之缘。弗洛伊德对他的几只狗都倾注了巨大的心血，并坚持认为它们的出现能使病人在看诊时尽快冷静下来。

①指没有受过正规英语教育的上海人说的英语，因流行于 18 世纪上海洋泾浜周边地区而得名。
②中文里松狮犬原称"獢獢犬"，"獢"同"骁"，指骁勇。

挪威卢德杭犬

古老-挪威-稀有

体形

♂ 33-38 厘米 /13-15 英寸。
♀ 30.5-35.5 厘米 /12-14 英寸。

外观

擅长运动,优雅而机警。头部大小与全身比例适宜,吻部长度中等,黑色口鼻。眼睛呈杏仁状,以浅褐色为宜;竖起的三角耳非常灵活,能合拢。颈部有力,前腿笔直,双足微微外翻,背线水平,腹部略向上提起。毛发浓密的尾巴位置较高,或下垂或在背部拱起。

毛色

白色,有红色、其他深色斑纹或褐色过渡色,囊括红褐色至棕褐色。毛端为黑色,或有白色斑纹。浓密的双层毛发,底毛柔软厚实。

用途

原用于捕猎海鹦,现作展示犬、伴侣犬。

挪威卢德杭犬极具个性,它们在历史上数度蒙受近乎灭绝的危机。即便在今日,它们的数量虽趋于稳定,却依旧十分稀少。挪威卢德杭犬的起源地遥远,与世隔绝,使其成为现存古老犬中血统最纯正的犬种之一。

这个犬种起源于罗弗敦群岛,整个群岛均在北极圈内,那里栖息着大量海鹦。挪威卢德杭犬得名于海鹦的英语发音"卢德"(Lunde),它们也经常被称为"海鹦犬"。对当地的海鹦猎人而言,这些犬类是狩猎中必不可少的伙伴。挪威卢德杭犬至少有六根脚趾,包括五根发育完整的三关节脚趾,以及至少一根双关节且肌肉发达的脚趾。而其他犬种只有四根脚趾。因此,即便是海鹦栖息的陡峭悬崖,挪威卢德杭犬也能稳健地攀爬上去。那些看似不可能通行的岩壁对它们来说也是小菜一碟。它们能轻松攀岩,顺利爬下,叼着沉重的海鹦凯旋。

挪威卢德杭犬极端灵活的行动要归功于其别致的形态,它们能将头后仰,前额直抵脊柱,头部还能左右旋转至一百八十度。因此,它们能在狭窄而遍布岩石的罅隙间自如穿梭。同时,挪威卢德杭犬的前腿关节也能助

①挪威诺尔兰郡的岛屿。

它们一臂之力,可以水平侧转,与身体呈九十度角,这使它们在危机重重的地域也能灵活迅速地移动。挪威卢德杭犬缺少一颗小臼齿,便于在不咬伤鸟类的前提下将其叼回给猎人。它们的耳朵能前后折叠,避免耳内受水或灰尘的侵袭。

埃里克·汉森早在一五九一年便记述了这一犬种,并提及洛文登岛上海鹦的数量及理论所需的猎犬数量。十九世纪早期,瑞典动物学家斯文·尼尔森(1787—1883)记述了挪威卢德杭犬被带到冰岛的经过,以及它们成为"冰岛牧羊犬"的来龙去脉。

居住在挪威北部沿海地区的人家大多会豢养挪威卢德杭犬。这个犬种的价值逐渐提升后,政府便开始对主人征税,导致挪威卢德杭犬的价格日益高昂。十九世纪中期,猎网捕鸟开始流行,这一犬种的数量也随之下滑。一九三七年,育犬者埃莉诺·克里斯蒂投身拯救挪威卢德杭犬的行动中,使这个犬种再度焕发生机。她养了四只母犬和一只公犬,并于一九四三年在挪威南部建立卢克索犬舍。犬舍共繁殖了六十只纯种犬。一九四三年,挪威养犬俱乐部承认了这一犬种。

一九四二年,一种致命的瘟热病毒侵袭了韦岛①,令整个韦岛乃至挪威大片区域内的挪威卢德杭犬覆灭。一九四四年,悲剧之钟再次敲响,克里斯蒂的挪威卢德杭犬几近全灭,仅剩一只年迈的公犬阿斯克。经历了种种艰辛培育后,这一犬种最终得以延续。一九六二年,挪威卢德杭犬俱乐部成立,致力于保护和推广这一犬种。

挪威卢德杭犬在二十世纪八十年代被引进美国。时至今日,美国已有三家相关的俱乐部,其中包括二〇〇四年成立的美国挪威卢德杭犬机构。二〇〇七年,这家机构被美国养犬俱乐部认可为该犬种的家长俱乐部。二〇一一年,美国养犬俱乐部正式承认这一犬种,并将其归类为家庭犬组。

挪威猎麋犬

古老-挪威-寻常

体形

♂ 52 厘米 /20.5 英寸；约 23 千克 /51 磅。

♀ 49 厘米 /19.5 英寸；约 20 千克 /44 磅。

外观

强壮、结实而高傲。头呈楔形，耳间距宽，深褐色眼睛呈椭圆形，眼神直率、无畏而友善。竖起的耳朵位置较高，下颌尖而有力。挺拔的颈部长度中等，前腿笔直，身躯魁梧，背部短而刚劲，腰部短而宽，腹部微收。胸部深且宽，后躯强健。尾巴位置高，毛发厚实，无饰毛，紧紧地卷起，位置过背中。

毛色

灰色系的渐变色，被毛毛尖为黑色。胸、腹、腿、尾巴下面、臀部及躯体上的鞍状部位毛色较浅，耳朵及前颜面为深色。毛发能抵御恶劣天气，底毛柔软浓密，被毛粗糙笔直。

用途

捕猎大型猎物，作守卫犬、展示犬、伴侣犬。

挪威猎麋犬是完美适应环境并实现其历史功能的优良品种。它们是卓越的猎手，经过驯化，在斯堪的纳维亚半岛崎岖的地面上也能捕猎大型猎物。它们曾被用于捕猎麋鹿、驼鹿、驯鹿和熊。挪威猎麋犬高超的捕猎技巧保持至今，因此仍有人用它们追踪和捕猎大型野兽，特别是在其家乡挪威。挪威猎麋犬的双层毛发十分厚实，能保护它们不受斯堪的纳维亚刺骨严寒的侵袭。它们还以顽强的耐力著称：这一犬种能在气温骤降的地域整日追击猎物，次日便重整旗鼓，再度踏上征程。挪威猎麋犬的勇气和忠诚也同样受人瞩目，它们对主人忠心耿耿，对熟人和重视的人也亲切友好。

挪威猎麋犬与绝大多数尖嘴狐狸犬一样，被研究者公认为古老犬种。不过在二〇〇四年，一份纯种家犬的完整基因排列研究（H.G. 帕克等）表明，它们可能是在较近的时期繁殖出来的犬种。不可否认的是，在十分古老的年代，挪威便出现了大型的尖嘴狐狸犬，其特征与挪威猎麋犬相似。百余年来，人们称挪威猎麋犬为"维京犬"[①]。八到十一世纪，北欧海盗文化盛行，而这种大型尖嘴狐狸犬与之息息相关。

挪威猎麋犬是维京人生活中不可或缺的组成部分：它们既是守卫犬又是猎犬，同时还会看护和放牧牲畜。研究者在挪威西部的亚伦地区发掘到维斯特洞穴，其中便有与犬类相关的证据，具体包括石器、骨头及四具犬类的骨架。经推算，它们的年代大致可以追溯到公元前五千年到公元前四千年间。卑尔根博物馆的布林克曼教授认为其中两具骨架是猎鹿犬类。斯堪的纳维亚半岛的人们曾称这些早期尖嘴狐狸犬为"湿地犬"。这里繁衍了许多不同的尖嘴狐狸犬，它们具备一定的共性，同时根据自身所处的地域及早期工作方式演化出了相应的差异。比如，瑞典猎麋犬（耶姆特猎犬）就跟它们的邻居挪威猎鹿犬有不少相似之处，在历史上，它们的祖先也明显是近亲。不过瑞典猎麋犬尚未得到美国养犬俱乐部或英国养犬俱乐部的认可。而（挪威的）挪威猎麋犬协会则在猎麋犬的分类下承认了九个犬种。

坚毅的挪威猎麋犬多年来都被公认为工作犬而非展示犬，直到一八七七年，挪威猎人协会的首届犬展才囊括了这一犬种。自十九世纪晚期起，公众对这种令人交口称赞的犬种兴趣大增，相继开展各种活动保护其纯种血统，进行有选择性的交配育种，并拟定优良犬手册。一九二三年，英国猎麋犬协会成立，在二〇〇三年更名为大不列颠挪威猎麋犬俱乐部，并沿用至今。一九三〇年，美国的挪威猎麋犬协会成立，并在一九三五年得到了美国养犬俱乐部的认可。

[①]亦称"北欧海盗犬"。

芬兰狐狸犬

古老-芬兰-寻常

体形

♂ 43-50 厘米 /17-20 英寸；
14-16 千克 /31-35 磅。

♀ 39-45 厘米 /15.5-18 英寸；
14-16 千克 /31-35 磅。

外观

结实强健，外形似狐狸，轮廓分明。头部长度长于宽度，表情生动。吻部窄，黑色鼻唇。小耳朵上翘，耳端尖。颈部肌肉发达；身形近方形，躯体强壮。背部直而有力，胸部深，腹部微微收起；后躯有力，脚趾呈弧形。尾部有饰毛，高高翘于背上拱起，放松时贴近任意一侧腿部。

毛色

背部为红褐色或金色毛发，以亮色为佳。耳内、脸颊、吻部下方、胸部、腹部、肩后方、腿内侧、大腿后侧及尾巴下面的毛色较浅。被毛明亮，头部及前腿的毛发短小细密；躯干及腿后方的毛发较长而半竖起。

用途

狩猎，作展示犬、伴侣犬。

芬兰是位于世界最北端的国度之一，这里也是芬兰狐狸犬的故乡。它们又被称作芬兰狐犬[①]，数千年前便演化出了一些独特的品性。它们是早期芬兰定居者生活中不可或缺的成员，经常参与狩猎活动，主要用以捕猎鸟类，有时也捕猎驼鹿或熊之类的大型猎物。它们从古至今始终肩负着守卫犬的职责。芬兰狐狸犬并非攻击型犬种，但它们在侦测到入侵者时，会立刻发出嘹亮的吠叫声以示警告。芬兰狐狸犬的吠叫能力出类拔萃，这是它们担负猎犬职责必须具备的核心能力之一，芬兰人也针对这一特性开展了积极培育。

芬兰狐狸犬原被称为芬兰立耳犬。芬兰爱国歌曲经常提到芬兰狐狸犬，而这一犬种在一九七九年成为芬兰的国犬，时至今日不断繁衍，数量可观。芬兰狐狸犬性格极好，聪慧擅猎，金红色的毛发也威风凛凛。它们从事捕猎活动或作为伴侣犬，数量几乎相当。

芬兰狐狸犬狩猎技巧出众，斯堪的纳维亚半岛也大力支持进一步开发该犬种的工作能力。芬兰狐狸犬必须获得工作或试用证书，才有资格角逐犬种冠军。它们主要捕猎北欧雷鸟，雷鸟是松鸡属中最庞大的一支。芬兰狐狸犬捕猎的方式自成一派。北欧雷鸟居住在森林，因体重大、翅膀短圆而不擅飞行。芬兰狐狸犬发现雷鸟后一路追踪，直到其飞上树梢。随后它们绕着树来回奔跑，吸引雷鸟的注意力。当重复的动作降低猎物的警惕后，它们便开始低声吠叫，提示猎人自己所处的方位，然后叫声越来越大，大到足以遮盖猎人赶来时发出的声响。随后，猎人便能一枪射向立在枝头的雷鸟。如果鸟儿中途飞离，芬兰狐狸犬会追赶它们到下一棵树。整个过程中，吠叫至关重要。芬兰狐狸犬的吠叫可谓一绝，当地每年都会举行一场比赛，选出当届的"吠叫之王"。该犬种唯一的劣势也是它们的吠叫，不过人类可以训练它们控制随心所欲的吠叫，而且从幼犬开始形成良好的习惯。

随着时间的推移，外来人口迁入及国内人口流动，当地混入了外界的其他犬种，芬兰狐狸犬的血统不再纯粹。十九世纪末，这一犬种面临灭绝的风险。所幸有两位爱好者挺身而出，他们是雨果·桑德伯格与雨果·鲁斯，二人积极鼓励芬兰养犬俱乐部加强对这个犬种的保护。在他们的不懈努力下，一八九二年，芬兰养犬俱乐部终于将这一犬种记录在了优良犬种登记簿中。

英国早期出现的芬兰狐狸犬包括托米和哈蒙·西罗。一九二七年，爱德华·奇切斯特先生在芬兰的一场狩猎中被这一犬种深深吸引。他随即进口了几只，并在三四十年代致力于芬兰狐狸犬的本土化。英国的另一位关键人物是吉蒂·瑞特森小姐。起初，她也是在芬兰与这一犬种相遇。瑞特森小姐是芬兰尖嘴狐狸犬俱乐部的创建者。一九三四年，这家俱乐部正式被英国养犬俱乐部注册登记。

[①]原文为"Finkie"，由英国育犬者吉蒂·瑞特森小姐命名。

荷兰毛狮犬

古老/现代-荷兰-寻常

体形

♂ 46 厘米 / 18 英寸。

♀ 43 厘米 / 17 英寸。

外观

魅力十足，活泼结实。楔形头部似狐狸，深色吻部，黑色鼻。深色眼睛呈杏仁状，眼周有独特的斑纹。深色小耳朵向上竖起，形似常春藤叶，丝绒质地。颈部微拱，长度中等，鬃毛浓密厚实；前腿笔直，身体短小结实；后躯肌肉发达。尾巴较长，生长位置高，紧紧卷于背上，灰白饰毛，黑色尾尖。

毛色

灰黑混合。灰色或米色底毛。被毛毛端为黑色，肩部斑纹优美。被毛硬直而疏松，前腿饰毛整洁密集，后腿裤状饰毛浓厚，而跗关节以下无饰毛。

用途

原用于守卫驳船，作展示犬、敏捷赛犬、搜救犬，或赛事犬。

荷兰毛狮犬属于欧洲为数不多的尖嘴狐狸犬。世界公认尖嘴狐狸犬是最古老的犬类之一，最早主要分布在西伯利亚北部和北极地区，是许多犬种的前身，如阿拉斯加雪橇犬和萨摩耶犬。这些犬全都是欧洲小型尖嘴狐狸犬的祖先。荷兰毛狮犬的起源较为复杂。它们在其犬种发展的数百年间都与荷兰有着最为密切的关系，不过世界犬业联盟将它们与其他四个犬种统一归入德国尖嘴狐狸犬系内。十七世纪以来，这个犬种开始在荷兰的历史上留下足迹，此后它们也与荷兰息息相关。

荷兰毛狮犬从未参与过狩猎，它们一直以来都是优秀的护卫犬，能在不速之客接近时"吹响警报"。它们是适宜的伴侣犬，由于体形相对矮小便于登上船只，善与人为伴。它们被广泛应用于安全问题成为隐忧的内河船与驳船上，因此人们经常叫它们"荷兰驳船犬"。一九二五年，英国将这一犬种注册在案。

荷兰毛狮犬在阿姆斯特丹的成立史上也留下了足迹，它们的身影永远留在了阿姆斯特丹玺印上，在船边静静凝视着参观者。相传，一艘海盗船在斯塔福伦附近的弗里斯兰海岸遇难，一位渔民带着他的荷兰毛狮犬救下了船上唯一一名幸存者。救人后不久，渔民的小船又被卷入一场暴风雨。幸运的是，船最终被海浪冲向岸边。为了纪念彼此得救，劫后余生的两人在阿姆斯特尔河流入大海的地方建了一座小礼拜堂。后来，这里从小渔村开始发展，被称为阿姆斯特尔丹，这便是阿姆斯特丹的前身。从那时起，人们便认为上船时带一只狗随行是吉兆。

十八世纪，荷兰毛狮犬不幸成为荷兰爱国者派的象征。有个故事流传至今，说的是爱国者派的领军人物之一科尼利厄斯·德基泽拉经常与他的尖嘴狐狸犬相伴。科尼利厄斯的绰号叫基斯，据说这个犬种的名字正是来源于此[①]，而名字中的"hond"译作"狗"。令人惋惜的是，爱国者派在与奥兰治派的斗争中落败了，之后许多荷兰毛狮犬惨遭屠戮。所幸一些渔民和农夫看好这种犬的品质，而非地位。在乡村，人们更注重对荷兰毛狮犬品性的培养，而非生理形态，因为主人更需要的是忠诚而卓越的看门犬。

专门针对这一犬种进行培育的俱乐部直到十八世纪才建立起来。同一时期，第一批荷兰毛狮犬被引进到英国。温菲尔德·迪格比夫人是英国培育荷兰毛狮犬的先驱人物。她儿时曾跟家人一同远航，在途经荷兰运河时见到了它们。二十世纪初，她得到了人生中的第一对幼犬。迪格比夫人建立了范赞丹犬舍，并于一九二五年对第一家犬种俱乐部的组建起了关键性作用。这家俱乐部在成立时叫作荷兰驳船犬俱乐部，在一九二六年更名为荷兰毛狮犬俱乐部。迪格比夫人与另外几位英国育犬者进口了许多优质的荷兰毛狮犬，为这种犬在英国的稳定发展奠定了坚实的基础。

①基斯原文为"Kees"，荷兰毛狮犬为"Keeshond"。

美国爱斯基摩犬

现代-德国/美国-寻常

体形

标准犬尺寸：38-48 厘米 / 15-19 英寸。

小型犬尺寸：30.5-38 厘米 / 12-15 英寸。

玩具犬尺寸：23-30.5 厘米 / 9-12 英寸。

外观

结实机警，全身雪白或米色，环状颈毛似狮子。头部略呈楔形，精致漂亮，吻部宽，鼻、唇、眼眶为深褐色至黑色的任意色系。椭圆形深色眼睛，眼神机灵，眼距较宽且适宜。三角耳竖起，弧形耳端，耳距较宽。中等长度的颈部呈微弧形；胸部深而宽，身体强壮，背线水平；腹部微收。尾巴位置较高，松散地卷在背后，放松时或下垂。

毛色

白色或米色混合为佳。竖立的双层毛发直而浓密、厚实。环状颈毛围绕颈部，腿后方有饰毛，尾部毛发长而浓密。

用途

作守卫犬、放牧犬，参与服从测验、医学治疗，也作敏捷赛犬、展示犬、伴侣犬。

美丽而聪慧的美国爱斯基摩犬俗称爱斯基摩犬，不过它们既不是发源于美国，也与爱斯基摩毫无关联。这一犬种是德系狐狸犬的后裔，它们二十世纪在美国发展出独有的特性，并与祖先保持一定的共性，被培育成了美国犬种。美国养犬俱乐部及联合养犬俱乐部均承认这一犬种，后者成立于一八九八年，是美国成立的第二家犬种登记机构，主要关注展示犬及工作犬犬种。加拿大养犬俱乐部也认可了爱斯基摩犬这个犬种，英国养犬俱乐部尚未通过认可。

北欧在漫长的岁月中孕育出了丰富多样的尖嘴狐狸犬，它们根据自身所处的地理位置及人类的定向培育演化出了迥异的特性。德国主要将尖嘴狐狸犬投放到农场，用于放牧或看护牲畜。这些工作犬能独立放牧，也能独立捕猎。它们拥有本能的保护欲，因此常作为看门犬，甚至能看护婴儿。

据说德国的吉卜赛人偏爱小型狐狸犬，并会教它们表演技能。人们普遍认为，马戏团或与犬类表演相关的组织遍布欧洲，后来他们将这一切带到了美国，不过这种说法没有确凿依据。十七世纪末，一些德国人移民北美洲，主要是如今的纽约州和宾夕法尼亚州一带。十九世纪，更多的德国人陆续抵达。这些移民带来了体形娇小的工作狐狸犬，它们便是美国爱斯基摩犬的前身。起初，这批小型狐狸犬被称为德国狐狸犬。一九一三年，联合养犬俱乐部承认了这一犬种。可到了一九一七年，反德情绪日益高涨，人们便将犬种名改为美国狐狸犬；到了一九二二年，又更名为美国爱斯基摩狐狸犬；次年，犬种名末尾的"狐狸犬"被删除。这一名称取自霍尔夫妇的美国爱斯基摩犬舍，霍尔夫妇也是一九一三年最早注册这一犬种的育犬者。

德国孕育了各种颜色的爱斯基摩犬，不过后来只有白色的独领风骚，因为它们醒目的毛色更易被农民一眼认出。这一犬种被精心培育，获得了欧洲贵族的青睐。美国的犬种规定只认可白色或米色的爱斯基摩犬。联合养犬俱乐部在一九一三年注册了这一犬种，但直到一九五八年才制定犬种标准；数年后，犬种标准得到进一步修订。一九七○年，美国国家爱斯基摩犬俱乐部成立，成为第一家相关的犬种俱乐部。一九八五年，一批希望该犬种被美国养犬俱乐部承认的犬主人和育犬者组建了美国爱斯基摩犬俱乐部。在汇集了一千七百五十只美国爱斯基摩犬后，美国爱斯基摩犬俱乐部终于得偿所愿，使这个犬种在一九九五年得到了美国养犬俱乐部的正式认可。美国养犬俱乐部同时认可了三个犬种尺寸，联合养犬俱乐部则不认可玩具犬分类。

美国爱斯基摩犬活泼聪慧，是优质的伴侣犬，但可能在接到任务后表现得过于兴奋。它们动如脱兔，善于思考与接受训练，完成人类赋予的任务。

巴仙吉犬

古老-中非-中等

体形

♂ 43 厘米 /17 英寸；11 千克 /24 磅。

♀ 40 厘米 /16 英寸；9.5 千克 /21 磅。

外观

身体轻盈，贵气十足，擅长运动。头部长度中等，向鼻翼方向渐窄。耳朵竖起时额头显现独特的皱纹。深色眼睛呈杏仁状，视野远；黑色鼻；竖起的耳朵小而尖，常前倾。颈部肌肉发达，线条优美呈微拱形，相较身体比例，腿部略长。背部短，呈水平状，肋骨展度良好，胸部深，腰部线条清晰。后躯肌肉发达，跗关节微微下倾。足部小而窄，脚掌紧实。尾巴位置高，向上翘起，尾尖紧贴大腿，或卷成一圈或两圈。

毛色

黑白色；红白色；黑色、棕褐色及白色的混合色，有棕褐色、白色斑点或斑纹；白褐色；有斑纹，红底，黑条。白色足部、胸部、尾尖；或有白色腿部、白斑、颈饰。毛发短小密集，细腻而光滑。

用途

捕猎小型猎物、诱猎追捕，作展示犬、伴侣犬。

优秀的巴仙吉犬与古代史密切相关。基因测试表明，高智商的它们是世上最古老的犬类之一。巴仙吉犬与祖先狼在多项特征上都表现出高度一致。这个犬种每年只有一次发情期，以"不吠叫"著称，交流时会发出类似约德尔调的声音。此外，它们干净整洁，几乎没有体味。巴仙吉犬极爱舔舐毛发，舔的时候悉心而专注。而且，它们好奇心强，酷爱运动。

英文中的"巴仙吉"一词指"灌木丛中的野犬"。在非洲，它们被称为"村民的家犬"或"上蹿下跳的狗"。巴仙吉犬与非洲的联系最密切，它们也是在这里发展演化的。巴仙吉犬常出现在古代艺术作品中，它们卷曲的尾巴和竖起的双耳十分独特。在这些早期的艺术作品中，它们经常以佩戴铃铛项圈的姿态示人。时至今日，非洲的巴仙吉犬也普遍戴着铃铛项圈，因为铃响可以告诉主人它们所处的方位。

① 格奥尔格・奥古斯特・施魏因富特，德国植物学家，曾赴非洲考察，并著有《非洲的心脏》一书。

自十九世纪探险家发现巴仙吉犬起，这一犬种才逐渐留下文献记载，最早的一份为一八六八年施魏因富特教授①（1836—1925）的笔述。他在当地游牧民群落中结识了这种犬。巴仙吉犬多居住在这些群落的边远地区，许多已被驯化并用于捕猎。该犬种在很长一段时期内保留着独立的个性，这也是它们存活下来的必要因素之一。巴仙吉犬能悄无声息地接近猎物，参与追捕小型猎物时，会将它们赶进猎人精心安置好的猎网中。

十九世纪晚期，一八九五年在克鲁夫茨犬展上展出的一对巴仙吉犬是首次从非洲引入欧洲的巴仙吉犬。这对异国犬当时被称为非洲灌木犬或刚果狼，但随后不幸死于犬瘟。这种瘟疫几乎带走了所有早期进口到欧洲的巴仙吉犬。一九二八年，海伦・纳汀女士从中非进口了六只巴仙吉犬，为它们接种了犬瘟疫苗，可这批犬均因疫苗的副作用而死。次年，奥利维亚・伯恩夫人赴非洲旅行，对这种犬一见倾心。她将五只巴仙吉犬带回英国，有一只母犬幸存下来。一九三六年，她又引进了几只，并开始繁育这一犬种。英国现有的巴仙吉犬都要追溯到她所培育的狗：布林的邦果、布林的博科多、布林的巴谢丽、布林的邦瓦和布林的巴库马。她带邦果与博科多参加了一九三七年的克鲁夫茨犬展，引起了公众对这个犬种的兴趣。一九三九年，海伦・纳汀女士、奥利维亚・伯恩夫人、维罗妮卡・图多尔－威廉姆斯、理查德少校及 K.C. 史密斯先生共同创立了大不列颠巴仙吉犬俱乐部，这也是世界上首家相关犬种机构。

巴仙吉犬在克鲁夫茨犬展上亮相后，美国于一九三七年首次引进这种狗。美国养犬俱乐部于一九四四年承认了这个犬种，它们的人气也日益旺盛。由于原始配种犬基数过少，导致西方巴仙吉犬的基因库数量严重短缺。一九九〇年，美国养犬俱乐部重新开放这一犬种的登记簿，相继注册了十四只来自非洲的巴仙吉犬。

第三章

体能与力量

"马士提夫"一词泛指多种具有共性的犬，它们有相似性和血缘关系。这个名词也指代来自英格兰的一个特定犬种。两者易被混淆，为了避免误会，有人将马士提夫犬统称为"獒犬"。獒犬常指各种马士提夫獒犬的祖先。古代的文字记载及许多艺术作品对獒犬的描述多为高大壮硕，拥有方形的有力下颌和取之不尽用之不竭的勇气。这些特征同样存在于各类现代马士提夫獒犬种。在古希腊偏远崎岖的西北地区（现为阿尔巴尼亚）有个伊庇鲁斯公国，其间的摩鹿斯部落民风骁勇彪悍，摩鹿斯犬[①]正是得名于此。摩鹿斯人以训练斗犬驰名古今，这个地区的斗犬由于骁勇善战广受追捧。

獒犬的起源不为人知。据推测，它们与古老的藏獒有关，诞生于中亚或东南亚。研究者在伊拉克的巴格达，即史上曾被称为巴比伦王国的地区发现了最早的相关记述，这些记述来自公元前两千五百年到公元前两千年。其中最早的文字依据源于古希腊哲学家亚里士多德（前384—前322），他在《动物志》（前350）中将獒犬分为两类：狩猎犬和牲畜护卫犬。前者相对轻盈，而后者体形更大攻击性更强，善于击退诸如狼或熊之类的食肉野兽。

这类具有共性的犬种大规模出现在世界各地，并根据所处地域的特色演化出了迥异的个性，历经数百年繁衍，孕育出了各色犬种，如英国的马士提夫獒犬、斗牛犬，法国的波尔多犬，德国的拳师犬、大丹犬及中国的沙皮犬。它们原用于保护家畜、参与战事、守卫家园或捕猎大型猎物（与速度更快的猎犬协作）；人类也会让它们参与斗兽或斗狗。西班牙征服者启用大量的马士提夫獒犬血洗美国土著，英国殖民者使用的程度次之。这类

---

① Molossers，亦称"獒犬"。

犬擅长将掠夺者逼入困境，因此也常做人类的保镖。

十五世纪，马士提夫獒犬的声誉响彻欧洲，频繁被当作外交礼品赠予他国。一四六一年，爱德华四世（1442—1483）在法国国王路易十一继位之际赠予他五只马士提夫獒犬。到了十六世纪，斗兽"运动"极为风靡，而马士提夫獒犬由于顽强的意志与骁勇的精神备受欢迎。那时，斗兽不是必需的，却被视为适当的皇室娱乐活动。这项运动的热度在伊丽莎白一世（1533—1603）统治期间直达顶峰。人们用了从异国引进的各种动物进行斗兽活动，包括狮子、老虎、美洲豹，甚至在一七二一年用了一只北极熊，此外还有公牛、熊、马和驴。同一时期，斗兽风潮也在亚洲盛行，其中又以斗犬最受人们喜爱。

欧洲、亚洲及美国的商人驱使着各种各样的马士提夫獒犬为他们拖货物、运商品或背行李，东西五花八门，从肉到牛奶，乃至医疗用品。尽管直到十九世纪，马士提夫獒犬仍被广泛投入斗兽中，它们在世界各地也被当作理想的守卫犬，因为其既能保家卫园、看护家畜，又能完美胜任贴身保镖的工作。

据说，年轻的孔蒂王妃（1693—1775）住在路易十五的皇宫时，决心给她善妒的丈夫孔蒂亲王一个教训。亲王常常夜访王妃的寝宫查房，王妃对此不悦，训练了一只体形巨大的马士提夫獒犬与自己同榻共眠，并授意它攻击一切可能的不速之客。当亲王偷偷摸摸地闯入时，不仅没能捉奸在床，反而被这只獒犬以迅雷不及掩耳之势咬了一口。后来他宽恕了这只獒犬，却没能原谅自己的妻子。

十八世纪到十九世纪上半期，人们对斗兽的热情逐渐消退，转而热衷于更易举办的斗犬。这些赛事通常在下沉的斗兽场举行，比如威斯敏斯特竞技场或伦敦圣马

修街。因此，一些马士提夫獒犬被称为斗兽犬①。其中的佼佼者包括斗牛犬，它们与不同犬种杂交，先后有猄犬、比特斗牛猄与斯塔福斗牛猄。美国斯塔福斗牛猄及美国比特斗牛猄均源于英国斯塔福斗牛猄。一八三五年，英国正式宣布斗兽与斗狗是非法行为。遗憾的是，至今仍有人在地下操办这类活动。十九世纪六十年代末，美国多数州宣布斗狗为违禁项目，一九七六年，美国所有州都认可这一观点。诸多禁令颁布后，这些竞技犬种迅速而顺畅地进入了它们的新角色——伴侣犬。实际上，很难想象斗牛犬和马士提夫獒犬这样可人的犬种会肩负起家庭成员之外的角色。

　　上百年间，农夫利用马士提夫獒犬防卫与守护的天性，让它们护卫牲畜、看守家门。马士提夫獒犬对山地犬的演化与发展起了一定的作用。山地犬是犬基因群组中的一种，包括以守卫家畜为主要活动的一系列犬组，它们通常（并非全部）来自亚欧大陆的山陵地区，包括圣伯纳犬、伯恩山犬、纽芬兰犬（加拿大唯一的獒犬类犬种）等众多犬种。其中一些犬种不仅完美继承了条件反射般的守护特性，还具有强大的"救人"意识，因此被广泛运用于山岭救援。纽芬兰犬还能参与水中搜救。它们展现了与生俱来的智慧与天资，能独立工作，且（大体来说）极其亲近人。马士提夫獒犬极度忠诚，同时也以沉稳、安静及可爱的性格著称。

_____

① Pit dogs，音译为"比特犬"，pit 指地势下沉的竞技场。

马士提夫獒犬

古老-英格兰-中等

体形

♂/♀ 身形巨大，比例适宜，不发胖。

外观

壮硕有力，勇往直前。坚固的方形头部，耳间距宽，注意力集中时额间有皱纹，吻部宽而钝。褐色或浅褐色眼睛，以深色为佳，眼距宽。耳朵小而薄，休憩时下垂。肌肉发达的颈部呈微拱形；双肩坚实有力；前腿笔直；胸部深而宽；腰背宽而平坦，肌肉紧实，背线呈水平状；公犬腰部略拱。后躯宽，肌肉发达。尾巴位置高，尾端到跗关节处或稍下方，向尖端渐细。

毛色

驼色、杏黄色，或有斑纹，黑色口鼻和耳朵，眼眶四周有深色延展。毛发短小密集。

用途

原作战争犬、斗牛犬、斗熊犬、守卫犬、看门犬、拖曳与搬运犬，也作展示犬、伴侣犬。

马士提夫獒犬漫长的充满血腥的历史备受非议，可谓起起落落。数百年间，这个犬种被人类驱使，从事着骇人听闻的工作。它们魁梧的体形和壮硕有力的身躯一再被利用，人类使它们犯下的罪过罄竹难书。如今，这些高大而庄重的犬被公认为最温和安静的动物之一，以忠诚、随和、冷静的天性及高度的智慧著称。

马士提夫獒犬类有上千年历史，关于它们的最早记载要追溯到公元前二千五百年到公元前二千年左右的巴比伦王国。已发掘的此时期的陶瓷浮雕上刻着一只犬，极似现代马士提夫獒犬。在尼尼微[1]的亚述巴尼拔[2]（前669—前630在位）王宫中，墙壁的浮雕上刻着一群有马士提夫獒犬参与的猎狮队伍，另一面则刻着它们在捕猎野驴。马士提夫獒犬与视觉猎犬在这个地域占主导地位，它们在埃及、希腊、罗马也留下了大量足迹。不过与马

---

[1]古代亚述帝国的首都。

[2]亚述帝国最后一位国君，穷兵黩武，同时鼓励文化发展。

[3]文中提到的皮尔斯·利为皮尔斯·利二世，而莱姆庄园在558年间（1388-1946）皆属利家族的私有财产。该庄园始建于都铎王朝，在18世纪20年代被威尼斯建筑家莱昂尼改建，增添了伊丽莎白建筑元素。该地现为莱姆公园，数次作为影视拍摄场地登上荧幕，如1995年英国广播公司翻拍的《傲慢与偏见》及2014年的英剧《百年乡情》。

士提夫獒犬最密切的还是英格兰。它们的祖先或许发源于中亚、东南亚或中东，后来随着史前人群及文化的迁徙渐渐被分散开来。据推测，最早来到英格兰的马士提夫獒犬并未被记录在案。这一时期约为公元前五百年，彼时腓尼基人海上商贸盛行，很有可能是他们带来了这一犬类。

总之，在公元前五十五年罗马入侵时，马士提夫獒犬已在英格兰深深扎根。尤利乌斯·恺撒（前100—前44）目睹了与士兵并肩作战的英国獒犬，它们骁勇善战，使他过目不忘。英国马士提夫獒犬凶残的名号响彻大陆，以至于罗马帝王专门在温彻斯特任命了一名索犬官，挑选合适的斗犬运回罗马。千挑万选出来的马士提夫獒犬或投身战事，或血战竞技场。它们在竞技场斗兽最受认可，对手包括狮子、熊、公牛、其他狗、马或驴。这项残暴的运动以各种形式持续到了十九世纪。斗兽可以说是"全球"运动，其中英格兰对此最为沉迷。虽不确切，但英国马士提夫獒犬应该享有最佳斗犬的殊荣。

马士提夫獒犬的守卫能力得到了高度认可，因此它们常在农场负责保卫牲畜，击退狼、熊之类的害兽，或将不速之客拒之门外。它们护卫的能力至今依旧十分出众，体形和力量通常就足以威慑潜在的入侵者。马士提夫獒犬也是优秀的猎犬，因此克努特大帝在英格兰《森林法》中规定马士提夫獒犬的中趾应被切除，以防它们在皇室御用的森林中捕杀任何皇家鹿。

关于马士提夫獒犬的具体记录要追溯到一四一五年阿金库尔战役爆发时期。在这场战役中，英军在法国北部击败了法军。皮尔斯·利爵士（卒于1422年）身受重伤，在战场上倒地不起。一只与他相伴的雌性马士提夫獒犬从始至终都忠心守卫在身边，救了他的性命。后来他们一起回到故乡莱姆庄园[3]，这只马士提夫獒犬成了莱姆庄园马士提夫獒犬的种犬，血统一直延续到十九世

纪末。莱姆庄园里有一面彩绘玻璃窗完好地留存了下来，上面便刻着利和他的爱犬。

一四九三年，克里斯托弗·哥伦布首次将马士提夫獒犬带到美洲大陆，并将其划分为"武器"。后来一步步成为征服者与殖民者的哥伦布用马士提夫獒犬镇压印第安人，人们甚至会命令这些獒犬公开处死被捕者。一五八五年，沃尔特·雷利爵士在殖民统治弗吉尼亚的途中带上了英国马士提夫獒犬，直接用途是猎杀熊和狼，"必要时杀死人类"。同时，斗犬与斗兽风靡大西洋两岸，用犬与熊、公牛、獾或其他旗鼓相当的对手对抗。在伊丽莎白一世统治时期，斗犬的数量上升到令人惊讶的程度。

这类厮杀被当作必要的皇室娱乐，并常用来取悦来访的高官贵客。比如一五五九年，一名法国大使造访伊丽莎白一世在巴黎花园（班科赛德，萨瑟克区）的宫廷，观赏了马士提夫獒犬对抗熊及公牛。他为这一犬种的骁勇所倾倒，带了数只回到故乡法国。皇亲贵族大多看重英国马士提夫獒犬，常将它们当作外交礼物赠予他国。伊丽莎白一世常以各种各样的犬作为赠礼，其中便有赠予法国国王查理九世（1550—1574）的马士提夫獒犬。她还从皇家犬舍中挑选了一百只马士提夫獒犬赠予埃塞克斯伯爵，用来与爱尔兰人作战。马士提夫獒犬风靡欧洲，其形象经常出现在艺术作品中，比如迭戈·委拉斯凯兹（1599—1660）笔下的名画《宫娥》（1656）。它们在亚洲和北美洲也备受欢迎。

马士提夫獒犬"犬种"最早的英文记述来自巴纳比·古奇。他在一六三一年的记述中提到"看守家门的马士提夫"，将这一犬种定义为护卫犬。它们活跃于体育赛事的同时，也担当着称职的守护者。皇室贵族用它们守卫财产安全，亦作个人保镖。庄园中也常设足够大的犬舍繁殖后代。

一八三五年，英国明令禁止斗兽。随着这项活动的消亡，马士提夫獒犬的数量也开始下滑。再加上马士提夫獒犬与其他犬种杂交，原始犬种岌岌可危。所幸，一批热心的育犬者拯救了这个犬种，包括哈利法克斯的汤普森长官、约翰·卡拉布特里、T.H.卢基及赫里福德

的马奎斯。十九世纪后半期，育犬者们着力打造血统更为纯正的犬种。也是从这一时期起，马士提夫獒犬成为展示犬。一八五九年，最早期的一场犬展中展出了六只马士提夫獒犬；截至一八七一年，共展示了六十四只。一八七三年，英国养犬俱乐部成立；一八八三年，古英国獒犬俱乐部成立；一八八五年，美国养犬俱乐部承认了这个犬种。

可惜，这个"现代"犬种的繁荣不过昙花一现，第一次世界大战对大西洋两岸的马士提夫獒犬造成了毁灭性的打击，战前及战后与牛头獒犬的杂交更是使这种犬不再纯粹。二十世纪二十年代到三十年代，马士提夫獒犬的繁殖在英国重获生机，比如致力于此的戈林、海文格犬舍及贝尔小姐培育的威斯布什血统。同一时期，美国的马士提夫獒犬消失殆尽，此后靠数次进口才得以恢复。英国的形势则更为严峻，第二次世界大战造成的严重食物短缺使喂食马士提夫獒犬难上加难，更遑论繁殖和育犬了。最后只有一只存活下来，它便是当时处于育龄的母犬"冷风区的萨莉"。萨莉与一只名为坦普尔库姆·托里斯的公犬交配，并在一九四七年产下一窝小狗，其中只有一只名为弗伦德的妮蒂亚的幼犬活了下来。北美洲的育犬者积极送来三只与其密切相关的幼犬，以及一只名为瓦利恩特·迪亚德的公犬。瓦利恩特与妮蒂亚共育有三十余只幼犬，这些犬成了该犬种复苏的曙光。基因库的数量如此有限，同系繁殖势在必行，这保存了该犬种的数量。从那时起，马士提夫獒犬的数量在英国、北美洲均获得了显著提升。今日，英国的马士提夫獒犬仍然不多，但它们在美国却繁衍壮大起来。美国养犬俱乐部的注册数据显示，这个犬种在最受欢迎的犬种排名中位列前三十名。

斗牛犬

古老-英国-寻常

体形

♂ 25 千克 /55 磅。

♀ 23 千克 /50 磅。

外观

身材矮胖，壮硕强健，威风凛凛。头部宽，呈方形；吻部短、宽，向上翻起；黑色鼻头较大。方形下颌结实有力，微微突出上翻。前额及头部的皮肤较为松弛，有漂亮的褶皱。深色圆眼睛，眼距很宽；薄而小的玫瑰耳位置较高。颈部粗，长度中等，后颈微微圆拱。肩宽而有力；前腿粗壮，分得很开，比后腿短。背部短而结实，颈背深，背线到腰部升起，至尾部下倾。腰背高于颈背。胸部深而宽，腹部紧收。后腿宽大，肌肉发达，后膝关节微微外翻。尾巴位置低，直直伸出，尾尖下垂。

毛色

整体色调一致，吻部和面部或为黑色，通体虎斑色、红色，可辅以驼色、浅黄色、白色或杂色斑纹。肉色、黑色或棕褐色混杂黑色视为不佳。毛发光滑、密集而短小。

用途

原用于斗牛、斗狗，现作展示犬、伴侣犬。

作为英伦名犬，斗牛犬常被视作英国的象征，因为它展示了英勇、强大及坚忍的一面。自十八世纪初期起，斗牛犬就常伴约翰牛身边。约翰牛是在政治类卡通作品或画作中代表英国的虚拟形象。斗牛犬源自英国，在北美洲也广受欢迎，甚至担当着美国海军陆战队和几所美国大学官方吉祥物的角色。与这个犬种早期的经历恰恰相反，它们如今因温柔深情、忠心耿耿和有趣的天性受人喜爱。现代斗牛犬温和亲近人的个性是人类刻意培养出来的，幸得大西洋两岸育犬者的不懈努力，这个犬种才得以延续下来。

斗牛犬与马士提夫獒犬息息相关，但起源却不为人知。一些研究者，如作家及插画家西德纳姆·爱德华（1768—1819）倾向于认为斗牛犬是由马士提夫獒犬与巴哥犬杂交而来。所有马士提夫犬都曾被统称为马士提夫獒犬，而在一六三一年的记述中才首次出现了"斗牛犬"的说法。这个名称引自英国人普雷斯特维奇·伊顿写给伦敦的友人乔治·威灵汉姆的书信。伊顿在信中要求他为自己送来一只"优秀的马士提夫獒犬"及"一些优秀的斗牛犬"。这意味着此时马士提夫獒犬与斗牛犬已区分开来。数百年前，也有记载显示人们用 Bondogge 或 Boldogge 指代一种极具攻击性的守卫犬。

斗牛犬得名于斗牛赛事。自十三世纪起，人们便开始刻意繁殖并培育这些斗犬。马士提夫獒犬被广泛投入到这项日益升温的"运动"中，人们试图打造出更适宜斗牛的犬种。赛事并非斗牛火爆的唯一原因。屠夫认为，让牛在被杀前参与角斗能令肉质更加紧实可口。

斗牛极其残忍，为了在这项竞技中拔得头筹，斗牛犬必须符合好斗、英勇和对痛觉迟钝的特性。通常，一只或数只斗牛犬会被拴在铁链上。它们本能地攻击公牛最脆弱的鼻子，死死咬住，直到公牛体力不支倒地。斗牛犬并非百战百胜，它们与公牛一样，也时常被伤得千疮百孔。不过，就算受了再重的伤，它们也会不懈进攻，拿下一场又一场胜利。斗牛犬的祖先与现代重新培育的斗牛犬在身体构造上完全不同，它们更健壮有力，腿更长，身体更轻，但与现代斗牛犬一样身形矮壮，接近地面。它们的下巴适合斗牛：下颌保护着上颌（现代斗牛犬保持了这一特点），使嘴部能紧紧咬合。斗牛犬的下颌极其有力，据说它们即便昏迷，也能咬住斗牛的鼻子不松口。

一八三五年，英国宣布斗牛等斗兽活动非法，直接导致斗牛犬数量下滑。不过在许多地区，依旧有人进行地下斗犬活动，这项非法活动甚至持续到了今时今日。为了获得更适合作斗犬的犬种，人们将斗牛犬与狸犬杂交，培育出了牛头狸。十九世纪中期，斗牛犬基本失业了。

一位叫比尔·乔治（1802—1881）的伦敦犬商对斗牛犬演化为伴侣犬的"包装加营销"做出了突出贡献。一八三五年以前，乔治培育和贩卖斗兽用的斗牛犬，在

伦敦肯萨尔新城的犬城堡里经营生意。斗兽遭禁后，乔治选择性地培育出三种不同体形的斗牛犬，并将这些犬作为宠物犬销售，同时也经营其他马士提夫獒犬犬种。此外，还有一批热爱斗牛犬的育犬人士致力于保护这个犬种，并将它们驯化为合格的伴侣犬。一八七五年，斗牛犬俱乐部成立，同时在伦敦牛津街的蓝帖酒馆举办了会议。后来，犬种标准得以制定。一八九四年，斗牛犬俱乐部组建公司。一八九一年，伦敦斗牛犬社群建立。

斗牛犬抵美的时间点不得而知。大约十七世纪中期，纽约省总督理查德·尼科尔斯（1624—1672）曾下令用斗牛犬围捕全省的野牛。到了十九世纪，美国从英国进口了许多斗牛犬，它们也在美国迅速蹿红。一八八〇年，纽约首次展示了斗牛犬。一八八六年，美国养犬俱乐部承认这一犬种，将其归类为家庭犬组。一八七七年，首届威斯敏斯特全犬种大赛举办，展出了十只斗牛犬。美国养犬俱乐部的首只斗牛犬冠军是在一八八八年参展的鲁滨逊·克鲁索。一八九〇年，美国斗牛犬俱乐部成立。

两次世界大战使斗牛犬的数量锐减。皮尔逊夫人是战争期间举足轻重的育犬者，她在一九三六年成为斗牛犬俱乐部的首位女主席。作为同时期的知名育犬者，埃德娜·格拉斯先后培育出多只冠军犬。第二次世界大战后，斗牛犬的数量有所回升。如今，它们不乏热情而专注的育犬者。美国养犬俱乐部数据显示，斗牛犬在美国的注册量位列前十。时光将今日的斗牛犬打磨成了魅力十足、温文尔雅的犬种，它们的祖先已然成为过往。

美国斯塔福梗

现代-美国-寻常

体形

♂ 45.5-48 厘米 /18-19 英寸。
♀ 43-45.5 厘米 /17-18 英寸。

外观

体形虽小，却拥有惊人的力量，肌肉发达，行动迅敏。骨架宽，颊肌丰满；吻部中等长度；下颌轮廓清晰；黑色鼻头；圆形深色眼睛，眼距宽。耳朵位置高，不剪耳为宜。微曲的颈部有力；斜肩，肩部肌肉紧实。背部相对短，向尾部逐渐下倾。胸部宽而深，前腿腿距远，后肢强健。短尾巴位置较低，尾尖渐细。

毛色

任意一种单色，可有斑纹。不宜为全白，80% 以上为白色、黑色或黑褐色、深红褐色。毛发短。

用途

原用于斗牛、斗狗、守卫，现作敏捷赛犬、服从赛犬、展示犬及伴侣犬。

与曾作为斗犬的诸多犬种一样，现代美国斯塔福梗以忠诚、安静的天性和讨喜的个性著称。尽管对一些同类算不上友好，但美国斯塔福梗是一种乐于奉献、友善亲和的居家伴侣犬，与小孩相处极为融洽。遗憾的是，近年来媒体对它们有进攻性和涉及（非法）斗犬的报道不在少数。这并不能代表美国斯塔福梗犬种的特性，反倒曝光了个别不负责任的犬主人。

美国斯塔福梗与美国比特犬容易混淆，它们均被媒体进行过负面报道。联合犬舍俱乐部只承认后一犬种，尽管它们在二〇一〇年以前接受过美国斯塔福梗的单项注册，被其纳入比特犬。绝大多数育犬者认为这两个犬种长期遵循不同的繁殖体系，拥有相异的血统，这足以让它们区分开来。美国养犬俱乐部尚不承认美国比特犬，只注册了美国斯塔福梗。

美国斯塔福梗的历史要追溯到十九世纪早期的英格兰，它的起源与斗牛犬和各类梗犬密不可分。那时的斗牛犬更为强健敏捷，不过现代品种依旧体形壮硕，也继承了祖先的力量和勇气。十九世纪，育犬者将斗牛犬与更轻、更快的梗犬杂交，使新品种继承了斗牛犬超群的力量与顽强的意志，同时融入梗犬的生机与不服输的韧劲。参与杂交的梗犬种类包括现已绝迹的英国白梗、黑棕褐梗（现称帕特大勒梗）及猎狐梗。杂交得来的犬种包括牛头梗、半牛头犬半梗犬、比特犬及比特斗牛梗。"比特"一词得名于斗犬，指在下沉角斗场斗兽。斗犬会被放到下沉的观赏场地，与诸多对手生死厮杀，直至角逐出唯一的胜利者。后来，这些犬在英国被称为斯塔福郡斗牛梗。

英国斯塔福郡斗牛梗在十九世纪晚期抵美，在当地育犬者的繁殖与培育下体形渐大，也变得更为有力。它们被农夫与大牧场主用来狩猎、护卫，或作家庭伴侣犬。这一犬种在美国仍旧吸引着一群嗜赌人士进行非法斗犬。它们早先被称为比特犬、比特斗牛梗或美国斗牛梗。在斗犬过程中，驯犬师常与犬一同置身竞技场。这些斗犬接受过严格训练，对主人百依百顺，对敌人却严酷无情。斯塔福梗对人类的友好与亲善是它们至今广受欢迎的重要原因之一。

一九三六年，美国养犬俱乐部将斯塔福梗纳入优良犬种登记簿；同年，美国斯塔福梗俱乐部正式成立。这个犬种在一九七六年更名为美国斯塔福梗。一九七五年，美国养犬俱乐部承认了英国斯塔福郡斗牛梗。美国养犬俱乐部注册过的最知名的美国斯塔福梗是小狗皮特，它参演了二十世纪二三十年代美国播出的知名喜剧《小顽童》，是备受喜爱的明星狗。

拳师犬

现代-德国-寻常

体形

♂ 57-63 厘米 /22.5-25 英寸；
30-32 千克 /66-70 磅。

♀ 53-59 厘米 /21-23 英寸；
25-27 千克 /55-60 磅。

外观

高贵强大，肌肉发达，运动能力超群。身体呈方形。头形别致；吻部宽而深，非常有力；下颌比上颌突出，微微上翻。深褐色眼睛机敏而灵动。耳朵位于头骨最高位置，耳距很宽，休憩时平展于脸颊两侧，惊觉时竖起前折。颈部优雅结实，呈微拱形。背部短而直，背线向后躯方向逐渐下倾。胸部深陷，腹部紧收。后肢肌肉发达。曾多剪尾，而今倾向于不剪尾，尾巴位置高，向上翘起。

毛色

驼色或虎斑色，可有白色斑纹，但不得超过三分之一。毛发短且光滑，极具光泽。

用途

原用于斗牛，现作守卫犬、军犬、警犬、敏捷赛犬，也作展示犬和伴侣犬。

情感充沛、举止高贵的现代拳师犬来自十九世纪末的德国，不过其发源要追溯到更古老的时期。人们推算，这一时期最晚约为公元前两千年的古亚述人时代，他们豢养了一批身体结实的战犬。这些具有马士提夫獒犬基本特性的战犬，因伊庇鲁斯公国的摩鹿斯城而被称为"摩鹿斯犬"，摩鹿斯位于现今阿尔巴尼亚一处偏远的地方。摩鹿斯犬以凶残好斗的天性著称，常作为守卫犬或参与战事。它们逐渐遍布欧洲大陆，是许多犬类的祖先，例如今日的西班牙阿拉诺犬，别名西班牙斗牛犬；英国的马士提夫獒犬和斗牛犬；法国的波尔多獒犬和鲜为人知的南方斗牛犬。这些犬种均与现代拳师犬具有相似的特征。

古罗马时兴正规组织的斗兽活动，斗犬与公牛或熊等大型动物抗衡。这一活动于罗马入侵时期（43）在英国迅速蹿红。比赛的残酷要求斗犬必须出类拔萃，符合勇猛、强大及进攻意识强等诸多特点，这些特点也同样适用于狩猎。斗兽"运动"随即风靡欧洲大陆，孕育出三类相关犬类：大型原始斗牛犬（马士提夫獒犬类）、大丹犬（原始斗牛犬与猎鹿犬杂交的大型猎犬）及小型原始斗牛犬（原始斗牛犬与英系斗牛犬的杂交犬）。小型原始斗牛犬繁殖于比利时东北部的布拉班特，研究者普遍认为它们是拳师犬的直系祖先。

德国大量的贵族庄园犬舍是有针对性地繁殖犬类的主要地点，育犬者最重视犬的捕猎与（或）战斗技巧。由于这些犬类卓越的力量与智慧，牲畜商试着让它们赶牲畜，同时也起到护卫作用；屠夫则经常让它们将待宰的牲畜驱赶到屠宰场。小型原始斗牛犬友善亲和，擅长看家，因此也常作为家庭宠物。十九世纪三十年代，德国从英国进口了大量英系斗牛犬，并与原始斗牛犬杂交繁殖。彼时的英系斗牛犬腿部更细长，身体也更矫健，多为白色或有白色斑纹。现代拳师犬也常带白色斑纹，甚至周身雪白，但英国养犬俱乐部、美国养犬俱乐部及德国养犬俱乐部均不接纳这种毛色。一八九五年，一家拳师犬俱乐部在慕尼黑成立，拳师犬犬种标准首次得以制定。这个犬种的种犬库包括一只白色的斗牛犬及一些拳师犬，它们频繁杂交，以"修正"这一基因特性。

在德国，拳师犬是最早被用作警犬和军犬的犬种，并在两个领域均有杰出的表现。二十世纪三十年代，英国首次从德国引进拳师犬。一九三六年，一小群爱好者组建了英国拳师犬犬类俱乐部。一九四六年，该俱乐部与英国养犬俱乐部共同举办了首届犬种锦标赛，同时更名为英国拳师犬俱乐部，前来注册的良犬络绎不绝。

波尔多犬

古老-法国-中等

体形

♂ 60-68 厘米 /23.5-27 英寸；
  至少 50 千克 /110 磅。

♀ 58-66 厘米 /22.5-26 英寸；
  至少 45 千克 /99 磅。

外观

肌肉发达，身形矮胖。头部大而宽，表情生动，面部有整齐对称的皱纹；吻部短而宽，微微上翻。浅褐或深褐色椭圆形眼睛，眼距宽，眼神率直。小耳朵位置高，颈部有力。皮肤光滑柔软，头部几乎与胸围同宽。宽阔的背部紧实强健，背线笔直，胸部深而宽，腹部微收。身体长度略长于肩部到地面的高度。尾根很粗，尾尖达跗关节；休憩时尾巴低垂，行走时竖起，不会卷曲或过背线。

毛色

驼色的任意渐变色，面部可以是深色。毛发短小、柔软，十分细密。

用途

原用于斗兽、战斗、看护，现作守卫犬、展示犬或伴侣犬。

波尔多犬，别名法国马士提夫獒犬。这个犬种力大无比，在早期的法国担当着各种各样的角色。它们的祖先是在中亚或东南亚发展演化的古代马士提夫獒犬，后来这些马士提夫獒犬随着早期文化的迁移逐渐扩散开来。古希腊摩鹿斯人将它们作为战犬，导致这种犬一度声名狼藉。摩鹿斯犬是欧洲众多大型"犬种"的祖先，如西班牙阿拉诺犬和那不勒斯獒犬。这些身形巨大、强壮有力的犬史前时期就遍布欧洲，根据所处的地域又细化成不同类别。资料进一步显示，波尔多犬是英国马士提夫獒犬及法国本土犬的杂交犬种，同时继承了斗牛犬及斗牛獒犬的血脉。

波尔多犬魁梧强壮，智商极高。同时，它们攻势凶猛，被世界各国当作战犬训练。波尔多犬也因出众的护卫技能和与生俱来的保护欲著称，至今依旧秉承这一特性。它们曾被用于看护牲畜、驱赶不速之客，同时也参与各项大型动物的狩猎。其斗兽能力更是出类拔萃，能对抗熊、公牛及狮子、美洲豹之类的异国野兽，有时也与同族厮杀。各个阶层都非常重视这个犬种。贵族繁殖、培育波尔多犬，让它们参与争斗，护卫庄园；工人阶级也离不开它们，比如屠夫会用波尔多犬护卫牲畜，并命令它们与待宰的牲畜搏斗，以保证牲畜肉质更为"鲜嫩"。波尔多犬通常被剪耳，以免耳朵在争斗时遭到撕扯。

法国大革命时期（1789—1799），贵族豢养的大量波尔多犬惨遭杀戮。幸得统治阶层及工人阶层共同的不懈努力，这种犬才得以存活。随后的两次世界大战再度给波尔多犬带来灾难性的打击。它们积极参与第二次世界大战，主要用来拖车，特别是运送担架。法国抵抗组织倾力保护这一犬种，在保护行为喜见成效之际，希特勒却下令清剿波尔多犬[①]，导致它们的数量仅剩百余只。

波尔多犬直到十九世纪才在故乡之外扬名。一八六三年，这个犬种被正式称为"波尔多犬"，得名于与它们最为亲密的土地。同年，巴黎动植物园举办了一场犬展，优胜者便是一只名为马根塔斯的雌性波尔多犬。彼时，共有图卢兹、巴黎及波尔多三类波尔多犬。一八九六年，一位名叫皮尔·梅根的兽医首次草拟犬种标准，奠定了犬种特征的基础。二十世纪六十年代，雷蒙德·特里凯教授进一步规范了犬种标准，对其发展影响深远。后来，莫里斯·吕凯博士及菲利普·瑟罗伊也参与进来。

十九世纪九十年代，英国首次引入波尔多犬。同时，《牲畜饲育杂志》中的一篇文章报道了这个犬种。大不列颠波尔多犬俱乐部成立于二〇〇〇年。英国养犬俱乐部在二〇〇一年承认了这一组织及该犬种的进口犬注册，并于二〇〇八年将其更改为主要犬种注册。

[①]一说由于波尔多犬对主人极其忠诚，希特勒才下此命令。

大丹犬

古老-德国-中等

体形

- ♂ 至少 76 厘米 /30 英寸；至少 54 千克 /120 磅。
- ♀ 至少 71 厘米 /28 英寸；至少 46 千克 /100 磅。

外观

高贵优雅，优美矫健。头部长，下颌有力；吻部宽，表情直率；深色的眼睛，眼神深邃；三角耳前翻，位置高。颈部纤长而微拱。前腿修长笔直；胸部很深，肋骨展度良好；腰背强健，腰部微拱，腹部紧收；后躯肌肉发达，足似猫足。尾根粗，向尾尖渐细，直达跗关节，移动时与背线保持水平，尖端微微翘起。

毛色

虎斑色、驼色、蓝色、黑色，另有丑角大丹犬（白色混黑色或蓝色，条纹不规则）或披风大丹犬（如同黑色毯子裹住身体，颈部为白色，可有白色斑纹）。毛发细密短小，非常光滑。

用途

原用于护卫或捕猎大型猎物，现作展示犬或伴侣犬。

高贵优雅、极具王者风范的大丹犬独具一格，引人注目的可不仅仅是它们巨大的身形。大丹犬是世界上最高的犬之一，但超大的骨架与典雅气质毫不冲突。大丹犬不像绝大多数马士提夫獒犬同类一样拥有庞大而壮硕的身躯，相反，它们继承了马士提夫獒犬和猎犬最精华的部分。大丹犬行动矫健，同时威武强劲，势不可当。它们在史上曾以凶残著称，常用于捕猎大型猎物或从事守卫工作。现代的大丹犬早已截然不同，它们友善亲和、沉着冷静、惹人怜爱。只要引导得当，大丹犬与儿童及其他动物能十分友善地相处。同时，凭借巨大的身形而非性格带来的威慑力，它们也能轻松胜任看门犬的职责。

大丹犬的"大"毋庸置疑，可它们并非丹麦犬，甚至跟丹麦没什么关联。这个犬种主要在德国进化，多被称为德国犬。不过一些证据指出，它们可能起源于英国和爱尔兰。大丹犬也被称为德国獒犬或德国马士提夫獒犬，到了十八世纪，才被叫作"大丹犬"（Great Danes）。博物学家布丰（1707—1788）在丹麦初次见到这一犬种，并将它们称作"大丹犬"。至于英文为何采用他的命名方法，如今已不得而知。在德国，这些犬依旧被称作德国獒犬。一八八八年，德国獒犬俱乐部成立。一八七六年，德国宣布大丹犬为国犬。

大丹犬魅力十足，提起它们的祖先，要追溯到古埃及人和巴比伦人时期，他们的遗址和墓穴中常出现符合这一犬种外貌特征的图案。大丹犬辨识度极高，从与人类的身高比对上便能一眼认出。同时，大丹犬相较图案中其他的马士提夫獒犬身形更高，身材也更标致。由于出众的体形和高贵的举止，大丹犬又被称为"犬中王者"。它们的祖先或为史前的中亚马士提夫獒犬。这些马士提夫獒犬演化成了各种具有共性的犬种，它们多参与战争、斗兽或斗犬，也帮人护卫和狩猎。后来，人类在欧洲大陆上频繁地大规模迁徙，使不同种类的犬相互接触，产生了大量杂交后代，其中以罗马入侵时期为最。大丹犬的祖先与相对壮硕的马士提夫獒犬在形态上略有区别，因为大丹犬融入了英国马士提夫獒犬、德国原始斗牛犬（已灭绝）及其他一些犬种的血统，如爱尔兰猎狼犬、猎鹿犬和（或）灵缇犬。后面提到的这部分犬种能解释大丹犬的身形和身高的由来，但至今没有实际证据阐述它们具体的影响。

德国人曾普遍使用大丹犬捕猎野猪，并开始称这个犬种为猎猪犬。起先，是贵族（他们负担得起大型动物高额的饲育费用）饲养这种高大的犬，并对它们进行精心的挑选和无微不至的照料：将最心爱的猎犬养在家里，给它们奢侈的食物和昂贵的项圈。比如一七三八年，亚历山大·蒲柏（1688—1744）曾赠予汉诺威王室威尔士亲王弗雷德里克（1707—1751）一只大丹犬。这只狗的项圈上刻着一行字："我是殿下的忠犬，来自邱园。先生，可否告诉我您主人的名讳？"

德国至今依旧让大丹犬捕猎大型猎物或守卫家园。

人们倾力控制着这个犬种的身形与心性，使它们对亲近之人十分友善，听从其指令，同时不失看门犬的英勇。一八八〇年，人们认可这个犬种的特性与英国马士提夫獒犬已大相径庭。一八八三年，大丹犬俱乐部在英格兰正式成立。不久后，德国的艾伯特·索姆斯王子（1798—1869）亲自致信《养犬俱乐部公报》表达了对这一犬种的支持和喜爱，同时要求俱乐部更名为德国大丹犬俱乐部，这个建议最终没能实现。这家德国犬俱乐部在一八九一年首拟了犬种标准。

大丹犬剪耳的历史由来已久。一八九四年，威尔士亲王爱德华（1841—1910）提出禁止剪耳行为，英格兰贯彻了他的提议。二十世纪，大不列颠大丹犬俱乐部倾力推广这个犬种，并取得了显著成效。尽管在第一次世界大战期间，大丹犬繁育的工程渐缓，它们的人气却经久不退。二十世纪，森德与奥勃罗这两家举足轻重的犬舍成立。第二次世界大战对这一犬种产生了更深远的影响，一些小型犬舍相继关门。战后的恢复工作有条不紊，一九五三年，一只大丹犬赢得了克鲁夫茨犬展的全犬种冠军，使这个犬种名声大振。

一八八七年，美国养犬俱乐部承认了这一犬种，后将其归类为工作犬。一八八九年，美国大丹犬俱乐部在芝加哥成立。此后，大丹犬的人气稳步上升，美国养犬俱乐部的注册数据显示，它们的注册量已位列前二十名。

大丹犬美丽优雅、性格可爱、天性机智，它们频频在影视作品及书籍中亮相，名垂青史。有只名为贾斯特·纽森斯的大丹犬甚至正式成为英国皇家海军的一员。它在南非的西蒙镇立下汗马功劳，在二战期间正式入伍，对皇家海军起到了巨大的鼓舞作用。一九四四年，贾斯特离世，它以战士的殊荣得以厚葬。

沙皮犬

古老-中国-中等

体形

♂/♀:46-51 厘米/18-20 英寸。

外观

强壮紧实，身体呈方形。头部相对大，前额及双颊有褶皱；吻部宽而饱满；鼻子较大，以黑色为佳。中等大小的深色眼睛呈杏仁状，看似在皱眉，面露愁容；厚实的三角耳极小，位置高，耳距很宽，位于头顶朝前部位，下垂到头部。颈部有力，中等长度，颈部皮肤较松弛。肩部肌肉发达；前腿笔直；胸部深而宽；颈部线条向肩胛骨下倾，背线向腰部微微上升。肩部及尾根多褶皱。尾巴粗而圆，向尾尖渐细，位置很高，高高竖起；或弯或卷，卷于背部上方。

毛色

除白色以外的纯色。毛发短小直立，极其粗糙。

用途

原用于斗犬、放牧、狩猎，现作看门犬、展示犬、伴侣犬、敏捷赛犬。

沙皮犬的满面愁容让它们独具一格。传说沙皮犬皱一皱眉便能吓退恶灵，姑且不论真假，可以肯定的是它们能轻易将不速之客拒之门外。沙皮犬肌肉发达、身材壮硕、气质威严，曾主要担任放牧犬，守卫牲畜。沙皮犬对珍视之人非常忠诚，保护欲极强；可对于陌生人，通常冷淡疏离。如果主人刻意为沙皮犬介绍小孩或其他宠物，它们便能成为优秀而友善的伴侣犬。这一犬种既能享受懒洋洋躺在炉火前的静谧时光，也能在比拼敏捷的赛事中尽情挥洒汗水。

沙皮犬的历史可以追溯到中国汉朝，甚至更早。汉朝出土的陶器和犬类玉雕上经常出现形似沙皮犬的形象。这些文物有许多都出土于墓穴，用以守卫亡者、驱赶恶灵。这一时期的不少小雕像和塑像都具有重要意义，明确刻画出了不同犬类迥异的外观。即便没有明文记载，也能推测出几类犬种的存在，比如沙皮犬、松狮犬、大型獒犬、狮子犬等。沙皮犬和松狮犬都有蓝黑色舌头，一些文献显示，它们在血缘上有紧密的关联。沙皮犬与藏獒也具备一定的共性。显而易见，本地不同犬种间进行了一定的杂交繁殖。

沙皮犬与其发源地中国南方的关系最为密切。这种犬普遍被作为农夫的家犬培养，既能放牧也长于护卫，此外，还肩负守卫家园、外出捕猎、追踪猎物的职责，甚至能参与战斗。沙皮犬早期具有多重身份，这意味着它们进化成了智商高、适应性强的犬类，不仅具备很强的攻击性，对主人与牲畜的忠诚及信赖也毫不逊色。沙皮犬又以英勇坚忍著称。无论是参与激烈的猎熊厮杀，还是在斗犬赛中与对手角逐，即便身受重伤，它们始终不屈不挠地战斗。沙皮犬的体能很适合狩猎与战斗。它们身体壮实、肌肉发达，较低的重心为跳跃和发力提供了基础，不过对上述挑战帮助最大的，要数它们惊人的毛发和全身的褶皱。沙皮犬的刚毛短而粗糙，独具一格，敌人要是咬上一口可不会留下什么愉快的印象。面部的褶皱能起到保护沙皮犬眼睛的作用，即便被敌人死死咬住，松垮的皮肤也能让它们有足够的余地扭头或转身。这些特征使沙皮犬成为卓越的斗犬。在中国南方，临近广州的大沥镇以斗狗闻名，人们普遍认为沙皮犬发源于此。

在粮食稀缺的饥荒和战争时期。这个犬种在一九一一年辛亥革命爆发至一九四九年新中国成立期间几乎消失殆尽，当时人们普遍认为养狗是奢侈的行为，不过在相对贫穷的村落里，农夫们并不这么认为。养狗要缴纳高昂的税金和罚款，犬类还有遭到屠戮的厄运。这一时期对中国的犬类而言是暗淡的，沙皮犬受到的影响尤为巨大。二十世纪五十年代，有人将一些沙皮犬走私到香港、澳门和台湾地区，它们在新的土地上依旧被用于斗狗。二十世纪六十年代，香港养犬俱乐部承认了这一犬种，并开通了注册通道。

同一时期，少量沙皮犬被运往美国。那时沙皮犬几近灭绝，因两位育犬者的倾囊相助才得以幸存，他们便

是 C.M.钟先生及罗锡壕先生。两人四处寻犬，竭尽全力充实基础犬群。一九七三年，罗先生在美国的《犬刊》上刊载了一篇文章，使该犬种的保护工作获得最大突破。在文章里，他竭力请求爱狗人士团结一致，拯救这个濒危的犬种。文章获得了空前的反响。同年，罗先生从自己开办的归途犬舍中向美国选送十二只犬，其中有一只名叫"归途的小豌豆"。小豌豆是罗先生培育的基础犬群里最早在美国产下小狗的沙皮犬。美国早期的沙皮犬主人互相保持着紧密的联系，他们齐心协力，共同创建国家级犬种俱乐部，并开放注册——一九七四年，美国的中国沙皮犬俱乐部成立。一九七八年举办首届年度国家特色展。同年，吉尼斯世界纪录大全将沙皮犬列为世界上最稀有的犬种。

一九八一年，英国首次从美国引入沙皮犬。次年，英国陆续引进更多，其中有一只母犬直接来自罗先生在香港的犬舍。仅仅历时四年，英国养犬俱乐部便注册了超过三百五十只沙皮犬。许多从美国进口的冠军犬为英国沙皮犬的发展带来了积极的作用。一九八三年，一群犬种爱好者建立了大不列颠沙皮犬俱乐部，这是英国养犬俱乐部承认的首家沙皮犬犬种俱乐部。一九八八年，美国养犬俱乐部将沙皮犬归类为其他犬组，在一九九二年改为家庭犬组。后来，沙皮犬出口到世界各地，受到广泛欢迎，在澳大利亚、新西兰、欧洲、南非及俄罗斯都有一席之地。

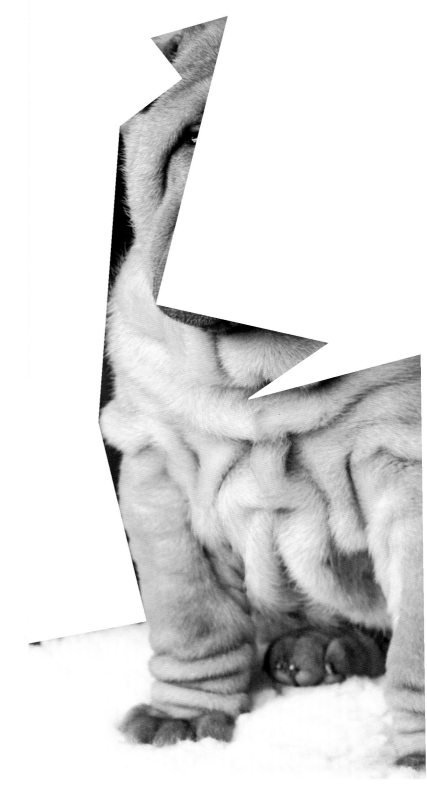

纽芬兰犬

古老-加拿大-中等

体形

♂ 平均 71 厘米 /28 英寸；
64-69 千克 /141-152 磅。

♀ 平均 66 厘米 /26 英寸；
50-54.5 千克 /110-120 磅。

外观

优雅高贵，强健有力，身体结实。头部大而宽；吻部短，呈方形；深褐色小眼睛，眼距宽；小耳朵紧贴头部。前腿笔直，胸部宽而深；背线水平，背部宽阔；腰部肌肉紧实；双足大，有蹼。尾巴相对长，移动时上举，永不过背线。

毛色

黑色、褐色；胸部、脚趾、尾尖或为白色；另有兰西尔纽芬兰犬，主色调为白色，辅以黑色饰色。双层毛发整洁、浓密、顺滑而粗糙，具防水功能。

用途

原用于协助渔夫、参战、水中救援，作展示犬、伴侣犬。

优秀的纽芬兰犬有着无与伦比的光荣历史，救人于危难之中是它们的本能。它们在救援方面表现出色，在水中尤甚。这个犬种看到陷入困境的人便会奋力相救，留下了许多英勇而动人的事迹。除了保护人类的本能，它们的个性也非常可爱，忠诚友善、勇于奉献、沉着冷静。

十九世纪早期，纽芬兰犬凭借这些优点备受人们喜爱。历史上，它们陪伴过许多名人，包括各国元首、皇室成员、探险家、作曲家、诗人和艺术家。这一时期的绘画作品流行以犬为题材，纽芬兰犬的出镜率极高。埃德温·兰西尔爵士创作了大量关于纽芬兰犬的画作，许多纽芬兰犬以他为名。兰西尔纽芬兰犬的毛色主要为白色，并辅以黑色斑纹，美国养犬俱乐部及英国养犬俱乐部将有这种毛色特征的犬纳入该犬种的一个分类，世界犬业联盟则将其作为独立犬种。

纽芬兰犬的起源成谜。这种大型犬来自加拿大的纽芬兰岛。公元前五十年，当地有个美国土著部落名为贝奥图克，一种理论认为贝奥图克人豢养着一种体形巨大的古老黑色犬，它们便是纽芬兰犬的前身。一〇〇一年左右，挪威维京探险家莱夫·埃里克松（约970—1020）抵达纽芬兰，据推测，维京人将他们的大型犬带在身边，使其与贝奥图克本土犬杂交。十五世纪末，欧洲渔民重新探索这座岛屿。自那时起，许多欧洲人漂洋过海，捕猎鱼类。英国人和葡萄牙人带来了马士提夫獒犬，纽芬兰犬与这些獒犬及大白熊犬都有一定的共性。

一六一〇年，纽芬兰岛成为殖民地，这个时期，岛上的圣约翰犬已发展出一定的固有特征。它们主要分成两类：一类身形更大，体重基数更大，毛发较长；另一类身形相对较小，体重基数小，毛发光滑。前者演化成纽芬兰犬，后者成了拉布拉多寻回犬的前身。圣约翰犬被选为德国兰波格犬的基础犬群；十九世纪，它们又被用于重建圣伯纳犬犬种。而纽芬兰的犬类也参与过平毛寻回犬及卷毛寻回犬的发展与演化。

渔业广泛使用纽芬兰犬进行劳作，它们至今仍是满腔热忱的水犬。纽芬兰犬曾被用于拖曳小船、货物和渔网，游入水中牵引船只靠岸，参与搜救行动（延续至今）或作伴侣犬。纽芬兰犬的毛发具有极强的防水性，它们足间有蹼，便于游泳，怀有纯粹的"救人"本能。

一七七五年，一位男士称自己的家犬为纽芬兰犬，它们方才得名，这个称呼也得以沿用。后来，很多纽芬兰犬被带到英国、欧洲大陆和北美洲。在英国，纽芬兰犬发展成为今日的形态。一八八六年，纽芬兰犬俱乐部成立。同年，美国养犬俱乐部承认了这一犬种。十九世纪末二十世纪初，纽芬兰犬的热度消退。不过在第一次世界大战前，它们在英国始终属于受欢迎的犬种。一战期间，该犬种繁殖项目被迫叫停，纽芬兰犬的数量锐减。二战对其带来的毁灭性影响同样巨大。战后，英国从美国进口了纽芬兰犬的基础犬群，从而挽救了这个犬种。

古往今来，许多纽芬兰犬名垂青史。一八〇三年，探险家梅里韦瑟·刘易斯（1774-1809）在与威廉·克拉克（1770—1838）会合前，以二十美金的价格购入

了一只名叫水手的纽芬兰犬，不久，两人踏上了著名的刘易斯与克拉克远征[1]（1804—1806）。同一时期，英国诗人拜伦勋爵得到了爱犬水手长，对它钟爱有加。一八〇八年，水手长死去，拜伦在诺丁汉的纽斯泰德庄园[2]为它建造了墓碑，上面刻着为忠诚的朋友所作的墓志铭。德国作曲家理查德·瓦格纳（1813—1883）在拉脱维亚首都里加的一个店里，与一只名叫罗伯的纽芬兰犬结缘。后来，他又养了一只，起名罗斯。有一次，瓦格纳的女儿伊娃落入河中，罗斯救了她的性命。今日，纽芬兰犬也被安排在沙滩担任救生犬，并组队参与搜救行动。

①美国国内首次横越大陆向西到达太平洋沿岸的往返考察探险活动，在探险史上具有重要地位。领队为美国陆军的刘易斯上尉与克拉克少尉。
② Newstead Abbey，是拜伦故居，故又称拜伦庄园。

圣伯纳犬

古老–瑞士–中等

体形

♂大于等于 75 厘米 /30 英寸。
♀大于等于 70 厘米 /28 英寸。

外观

身体结实，性情温驯，高贵庄严。头部大，表情温和。吻部短。黑色大鼻子，鼻根呈方形。深色眼睛；耳朵长度中等，紧贴头部。颈部长，肌肉紧实；肩部下倾；前腿笔直，腿骨发达；胸部深而宽；背部宽，背线水平；后躯有力，腿骨重；足部大，脚趾紧凑。长尾巴位置较高，不高抬，永不过背线。

毛色

身躯为白底色，有橘色色块、桃木斑纹、红色斑纹。吻部、面部、颈部、胸部、前腿、足部、尾尖为白色。面部及耳朵可渐变至黑色斑纹。同时具有粗糙和光滑两种毛发：前者浓密平实，颈部、大腿、尾巴的毛发更为浓密；后者似猎犬毛发，非常细密，大腿及尾巴的毛发量不多。

用途

作军事犬、搜救犬、展示犬、伴侣犬。

了不起的圣伯纳犬可以横跨连接着瑞士与意大利的阿尔卑斯山。瑞士境内有西阿尔卑斯山最古老的通路，这也是瑞士海拔最高的通路。如今，安全的大路已被打通，但过去数百年间，连接瑞士境内阿尔卑斯山的道路偏远而崎岖，几乎一整年都被皑皑冰雪覆盖。圣伯纳大旅社矗立在海拔最高处。马松的圣伯纳德约在一〇五〇年建成这家旅社，为疲乏不堪的旅人提供落脚之地。圣伯纳犬正是发源于此。

这些旅社犬的起源与马士提夫獒犬有关，它们在公元前二世纪跟随古罗马军团来到群山之间。这些大型马士提夫獒犬因出色的守卫能力备受贵族青睐。它们与瑞士当地的农牧犬杂交产下的后代，仍保留了大量马士提夫獒犬的特性。

十六世纪，圣伯纳大旅社被付之一炬，大量文献毁于一旦。最早涉及这种旅社犬的文献来自十八世纪早期。十七世纪后期，意大利画家萨尔瓦多·罗萨（1615—1673）描绘了形似这个犬种的狗，这也是与该犬种有关的最早画作。

旅行者常常在跨越阿尔卑斯山的艰难旅途中迷路或受伤，这些旅社犬参与搜救，渐渐闻名。十八世纪的记载显示，它们曾陪伴僧侣在暴风雪后漫山搜寻幸存者。最终，它们养成两两一组搜寻遇难者的习性，不再需要僧侣做伴。旅社犬一旦探寻到遇难者，便将其引领到山顶旅社；或者一只留下来供遇难者取暖，另一只返回旅社寻求救援。据推测，这些犬大约救下了两千余人。

十八世纪九十年代到一八一四年间，这些旅社犬作为救援犬声名大噪。这源于一只名为巴里（1800—1814）的旅社犬，它一生拯救过四十个人的生命。为了纪念它，圣伯纳大旅社总是养着一只名为巴里的圣伯纳犬。一八一六年到一八一八年的严冬极其难熬，雪崩频发。许多旅社犬在救援行动中英勇牺牲，基础犬群锐减，几乎危及这个犬种的存亡。僧侣们用本土犬、大丹犬及英国马士提夫獒犬与之交配，以维持该犬种的存续。十九世纪五十年代，旅社犬扩散到其他地区。海因里希·舒马赫推出了第一本犬种手册，成为圣伯纳犬犬种的推广先驱。他致力于繁育这个犬种，将一部分送回旅社，另一部分运往英国。一八八三年，瑞士养犬俱乐部成立，并于一八八四年草拟了第一版犬种标准。这些曾被称为旅社犬、巴里犬、山獒或瑞士阿尔卑斯犬的犬类，在十九世纪八十年代早期被正式命名为圣伯纳犬。

一八九九年，国家养犬俱乐部正式成立。一九二二年，英国圣伯纳犬俱乐部通过了英国养犬俱乐部的注册。英国的犬种标准与原始的瑞士犬种标准不同。今日，共有三种不同的犬种标准：被美国采纳的一八八四年原始瑞士犬种标准、英国犬种标准，以及现代瑞士犬种标准。

第四章
高尚与忠义

纵观历史，家犬沿着不同的繁衍路径走进人类的文化与生活当中。它们尽其所长，有的生来就是杰出的斗犬或猎手，有的擅长运输，有的担任守护者或放牧者。一些古老的犬种可能身兼数职，不过也有很多成为特定领域的高手，特别是放牧犬。这项职责要求工作犬饱经磨砺，具有扎实的专业技能，此外，它们必须高度服从指令、悟性绝伦，既要与人类默契协调，也要具备独立工作的能力。许多古老文明依靠放牧谋求生路、积累财富，因此拥有忠实可靠的放牧犬至关重要。这些放牧犬踏实勤恳、默默劳作，最重要的是对牲畜毫无攻击性。

数不胜数的犬种在放牧方面颇有心得，而其中的佼佼者非边境牧羊犬莫属。它们聪慧机敏，工作能力无可挑剔。边境牧羊犬来自苏格兰与英格兰的边境，是为了特定的职能而有意培育的品种。像大部分放牧犬犬种一样，边境牧羊犬在敏捷竞赛中表现不俗，同时，它们也是牧羊犬大赛中的王者之一。

这些竞赛旨在测试放牧犬的工作能力。在赛事中，赛犬需要按照指定路线驱赶羊群，遵从以口哨和手势为主的命令，对主人绝对服从，同时展现出对羊群与生俱来的亲昵。一八六七年，这项赛事在新西兰诞生。一八七三年，英国的第一场竞赛在威尔士的巴拉举办。次年，苏格兰举办了首场竞赛。到了十九世纪八十年代，这项活动已传至美国。

乡村的工作涉及范围很广，这要求工作犬根据需求分担不同的任务，于是各有所长的犬种开始从事最拿手的工作。擅长牧羊的狗未必擅长牧牛，反之亦然。牧羊工作要求放牧犬具备一系列能力，它们要在羊群前面控制方向，引领羊群；同时，牧羊犬要保持安静敏锐，才能达到最好的放牧效果。但牛群的反应与羊群截然不同，牧牛犬最好从牛群后面驱赶它们。澳洲牧牛犬别名蓝色赫勒犬或红色赫勒犬。它们是畜牧犬中的牧牛精英，既擅长在空旷的土地上聚拢牛群，也能轻而易举地将附近的牛群赶入围栏。在这个过程中，牛可能会反应过激，甚至乱踢一通，这就要求牧牛犬顽强大胆、灵活机敏，并且无所畏惧。威尔士柯基犬也曾是牧牛犬，不过它们今日已很少从事这项工作。柯基犬身形低矮，十分健壮，能完美避开牛蹄的攻击。罗威纳犬和大型雪纳瑞犬也曾在德国担任牧牛犬，主要驱赶牛群往返农场与集市，或将其赶往屠夫的后院。上述犬种和其他一些犬种常被统称为"屠夫犬"。

这些活跃在乡村的狗还有一项重要的任务就是护卫牲畜。有些天生保护欲极强的犬种完美胜任这项工作。放牧犬活跃在羊群或牛群的四周，护卫犬则在其中时刻保持警惕。这些犬种，比如可蒙犬和伯瑞犬能夜以继日地守卫畜群免受敌人侵袭，即便没有主人命令或指导。伯瑞犬等一些犬种甚至能在必要时肩负起放牧与护卫的双重工作。面对掠夺者，护卫犬富于攻击性，同时还要成为畜群可靠的守护者。大部分护卫犬身处畜群中并不起眼，因为它们通常周身雪白，毛发厚重形似羊毛。而放牧犬恰恰相反，它们毛色更深，易被主人发现。

牧场生活中不可忽视的一环便是护卫家园。许多用以护卫牲畜的犬种兼具一般的护卫功能，有些犬种则更专业。杜宾犬便是由一名征税员通过刻意杂交得来的品种，它们既能在主人征税时提供足够的保护，也能"鼓励"被征税者积极掏钱。古老的以色列卡南犬被用于守卫家园、保护牲畜。伯瑞犬也以出众的守卫能力著称。雪纳瑞犬虽常被当作"膝上犬"，但它们也是牧场上让敌人棘手的警报器。这些勇往直前的犬种在牧场上各司其职，有的控制害兽，有的看守家门，有的驱赶牛群，等到夜幕降临，便欢喜地蜷在主人身边。

二十世纪，随着农牧业的重心和特征发生改变，人们对纯工作用的农牧犬需求渐少。这导致许多原被用于放牧或护卫牲畜的犬种投身其他工作，继续发扬它们的智慧、灵敏、毅力、勇气、忠诚与本能的保护欲。在罗马时代之前，人们便让犬类参战，而到了十九世纪末，一些在特定领域受过训练的犬类开始被征用到各种领域，比如送信、护卫、巡逻、搜救、运送物资、探雷、追踪，还有的成为寻找狙击手和陷阱的侦察犬，以及反坦克犬。德国牧羊犬因易被训练而受人青睐，但几乎所有犬种都能被军事征用，包括杂交犬。整个二十世纪，有成千上万的军犬不幸牺牲。到了二十一世纪，依旧有一些军犬在中东服役。畜牧犬与护卫犬犬种的优秀品质毋庸置疑——忠诚无双、勇往直前、机敏睿智、不屈不挠，除了这些，它们还有数不尽的优秀之处。

长须柯利牧羊犬

古老－苏格兰－中等

体形

♂ 53-56 厘米 /21-22 英寸。

♀ 51-53 厘米 /20-21 英寸。

外观

活泼好动，结实顽强。头部大小适宜，头骨较宽；吻部有力；鼻大呈方形，通常为黑色；眼睛大，眼距宽，与毛发协调相接，眼神温和；双耳下垂，中等大小。颈部肌肉发达，微呈拱形；肩部下倾；腿部毛发蓬松厚重；身体长度大于宽度；背线呈水平状，胸部深，后躯有力，跗关节位置很低。尾巴位置较低，达跗关节，下垂但尾尖上卷，尾毛浓密。

毛色

瓦灰色、红褐色、黑色、蓝色、任何灰色的渐变色、褐色、沙色，或有白色斑纹。眉毛处可见浅褐色斑点。耳内、双颊、尾根、四肢以白色为主。双层毛发：被毛平整坚硬，十分粗糙，或微呈波纹状；底毛柔软细密，呈毛茸状。

用途

牧羊，参赛，作速度赛犬、展示犬、伴侣犬。

长须柯利牧羊犬被亲切地称为"大胡子"，是优秀的牧羊能手，也能牧牛。可爱的长须柯利牧羊犬来自苏格兰，所以又被叫作苏格兰牧羊犬、山地柯利牧羊犬、高地柯利牧羊犬或长须山地柯利牧羊犬。在苏格兰广阔的田野间，长须牧羊犬原是农夫忠实的伙伴，也是必要的工作犬。上百年间，这个犬种在苏格兰境外鲜为人知，仅与劳动群众紧密相连。

长须牧羊犬是以牧羊为目的培育起来的犬种，研究者认为它们由生长在欧洲大陆的类似长毛放牧犬的犬种进化而来。苏格兰犬种受到外来影响的早期记录要追溯到一五一四年。当时一位名为卡奇米日·格拉布斯基的波兰船主从格但斯克扬帆远航，来苏格兰贩卖供本地羊群食用的谷物。他随行带了六只波兰低地牧羊犬。时至今日，长须牧羊犬与波兰低地牧羊犬仍有惊人的相似之处。

没有明文记载这些犬如何与苏格兰牲畜共生，或它们在那个时期是如何发展演化的。长须牧羊犬的长毛及其面部蓬松浓密的毛发完美适应了苏格兰的气候。即便没有单方面的育种标准，事实也证明，胜任这份工作的是那些历经进化、具备一定共性的犬类。一些记录证实，长须牧羊犬从十八世纪开始出现在人们的视野中。最早的证据是托马斯·庚斯博罗(1727—1788)为第三代巴克卢公爵所绘制的肖像。画作中，公爵身旁是一只体形不大，毛发长而蓬松的狗。后来，乔舒亚·雷诺兹（1723—1792）为巴克卢公爵夫人绘制了肖像画，公爵夫人身边有一只同样的长毛犬。一八七九年，休·达尔齐尔所著的《英国犬》最早提到了这个犬种。书中写道，西苏格兰的"长须柯力犬"（Bearded Colley）毛发粗长而蓬松，作者认为这一犬种是由猎犬杂交而来的。在该书第二版中，他将此犬的名字改为长须"柯利犬"（Collie），指出这种犬或由英国牧羊犬与柯利犬杂交而来。

牧羊犬大赛应运而生。一八七三年，第一届英国牧羊犬大赛在威尔士的巴拉举办。此后，这项赛事风靡全球，在美国、澳大利亚、新西兰均掀起热潮。长须牧羊犬至今仍活跃在这项赛事中，不断勇创佳绩。

即便这个犬种受到人们的广泛喜爱，但正式的犬种标准直到一八九八年才得以制定。这一版犬种标准的大部分内容沿用至今。二十世纪初，长须牧羊犬的数量相对有限。第一次世界大战爆发导致犬种俱乐部的组建中断，战后，育犬者重启长须牧羊犬的推广工作，米勒夫人便是其中的领军人物。她在一九二九年到一九三四年间注册了约五十五只长须柯利牧羊犬，但因二战来袭，被迫中断了一切推广活动。

长须柯利牧羊犬俱乐部始建于一九五五年。此后，这种犬在英国、欧洲大陆、美国、南非和澳大利亚都享有盛誉。一九八九年，来自月亮山的长须柯利牧羊犬戴尔波特·克拉西克在克鲁夫茨犬展上赢得了全场总冠军，名震英国。

边境牧羊犬

现代-英国-寻常

体形

♂ 53 厘米 /21 英寸。

♀ 比公犬略小。

外观

举止优雅，聪敏矫健，线条流畅，平衡感极佳。吻部相对宽而短，向鼻尖渐窄，下颌有力；褐色或蓝色椭圆形眼睛，眼距较宽，表情机敏；竖起或半竖起的耳朵长度中等，耳间距宽。颈部长度适宜；胸部相对宽而深；肋骨展度良好，身形矫健。肩以后的身长略大于高度。后躯宽，肌肉发达；尾巴相对长，位置较低，兴奋时或竖起，永不过背。

毛色

纯色、双色或三色，以及云石色、貂色，不宜为纯白色。粗毛，毛发平整，有些微起伏，长度中等；平滑毛，质地粗糙，毛发很短。

用途

牧羊、参赛，参与服从测验，作搜救犬、速度赛犬、展示犬、伴侣犬。

边境牧羊犬是世界上最主要的牧羊犬，在犬类智商排行上位列前十。它们对声音和手势命令都极其敏感，解决问题的能力超乎寻常。边境牧羊犬对熟人忠诚而友善，不过需要接受充分的训练和激励。非工作犬的边境牧羊犬则活跃在速度竞赛上。

在大约公元前六百年到公元五十年的英国，凯尔特人的各个部族推广农牧文化，其中就包括牧羊业。多种多样的牧羊犬随即发展演化，各司其职，为各个犬种奠定了基础，如威尔士牧羊犬、黑褐色牧羊犬、威尔士山地犬、喜乐蒂牧羊犬、长须柯利牧羊犬、英国古代牧羊犬、苏格兰牧羊犬等。边境牧羊犬发源于苏格兰与英格兰的边界，直到十九世纪被称作工作牧羊犬时，其基础犬群才演化出了雏形。一九一五年，边境牧羊犬的称呼正式确立，从而与其他柯利犬明确区别开来。

十九世纪四十年代，维多利亚女王在皇家犬舍养了两只工作柯利犬。到了十九世纪六十年代，她开始重视这个犬种。一八六六年，女王为第一只名叫夏普的边境牧羊犬照了一组照片。她的另一只爱犬诺贝尔三世经常入画。还有一只母犬名叫南妮。英国养犬俱乐部及美国养犬俱乐部均不接受白色边境牧羊犬。一八七三年，英国首届牧羊犬大赛在威尔士举办，边境牧羊犬在赛事中对驯犬者的口哨和手势均有反应，震撼全场。

有一些现代边境牧羊犬对该犬种的发展起了关键作用，包括一八九三年出生的老亨普，据说有二百余只公犬和许多未被记录数量的母犬都是它的后代。另一只是出生于一九〇一年的老凯普，它以温和的个性和以眼神牧羊的才能著称。"注视法"是边境牧羊犬经常采用的牧羊方法，它们仅靠一个眼神便足以驱赶羊群。育犬者与驯犬师 J.M. 威尔森对保障边境牧羊犬的品质做出了突出贡献。他所培育的威尔森·卡普（1937 年生）是一百八十八只注册良犬之父。传奇的边境牧羊犬威斯顿·卡普（1963 年生）也要归功于威尔森先生。这只名犬的形象被永远刻在了国际牧羊犬协会（ISDS）的徽章上，其血脉广及今日几乎所有的边境牧羊犬。

边境牧羊犬的培育更侧重工作能力而非外表，这便催生出边境牧羊展示犬和边境牧羊工作犬的矛盾。英国养犬俱乐部在一九七六年批准这一犬种参与展示，同时引入工作能力测试保障边境牧羊犬未来的发展，尽力维持其至关重要的工作水准。只有通过这组工作测试，并拿下三项挑战证书的优秀赛犬才有资格夺得桂冠。美国目前对此仍存在一些分歧。美国养犬俱乐部完全依据边境牧羊犬的外形判断是否可以入围，而育犬者则希望这个犬种能完整地保留特性。

粗毛柯利犬

现代-苏格兰-中等

体形

♂ 56-61 厘米 /22-24 英寸。

♀ 51-56 厘米 /20-22 英寸。

外观

外形美丽，举止高贵，时刻保持机警。从正面看，头部呈钝楔形。深褐色眼睛呈杏仁状，眼神温和，表情甜美而机灵，云石色犬的眼睛或为蓝色。耳朵小，警觉时半竖立，耳尖前翻。颈部长度适宜，肌肉发达，微呈拱形；身体长度略长于高度；背部略高于腰部；胸部深；前腿笔直。长尾巴下垂，警觉时或竖起，永不过背线。

毛色

貂色混白色、三色、蓝云石色；颈部、胸部、面部、四肢、足部、尾尖多有白色斑纹。双层毛发，被毛硬而直，底毛细密柔软。鬃毛及饰毛发量丰富，前腿跗关节上方有漂亮的羽状饰毛，尾部毛发浓密。

用途

牧羊、参赛，作速度赛犬、展示犬、伴侣犬。

集美貌与优雅于一身的粗毛柯利犬有多种称呼，比如柯利犬、英系柯利犬、苏格兰柯利犬及长毛柯利犬。柯利犬分为两类：一种是粗毛 / 长毛，另一种是光滑毛 / 短毛。纵观二十世纪，前者的人气更旺，除了出众的长相，也得力于人们的各种推广，比如埃里克·奈特（1897—1943）小说中的灵犬莱西，或育犬者阿尔伯特·佩森·特休恩精心培育的多只冠军犬。

粗毛柯利犬的发展基于工作牧犬犬群。这些基础犬群来自苏格兰的高地和山地，以及不列颠群岛的高沼地。它们的基本特征包括无攻击性、高度服从、聪慧坚忍，在必要时跑速极快。今时今日，这个犬种卓越的工作能力依然留存下来。粗毛柯利犬智商很高，完成工作更是得心应手。它们在速度测验和服从测验中表现出色，同时又是人类完美的伴侣犬。粗毛柯利犬个性温和，对主人忠心耿耿，美中不足的是比较喜欢吠叫。

一些关于起源的理论显示，粗毛柯利犬或许在繁衍发展中掺入了波索尔犬的血液，才造就了它们独特的"楔形"头部。历史上，俄国沙皇曾多次命人将粗毛柯利犬与波索尔犬杂交。不过粗毛柯利犬的楔形头部则要追溯到很久以前，家畜商人用柯利犬与猎鹿犬或灵缇犬进行杂交。二十世纪早期，粗毛柯利犬为喜乐蒂牧羊犬的发展贡献了力量。这些体形稍小、活泼好动的犬种与体形稍大的粗毛柯利犬高度相似。一八六〇年，粗毛柯利犬首次出现在公众活动中，那是伯明翰犬协举办的一场犬展，首次引入了"牧羊犬、柯利犬、看门护卫犬"的分类。不久后，维多利亚女王成为粗毛柯利犬的爱好者和支持者。

一八六七年，人称"老甜饼"的粗毛柯利犬来到人世，它为这一犬种引入了貂色。早期有一些得到血统证明的粗毛柯利犬，如一八七三年出生的"三叶草"。它的外形和品质均得到广泛认可，成了许多育犬者的标杆。政治家塞瓦利斯·雪莉是"三叶草"的主人，他在一八七三年建立了英国养犬俱乐部。据说今日所有的粗毛柯利犬都流淌着"三叶草"的血液。

亨利·莱西和阿克莱特先生都是粗毛柯利犬育犬者的先驱人物，他们培育的粗毛柯利犬为这个犬种引入了蓝云石色。一八八一年，柯利犬俱乐部成立，并颁布了犬种标准，这套标准至今没有大幅修改。一八八五年，苏格兰柯利犬俱乐部成立，至今尚存。一九三九年，英国养犬俱乐部认可了这家机构。后来有两部著作让这个犬种再度掀起热潮，它们分别是一八八八年由休·达尔齐尔撰写、L.厄普科特·吉尔出版的《柯利犬——历史足迹与育种》，以及一八九〇年由罗顿·李撰写、贺瑞斯·考克斯出版的《英系柯利犬与牧羊犬的历史百科》。

英国古代牧羊犬

现代-英格兰-中等

体形

♂ 大于等于 61 厘米 /24 英寸。

♀ 大于等于 56 厘米 /22 英寸。

外观

身体强壮，呈正方形，毛发丰富。头部、吻部基本呈正方形且有力；鼻子大，黑色。深色或蓝色眼睛，眼距很宽；小耳朵下垂，紧贴头部；颈部长而有力，呈微拱形；身材短小，肌肉紧实，从上方看呈梨形；肩胛到腰部的背线稍稍隆起；胸部深；腰部宽，微呈拱形。原剪尾，现不剪尾，尾毛丰富，自然垂放。

毛色

灰色、灰白色或蓝色的渐变色；颈部、前躯、腹部为白色，或有斑纹；身体及后躯为纯色，有些犬足部似着白色短袜。毛发直而蓬松，质地坚硬粗糙，底毛防水。

用途

放牧牲畜，作速度赛犬、展示犬、伴侣犬。

一九六一年，英国知名的油漆品牌多乐士用一只英国古代牧羊犬做公司吉祥物，并将其形象运用到广告中。谢普顿·戴士是第一只光荣登上电视商业广告的狗。它来自多塞特郡谢普顿马利特镇知名的谢普顿犬舍。这里的犬舍在近代对该犬种的影响巨大。多乐士先后使用了许多英国古代牧羊犬，直到一九九六年该推广计划告一段落，之后在二〇一一年，又重启了这个宣传计划。由于参演广告，这个犬种在人群中的知名度很高，至今仍广受欢迎。英国古代牧羊犬也多次出现在影视作品中，比如《飞天万能车》（1968）和《小美人鱼》（1989）。

英国古代牧羊犬的起源成谜，研究者普遍认为它们与长须柯利牧羊犬和俄罗斯牧羊犬有关，因为英国古代牧羊犬与这两个犬种外形相似度较高。也有人认为其起源与法国伯瑞犬有关。据推测，俄罗斯牧羊犬乘波罗的海的船来到苏格兰，并与长须柯利牧羊犬杂交。到了十九世纪，英国古代牧羊犬的雏形初现。它们活跃在萨塞克斯郡的南部丘陵地区，主要用于驱赶牲畜，如牛群、羊群，以及新森林地区的矮种马。英国古代牧羊犬又被称为史密斯菲尔德犬，这一称呼得名于伦敦的史密斯菲尔德市场。十八世纪，国家推行宠物犬纳税令，不过工作犬可以免税。为了区分宠物犬与工作犬，人们开始给牧羊犬剪尾。这些被剪尾的工作犬也因此被称作"短尾犬"，这种称呼沿用至今，但不常用。二〇〇七年，英国明令禁止剪尾，但美国尚可。

一八一〇年，R.帕金森撰写了《论家畜育种与管理》，讨论剪尾犬的品质。文中提及，多塞特郡是这些剪尾犬的故乡。这些犬以卓越的工作能力著称，也只有最优秀的才会被选为种犬，所以它们逐渐将自身的优点和品质发扬光大，比如勤恳、聪敏以及对主人的高度服从。一八七七年，英国养犬俱乐部注册了两只犬，将其描述为"牧羊犬、短尾英系"。一八八一年，威廉与亨利·蒂利两兄弟创立了对后世有广泛影响力的英国古代牧羊犬谢普顿犬舍。犬舍先后诞生过许多冠军犬，为各种各样的犬舍提供了基础犬群。亨利·蒂利时任英格兰英国古代牧羊犬俱乐部的主席，他也多次将这个犬种带到美国，为它们在美国的发展奠定了基础。一八八八年，英国的犬种标准得以制定。一九〇四年，亨利·蒂利与弗里曼·劳埃德共同起草了美国的犬种标准。同年，美国的英国古代牧羊犬俱乐部成立。

十九世纪八十年代后期，英国古代牧羊犬在美国的人气节节攀升，很大程度上要归功于匹兹堡的实业家威廉·韦德的不懈努力，他同时也是一个英国古代牧羊犬爱好者。很快，这一犬种得到了美国最富有的家族的支持，包括古根海姆家族和范德比尔特家族。两次世界大战导致大西洋两岸的犬数锐减，不过犬种数量的恢复非常迅速。今时今日，英国古代牧羊犬依旧广受人们喜爱，并得到了育犬者和爱好者的大力支持。

比利牛斯山地犬

古老–法国–中等

体形

♂大于等于70厘米/27.5英寸；
大于等于50千克/110磅。
♀大于等于65厘米/25.5英寸；
大于等于40千克/88磅。

外观

威风凛凛，优雅高贵。头部结实，吻部长度中等且有力，向鼻尖处渐窄。深琥珀色眼睛呈杏仁状；小三角耳放松时下垂，紧贴头部。颈部较短，非常有力；肩部肌肉紧实；前腿笔直，腿骨发达；胸部宽，背部宽，肌肉发达。腰部有力，臀部微倾，尾根位于背线以下；后腿有两个悬爪；后足略向外翻。尾巴到跗关节处，尾根粗，到尾尖渐细，有羽状长毛。休憩时尾巴下垂，惊觉时竖起过背，尾巴的羽状毛发长而厚实。

毛色

白色，或有灰狼色、獾色、浅柠檬色、橘色或褐色斑纹。底毛厚实光滑；被毛更长，质地粗糙，浓密平坦，或直或呈波浪形。

用途

守卫、护卫牲畜，作军用犬、展示犬、伴侣犬。

宏伟的比利牛斯山脉横贯欧洲西南部，这里便是比利牛斯山地犬的故乡。这些美丽的白犬在这片地理位置相对隔绝的土地上生活了上千年，它们由史前的中亚或东南亚的大型犬发展而来。这些大型犬迁移到比利牛斯山脉地区，为适应新的地理特征演化出了相应的特性。据推测，这一犬种的祖先早在公元前三千年便来到了这里。

这些犬逐渐演化，适应了当地的环境，肩负起守卫者的职能。它们的工作能力无可挑剔，既适合看门护院，也擅于守卫牲畜。上百年间，它们被广泛运用于护卫羊群，并能独立承担这项任务。最早关于这些犬的记述来源于一四〇七年，一位历史学家称赞它们为"伟大的山地犬"。十七世纪，路易十四（1638—1715）挑选这个犬种作为法国的皇室犬，使它们进入更多人的视野。这些犬广受贵族追捧，被用于看守庄园。它们也曾陪伴巴斯克渔夫跋涉到纽芬兰，并为纽芬兰犬种的发展奠定了

基础。

一八二四年，法国贵族及军事领导人拉法耶特将军（1757—1834）第一次将这种大型白犬带到美国。英国对这种犬最早的记述见于一八四四年。当时，法国的路易·菲利普一世将一只比利牛斯山地犬赠予维多利亚女王。这只比利牛斯山地犬一反温和的常态，表现出罕见的攻击性，重重咬伤了女王的手臂，也因此被放逐到动物学会。一八八五年，这种犬首次在英国展出，地点是水晶宫。同年，英国养犬俱乐部注册了这些展出犬。那时，这一犬种在英国依旧被当作工作犬使用，因此育犬进展缓慢。二十世纪三十年代，这个犬种才真正得以确立。

该犬种在法国也算不上数量可观，不过曾有两家影响深远的犬种俱乐部。这两家俱乐部在一九二〇年合并重组，成立了比利牛斯山地犬爱好者联合会，这个组织至今尚存，曾于一九二七年起草了犬种标准，为其他各国的比利牛斯山地犬犬种标准提供了准则。两次世界大战导致这种犬的数量减少，一些犬被法国军方征用，穿梭在硝烟弥漫的战场间为军队传递讯息。

一九三一年，比利牛斯山地犬被再度引入美国。一九三三年，美国养犬俱乐部承认了这个犬种，将其归类到工作犬组。它们在美国被称为大比利牛斯犬，在英国及欧洲大陆则被称为比利牛斯山地犬[①]。一九三六年，大不列颠比利牛斯山地犬俱乐部正式成立。

二十世纪末，由于野生熊的数量过少，一些棕熊被引入比利牛斯山地。欧盟为忧心忡忡的牧羊人提供了额外资金，以购入更多比利牛斯山地犬护卫牧群。因此，现在大部分羊群都由四到五只比利牛斯山地犬牢牢看守。这一犬种也是人类的居家良伴。

①在中国被称作大白熊犬。

澳洲牧牛犬

现代-澳大利亚-寻常

体形

♂ 46-51 厘米 /18-20 英寸。
♀ 43-48 厘米 /17-19 英寸。

外观

身体结实，肌肉发达。头骨宽，耳间的头顶处稍呈弧形，前颜面宽，向中等长度的口吻处渐窄。深褐色眼睛呈椭圆形；耳根宽，耳距宽。颈部非常强健；腿骨极其发达。从肩部计算，身体长度略长于高度，背线水平。胸部深，相对较宽；背部

有力；后躯宽，肌肉发达；臀部较长，向下倾。尾巴位置较低，尾端微微上翘。

毛色

蓝色、杂色，带有蓝斑或其他颜色的斑纹，或红色斑纹，分布在任意位置。双层毛发，毛发光滑，底毛短小细密。

用途

牧牛，作速度赛犬、展示犬、伴侣犬。

澳洲牧牛犬别名蓝色赫勒犬、昆士兰赫勒犬或澳大利亚赫勒犬，它们是世上最优秀的牧牛犬之一。十九世纪早期，人们为放牧牛群尝试配种，育出这个犬种。牧牛至今也是澳洲牧牛犬的看家本领，它们仍活跃在澳大利亚和北美洲等地。澳洲牧牛犬既是人类刻意培养的工作帮手，也是优秀而活泼的家庭伴侣。

澳洲牧牛犬的祖先要追溯到十八世纪末，澳大利亚处于欧洲殖民统治时期，这一犬种就发源于悉尼及其周边地区。欧洲移民者随行带来的主要是一种叫史密斯菲尔德犬的大型多毛柯利犬。这些犬为澳洲牧牛犬的成形奠定了基础。史密斯菲尔德犬得名于伦敦知名的肉类市场，这些犬负责将英格兰东南地区的牲畜赶往市集。来到澳大利亚后，它们的工作内容变化不大，在悉尼仍然负责驱赶相对温和的牛群。当地人开始探索悉尼以外的新世界，试图寻找更丰茂也更广阔的草场。一八一三年，人们从悉尼向西，穿过大分水岭蓝山山脉开拓出了一条新的路径。至此，新南威尔士州广阔的内陆映入人们眼帘。这片数千公顷的广袤草原迅速被当地牧民用于牧牛。当时，这片未经

开拓的土地孕育了一群鲜少与人接触的野牛。在这片无边无垠的土地上，史密斯菲尔德犬显得跑速过慢，无法追上野性十足的牛群，难以适应开阔的地形，遇上极端天气时更是举步维艰。

史密斯菲尔德犬和其他来自英国的工作柯利犬一样擅长牧羊，因此它们习惯在羊群前面工作，常通过吠叫引导羊群转向。而这种前方放牧的手段难以应付野生的澳大利亚牛群。野牛听到噪音会变得焦躁，反而四下走散。牧场主渐渐意识到它们需要新型澳大利亚犬种，能忍受酷热、经得起长途跋涉，并跟在牛群后面悄无声息地完成任务。一位名为蒂明斯的牧场主早在十九世纪三十年代便首次做出尝试，将史密斯菲尔德犬与不吠叫的澳大利亚野犬杂交，试图培育出静默而顽强的工作犬。用这种方法培育出的新品种工作能力出众，但非常独立，很有攻击性，甚至会咬牲畜，也因此被称为"蒂明斯的利齿"。放牧者尝试了其他配种方式，比如与粗毛柯利犬杂交，这样得来的品种极易兴奋；与斗牛㹴杂交的品种则爱咬牛的鼻子，甚至会死死咬住，乃至身体悬空。

后来，来自新南威尔士猎人谷的牧场主托马斯·霍尔配出了一个成功的案例。托马斯从苏格兰进口了两只蓝云石色、毛发光滑的高地柯利牧羊犬，让它们与澳洲野犬杂交。这样便得到了优质而安静的牧牛犬。这些被称为"霍尔的赫勒犬"的犬种一培育出来便广受牧场主追捧，人气日益旺盛。同时，还有人进行类似的尝试。昆士兰的乔治·埃利奥特继续让蓝云石色高地柯利牧羊犬与澳洲野犬杂交。一个叫弗雷德·戴维斯的屠夫在悉尼坎特伯雷的卖场启用了赫勒犬，使其更加声名远播。不久后，牧牛人纷纷求购这一品种，导致赫勒犬数量激增。

巴格斯特家的杰克和哈利兄弟联合坎特伯雷地区的牧牛人从戴维斯手中购入了一些赫勒犬，开始了独立的育种计划。他们将这些犬源与进口的达尔马提亚犬[1]杂交，

---

[1]别名大麦町犬、斑点狗，产自南斯拉夫。

试图培养新犬种对马匹的亲密度，并强化其看守护卫的本能。可惜结果让人遗憾，杂交削弱了赫勒犬的工作能力，好处是引入了令人关注的新毛色，比如今日常见于澳洲牧牛犬犬种的红色和蓝色斑纹。为了重塑赫勒犬的工作能力，巴格斯特兄弟又让它们与黑褐色的澳大利亚卡尔比犬杂交，这次得到的新品种成了现代澳洲牧牛犬的雏形。它们是卓越的工作犬，精力超群，外形似澳洲野犬，同时还继承了独特的配色。蓝色犬的眼周和耳朵为黑色，腿部、胸部及头部斑纹则为褐色，前额上还有一小道白色斑纹，周身则为深蓝色，或长着更鲜艳的蓝色斑纹。红色犬的斑纹为深红色而非黑色，周身则具有更鲜艳的红色斑纹。

罗伯特·卡勒斯基在一八九三年开始繁育、展示蓝色赫勒犬。一九〇二年，他起草了犬种标准，以澳洲野犬犬类的特征为基础，尽可能保留赫勒犬不凡的工作能力。次年，澳大利亚牧牛牧羊犬俱乐部及原新南威尔士养犬俱乐部纷纷承认了这版犬种和标准。自此，这个犬种被正式称为澳大利亚赫勒犬，最终被定名为澳洲牧牛犬。

澳洲牧牛犬在美国也是备受欢迎的工作犬种，至今仍被牧场主广泛使用。二十世纪六十年代，美国澳大利亚牧牛犬俱乐部成立。而美国养犬俱乐部坚称，所有记录在优良犬种登记簿的犬只必须有曾在澳洲注册过的纯血统祖先。当时，美国的许多澳洲牧牛犬并不具备纯血统证明，因此未能注册。一九七九年，美国养犬俱乐部接手优良犬种登记簿。次年，澳洲牧牛犬被归类为工作犬组，在一九八三年改属畜牧犬组。

一九七九年，约翰和玛丽·福尔摩斯从澳大利亚的兰德马斯特犬舍为他们的弗梅金犬舍进口了一只澳洲牧牛犬，这是首只进口到英国的澳洲牧牛犬。同一时期，肯特的马尔科姆·达丁的索德斯通犬舍进口了一对蓝色幼犬。这两家犬舍合作繁育出澳洲牧牛犬在英国的基础犬群。同时，越来越多的澳洲牧牛犬逐年进入英国。一九八五年，大不列颠澳洲牧牛犬社群组建成功，着力推广并保护这一犬种。

伯瑞犬

古老–法国–中等

体形

♂ 61-69 厘米 /24-27 英寸。

♀ 58-65 厘米 /23-25.25 英寸。

外观

身体强壮，肌肉发达，性格外向。头部似由两个一致的三角形拼成（以后脑到鼻尖为轴）；吻部呈正方形且有力；深褐色大眼睛，表情机敏。耳朵位置高，覆长毛。颈部稍呈拱形，结实有力，长度适宜；背线平直，臀部微微下倾。从肩部计算，身体长度略长于高度。尾巴长，覆以丰富的毛发，位置较低，尾尖上扬。

毛色

全黑，或全身散布有白色毛发。驼色或瓦灰色的任意一种渐变色。毛发不短于 7 厘米（2.75 英寸），呈大波浪形，底毛浓密。面部有髭须及山羊须。

用途

原用于守卫及护卫畜群，放牧，现作军用犬、展示犬、伴侣犬。

这个古老的法国工作犬犬种历经漫长的历史，却鲜少有文献记载它们，直到近几百年才进入公众视野。研究者认为它们在十八世纪基本成形，据说这一犬种曾受到法兰克王国查理曼大帝（742—814）的青睐，在留存下来的织锦上与大帝相伴。查理曼大帝是一名热情的猎人与驯马师，很难想象他竟会选择主要用于牧羊的犬种陪在自己身边。不过，伯瑞犬原用于护卫畜群，以极强的守护天性和无尽的勇气著称，在这一点上，它们与王者可谓相得益彰。几百年后，拿破仑·波拿巴（1769—1821）养了两只伯瑞犬。他不怎么喜欢狗，一直禁止妻子约瑟芬的巴哥犬进入卧室。可以推测，这两只伯瑞犬主要用于看门护卫。

十九世纪后期或二十世纪早期，人们才开始使用"伯瑞犬"这个称呼，此前，这种犬被称为法国牧羊犬。另外，它们还被称为布里牧羊犬，这种叫法有两种可能性较大的起源，其中一种直到十九世纪才与这种犬产生关联。在法国北部的塞纳河与马恩河谷之间有一片叫布里的土地，孕育了许多布里牧羊犬。布里盛产奶酪，这片土地地形崎岖，风景优美，土壤肥沃，牧民们放养着成群的牛羊。没有证据表明伯瑞犬在此成形，但这里的人们通常让布里牧羊犬参与农牧业。第二种关于名字的起源来自十四世纪一个关于谋杀与奋起反抗的传说。尤利乌斯·恺撒·斯卡利杰（1484—1558）在信中记述了这样一则故事。据说，大约在一三七一年，一位叫奥布里·德·蒙迪迪耶的侍臣在巴黎北部的邦迪森林惨遭谋杀，唯一的目击者是他的爱犬。它在主人死后不懈地追击凶手罗伯特·马凯尔，直到他被缉拿归案。国王命令马凯尔与这只忠犬决斗，地点选在圣母岛。忠犬最终赢得了这场决斗，马凯尔被绞死。"布里"一名来源于"奥布里"，它们在法语中发音相似。根据信中对这只忠犬的描写，它与伯瑞犬形象一致。蒙塔基城矗立着一组雕像，描绘这只布里牧羊犬与凶手搏斗的场景。

在守卫与放牧两方面同时表现出色的工作犬犬种极其罕见，不过对这种长毛的法国伯瑞犬来说，兼顾两者并不是难事，这让它们成为法国农夫必不可少的工作伙伴。这些犬原用于护卫牲畜，无须主人监管。它们在户外与畜群同栖同眠，守卫家畜免受野狼、狐狸或人类等不速之客的侵袭。在法国乡村，它们是牧农家庭不可或缺的成员，悉心照料着珍贵的畜群，为主人忠心守卫家园。伯瑞犬的放牧本能至关重要，它们按部就班地驱赶着畜群在广阔的牧场上来来往往，并防止牛羊误入他人的领地。时至今日，这一犬种依旧在部分地域从事相同的工作。

托马斯·杰斐逊（1743—1826）在就任美利坚合众国第三任总统前曾作为外交使节常驻法国，一七八五年成为美国驻法公使。杰斐逊在驻法期间（1784—1789）与拉法耶特侯爵交好，通过他了解了伯瑞犬。杰斐逊对这种法国乡村牧羊犬很感兴趣，一七八九年返美时带走了三只。一七九〇年，他又进口了一只母犬。一八〇六年及一八〇九年，拉法耶特又专程找了三只，送到了杰

斐逊在蒙蒂塞洛的宅邸。杰斐逊培育这些伯瑞犬,将它们当作礼物赠予友人。杰斐逊赏识这种犬的工作能力,却并不十分喜爱它们,从未让它们踏入宅邸半步。

一八〇九年,阿伯特·罗齐尔在《农业论》中提及这些法国长毛牧羊犬,称它们为布里犬。一八六三年,巴黎举办了首场法国犬展,一只伯瑞犬脱颖而出,赢得了牧羊犬类别的冠军。一八九六年,牧羊犬俱乐部成立,并在一八九七年起草了第一版犬种标准。一九〇九年,伯瑞犬爱好者协会成立,之后被迫在战争年间解散。不过这个机构在一九二三年顺利重组,并在一九二五年颁布了更严格的犬种标准。

第一次世界大战期间,法军征用了大量伯瑞犬,许多伯瑞犬因此丧命。它们在战场上的主要职责是向前线运送物资,以及站岗放哨。由于具备敏锐的听觉,伯瑞犬还从事着另一项更让人揪心的工作,那便是搜寻战场,找到那些命悬一线的伤员。二十世纪二十年代,美国开始进口伯瑞犬。一九二二年,美国养犬俱乐部注册了第一窝伯瑞犬幼犬。一九二八年,美国伯瑞犬俱乐部成立,沿用了法国的犬种标准,并进行了细微改动。

卡南犬

古老-以色列-稀有

体形

♂/♀ 50-60 厘米 /20-24 英寸。
♂/♀ 18-25 千克 /40-55 磅。

外观

身形对称，呈方形，高度警觉。耳朵位置较低，使楔形头部显得较宽。深色眼睛呈杏仁状；双耳竖起，中等大小；稍拱的颈部长度适宜，肌肉发达。身体呈正方形，身躯强健；背线平直；胸部深，中等宽度；腹部紧收；后躯有力，跗关节低。

尾巴位置高，毛发厚实浓密，疾走或兴奋时卷起，位置过背。

毛色

沙色到红褐色、白色、黑色或有斑点，从吻部延伸至面部，有的为匀称的黑色。或有白色斑纹。毛发粗糙浓密，被毛笔直，中等长度；底毛细密。

用途

放牧、守卫，作速度赛犬、展示犬、伴侣犬。

现代卡南犬由史前古老的中东野犬演化而来。有不少记载证实了形似卡南犬的犬类存在，比如贝尼哈桑遗址出土的、大约在公元前二二〇〇到公元前二〇〇〇年之间的惊人画作。

研究者认为古犹太人用卡南犬守卫帐篷、放牧牲畜。它们广泛分布在古卡南地区，也因此得名。两千多年前，犹太人遭罗马人驱赶，这些犬被迫迁移到内盖夫沙漠，从此栖居在这个天然的避难所。它们在这片荒漠繁衍发展，逐渐野性化，历经物竞天择的严酷考验后变得坚毅勇猛、不屈不挠，具备了独立生活的能力。一些卡南犬被贝都因游牧民驯养，在这片荒漠上看护帐篷、放牧牲畜；还有一些被居住在此地以北的德鲁士人驯养。时至今日，贝都因人和德鲁士人还养着这种犬。

这些犬在此地悄无声息地度日，鲜为外人所知。直到二十世纪，大多数卡南犬才成为家犬。一九三四年，门泽尔博士[1]彻底改变了卡南犬的历史轨迹。她是研究犬类的权威人士，她的丈夫从维也纳移居到了以色列。不久后，门泽尔博士被隶属于以色列国防军的"哈加纳"聘用，负责组建一支专业军犬队伍。她全程监管采购，还要训练出一批用于特殊用途的优质犬。它们将被用于保护希伯来定居点，并肩负追踪和探雷等一系列艰难的任务。门泽尔博士意识到，最佳选择或许是这些当地的野犬（卡南犬）。她先试着引诱一些野犬来到自己的帐篷，渐渐获得它们的信赖。很快，这些野犬以令她惊异的速度被驯化，且学习能力拔群。

在顺利驯养一批野犬后，她开始着手下一步的驯化繁殖项目。这些犬极其聪明，对人高度服从，灵巧机敏，五感也高度发达，正符合理想的军用犬标准。首批接受探雷训练的便有这些犬，它们中的四百余只参加了第二次世界大战。战后，门泽尔博士开始将卡南犬驯作导盲犬。训练取得了一定的成果，但由于卡南犬太独立、身形过小，所以很难胜任这项工作。门泽尔博士在盲人定向行走研究所继续进行卡南犬的驯化繁殖，还成立了哈比塔霍之子犬舍。为保证卡南犬的原有特性不退化，她常常重新引入野犬的血缘。

一九六五年，卡南犬首次来到英国，这只母犬被主人康妮·希金斯命名为沙巴巴。一九六九年，门泽尔博士为希金斯送去一只名叫蒂龙的公犬。同年，英国迎来第一窝卡南犬幼仔。英国养犬俱乐部注册了沙巴巴和蒂龙。令人遗憾的是，英国对这个犬种的兴趣逐渐消退。直到二十世纪八十年代，露丝·康纳进口两只有孕的母犬，重新开始这种犬的繁育工作。一九八六年，她在《野外运动》杂志刊载了两篇相关文章。一九九二年，卡南犬俱乐部成立。此后，这一犬种在英国才稳定发展起来。

---

[1]鲁道菲亚·门泽尔，来自奥地利维也纳，是知名的犬类学家，擅长动物行为领域。

可蒙犬

古老-匈牙利-稀有

体形

♂ 平均 80 厘米 /31.5 英寸；
50-61 千克 /110-135 磅。

♀ 平均 70 厘米 /27.5 英寸；
36-50 千克 /80-110 磅。

外观

体形巨大，强壮有力，毛发似绳。头部长度比宽度短，头骨微倾；吻部宽，比头骨长度略短。深色眼睛；中等大小的耳朵下垂呈 U 形。颈部长度适宜，非常有力；胸部宽而深；臀部宽，向尾部稍稍下倾；后躯肌肉发达。尾巴至跗关节，尾尖上翘，兴奋时上扬，与背线持平。

毛色

白色。被毛长而粗糙，呈波浪状或卷曲状，毛发浓密，形似绳索。臀部、腰部、尾部的毛发最长，底毛柔软。

用途

护卫羊群，作展示犬、伴侣犬。

可蒙犬不可能被错认，因为它们在数之不尽的犬种中是那么独具一格，令人过目难忘。可蒙犬有趣而强大，外观威风凛凛，在守卫方面可谓犬界翘楚，再蠢的掠夺者也不敢在它们眼皮底下为所欲为。高大雄伟的可蒙犬是匈牙利的瑰宝，也发源于这片土地。这个犬种被人称作牲畜护卫犬之王，护卫羊群的热情丝毫不逊于守卫家园与主人。它们足以横扫敌人，以至于消除了匈牙利所有的野狼。

可蒙犬的领地意识极强，对财物及人类的保护欲也超乎寻常，在护卫牲畜方面出类拔萃。上百年间，人们倾力培育这个犬种，使它们能独立思考、行动、完成任务，甚至达到自给自足的生存状态。这些特质让可蒙犬成为农牧场的宠儿。不过，新手并不适合豢养这种犬。可蒙犬的服从训练要从幼犬时期抓起，不可间断。它们酷爱户外活动，一身长毛很难打理。而对娴熟的驯犬者来说，可蒙犬忠心耿耿，甘愿为主人献出一切，是难得的伙伴。

一部分学者认为可蒙犬来自马扎尔部落。马扎尔人在九世纪西迁，定居在喀尔巴阡盆地。这片广阔的土地曾经是匈牙利王国，比如今的匈牙利大很多。另一种理论则更可信，并有确切的考古证据支持。研究者认为可蒙犬与古代库曼人联系紧密。库曼人据说来自黄河流域，在十世纪末因蒙古人入侵被迫西迁。他们一路跋涉，穿越乌拉尔山脉，终于在十三世纪抵达匈牙利。匈牙利国王贝拉王四世（1206—1270）接纳了这些远道而来的库曼人。不料库曼王忽滩汗被匈牙利士兵刺杀，导致库曼人沿途发起掠夺，一路南下进驻保加利亚。

后来忽滩汗的女儿伊丽莎白与贝拉王的长子史蒂芬和亲，由此匈牙利与库曼结盟。一二四一年到一二四二年间，蒙古军队入侵匈牙利，贝拉王请求库曼人返回匈牙利联手相抗，并将多瑙河和蒂萨河之间的土地赐予他们。在匈牙利的古库曼人墓穴中，考古学家发现了犬与马的骨架。这些骨头被精心摆放，证明两种动物在库曼信仰中的重要性。一座墓中的逝者在下葬时头部枕着一只犬；另一座墓中，数只犬环绕着整个墓穴。研究者认为这些骸骨形似可蒙犬的骨头，推导出"可蒙犬"一名来源于库曼人，因为"可蒙犬"与"库曼犬"发音相近。

可蒙犬的发展在一定程度上或许受到过俄罗斯牧羊犬的影响。库曼人在俄罗斯南部沿乌拉尔山脉迁移时很有可能接触到了当地的牧羊犬。可蒙犬与贝加马斯卡犬也有一定的共性，这种牧羊犬来自意大利阿尔卑斯山脉。二者都有粗绳状的毛发，只是贝加马斯卡犬周身漆黑，而可蒙犬通常为雪白色。可蒙犬与波利犬（匈牙利牧羊犬）也有不少相似之处，而且两者经常协同工作。可蒙犬主要担当畜群的护卫犬，而体形小很多的波利犬则负责放牧。它们配合默契，组成了坚不可摧的强大牧羊团队。

可蒙犬至今仍从事着原始的放牧工作，独特又适于放牧的毛发使它们在羊群中并不扎眼，方便防范敌人，也能抵御恶劣的天气。它们与羊群共同生活，提供全天候的防御，保证羊群免受野狼、丛林狼、熊或人类的侵袭。有的可蒙犬甚至会照料失去双亲的小羊羔。历史上，可蒙犬的身份向来只是牧羊犬，并未与贵族有过接触。牧羊的农场一般都相对隔绝，所以可蒙犬几乎没有接触过其他犬种，在犬种发展史上保留了极其纯正的血统，繁殖也仅仅是为了履行工作的职责。

可蒙犬勇猛无畏，无论是护卫畜群还是守卫家园，都敢于与任何冒犯者一战，也强大到可以面对一切威胁。正因为这样，它们必须在幼犬时期开始与其他犬和人类接触。如果这一步引导正确，它们就能成为可亲而冷静的宠物。一九三三年，可蒙犬首次被引入美国。一九三七年，美国养犬俱乐部承认了这个犬种。第二次世界大战使可蒙犬数量锐减，不过战后的恢复非常迅速。近年来，这些能干的狗作为牲畜护卫犬再度在美国得到推广，并取得了喜人的成效。

二十世纪七十年代早期，兰茨夫人从匈牙利进口了一只母犬，这是首只被引入英国的可蒙犬。后来，她又从美国进口了第二只母犬和一只公犬。一九七六年，第一窝可蒙犬在英国诞生。三只新生的可蒙犬中有一只被送回故乡美国。起初的几只组成了英国的基础犬群，相继引进和成功繁殖的可蒙犬继续壮大着这支队伍。一九七八年，大不列颠可蒙犬俱乐部成立，并受到一批核心爱好者的鼎力支持。不过，可蒙犬在英国依旧是稀有犬种。

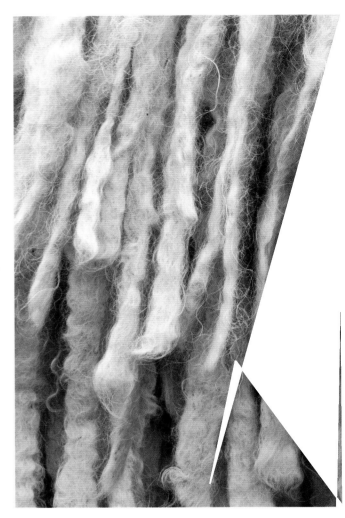

雪纳瑞犬

古老-德国-寻常

体形

♂ 48 厘米 /19 英寸。

♀ 45.7 厘米 /18 英寸。

外观

精力充沛，非常活泼，身形近似正方形。头部强壮，从耳到眼睛再到鼻尖的宽度渐窄；吻部弧度较钝，颌骨坚实；有髭须及山羊须；深色眼睛呈椭圆形；V 字形耳整洁利落，位置较高，向前折叠。颈部相对长，稍呈拱形；胸部深，相对较宽；背部强健，背线笔直，肩部及地的高度大于后肢及地的高度；足部短而圆，似猫足。以前通常剪尾，长度中等，尾根粗，向尾尖渐细，通常活泼地翘起。

毛色

纯黑色或椒盐色，后者的毛发从根部到尖端呈现出由深到浅再到深的渐变色。被毛坚硬粗糙，底毛浓密。

用途

捕鼠、护卫畜群、守卫，作军用犬、速度赛犬、展示犬、伴侣犬。

在现代社会，人们普遍认为雪纳瑞犬是伴侣犬，但它们其实是德国最多才多艺的工作犬犬种。雪纳瑞犬以温和可爱与冰雪聪明著称，它们的直觉极其敏锐，甚至能承担心理理疗的重任。[①] 雪纳瑞犬共有三种，其中标准型通常被称作雪纳瑞犬。另外两种的原型为大型雪纳瑞犬和小型雪纳瑞犬。雪纳瑞一词来自德语"小胡子"，用来指代它们的髭须。二十世纪早期，人们才开始使用雪纳瑞犬这一称呼。

标准雪纳瑞犬是三种类型中最古老的，它们发源于十四世纪的德国。十五世纪起，欧洲的诸多画作中频繁出现雪纳瑞犬。尤其值得一提的是阿尔布雷特·丢勒的作品。这位德国艺术家酷爱描绘小型或中型犬，不过没有确切依据证实他画里的都是雪纳瑞犬。斯图加特市的守夜人雕像旁边便有一只形似雪纳瑞犬的小型犬。

据考据，雪纳瑞犬大约来自德国西南的符腾堡地区和东南的巴伐利亚州。其祖先应为㹴犬、牲畜护卫犬和

---
① 心理理疗犬，指通过陪伴和取悦使病人放松、愉悦的医疗犬。

猎犬，雪纳瑞犬生来便具有上述三个犬种的特征。早期的雪纳瑞犬与十九世纪才完全确立的现代品种外观迥异。不过，它们起初被当作农业犬使用。这些早期犬种很擅长控制害兽，对捕鼠尤为兴致高昂；它们在家宅和农场都时刻警惕，忠心守卫着主人的财物和畜群。大型雪纳瑞犬和标准雪纳瑞犬都从事过驱赶畜群的工作，主要负责将其赶往市集，并耐心看守货车，静待主人卖完货物。大型雪纳瑞犬常被称为"屠夫犬"，多活跃在屠夫的院落周围。大型雪纳瑞犬和标准雪纳瑞犬也曾被用于拖运轻型货物。标准雪纳瑞犬体形中等，看似并不庞大的身躯，却强壮有力，且精力充沛。十九世纪末，小型雪纳瑞开始发展起来，它们最初奔波于德国的农场间捕鼠和控制其他害兽。

雪纳瑞犬在起初出现的数百年间既是吃苦耐劳的农业犬，又是忠心耿耿的伴侣犬。直到十九世纪中期，人们才开始进一步加以繁育，并考虑使这些珍贵的犬发展为独立犬种。在这个节点上，育犬者引入了黑色德国贵宾犬和灰狼狐狸犬来固化它们的特性，并杂交孕育出两种至今仍被认可的毛色：黑色和椒盐色。黑色雪纳瑞犬在德国相对普遍，在英国和美国却寥寥可数。起初，它们被称作刚毛平斯澈犬，并在十九世纪七十年代的德国犬展上使用了这个名字。"平斯澈犬"指擅长对抗害兽的犬类（㹴犬种）。一八七九年，第三届德国国际犬展在汉诺威举办，夺冠的刚毛平斯澈犬被称为"雪纳瑞犬"。此后，雪纳瑞犬这一称呼一直沿用至今。一八八〇年，初版犬种标准颁布后，雪纳瑞犬瞬间掀起一股风潮。一八九五年，平斯澈犬俱乐部在科隆成立。一九〇七年，巴伐利亚雪纳瑞犬俱乐部在慕尼黑成立。一九一八年，这些俱乐部合并为平斯澈雪纳瑞犬俱乐部，成为该犬种在德国养犬俱乐部的官方机构。

标准雪纳瑞犬和大型雪纳瑞犬多才多艺，曾先后被

警方和军队征用。这种犬智商极高，对人类高度服从，是不可多得的服务犬。在第一次世界大战期间，它们曾担任输送犬、协助犬和护卫犬。

二十世纪初，首只雪纳瑞犬进入美国，在一九〇四年被美国养犬俱乐部承认，分类为工作犬组。在一战前，它们的进口数量相对有限。一九二五年，美国雪纳瑞犬俱乐部成立。一九三三年，这家俱乐部被拆分成美国标准雪纳瑞犬俱乐部和美国小型雪纳瑞犬俱乐部两家机构。美国养犬俱乐部在一九二六年承认了后者，将其分类为㹴犬组；而大型雪纳瑞犬在一九三〇年被承认，属于工作犬组。

二十世纪四十年代，由于好莱坞演员埃罗尔·弗林对雪纳瑞犬的青睐，媒体逐渐开始关注这个犬种。弗林养了数只雪纳瑞犬，最宠爱的那只叫阿诺。阿诺常陪伴在弗林身侧，甚至陪他出演过几部电影。弗林有一艘名为热风的游艇，这只雪纳瑞犬是座上常客。在一个不幸的夜晚，阿诺试图抓鱼，结果溺水而亡。弗林悲痛不已，将它海葬。

二十世纪初期，雪纳瑞犬开始进驻英国。第一批中有一只一九二八年抵英的德国冠军犬，昵称为布鲁诺。一九三〇年，克鲁夫茨犬展首次增加了雪纳瑞犬犬种，布鲁诺再创佳绩，斩获了该犬种冠军。一九二九年，大不列颠雪纳瑞犬俱乐部成立。英国养犬俱乐部承认了标准、小型及大型雪纳瑞犬，将前两类归入效益犬组[①]，后者则归入工作犬组。

①目前世界上仅有几家主流犬协设有此分类，且定义不同。英国养犬俱乐部将不适合混合犬组的犬种均归于此类，如被其他犬协普遍分类到玩具犬组的西施犬，英国养犬俱乐部认为这个犬种比一般玩具犬体形大，故归于此类。

彭布罗克威尔士柯基犬

古老-威尔士-寻常

体形

♂ 25-30 厘米 /10-12 英寸；
10-12 千克 /22-26 磅。

♀ 25-30 厘米 /10-12 英寸；
9-11 千克 /20-24 磅。

外观

重心低，活泼好动，精力充沛。头部似狐狸，吻部渐尖。褐色小眼睛呈圆形；耳朵竖起，大小中等，耳尖稍圆。颈部长。四肢短，腿骨发达，前腿笔直，后膝关节弧度自然。身体长度适宜；胸部宽且深，在前腿间位置下沉。尾巴短小，与背线持平，移动或警觉时常过背线。

毛色

红色、貂色、驼色、黑或褐色的自然色，腿部、胸部、颈部或有白色斑纹。被毛笔直，长度中等；底毛浓密。

用途

驱赶牛群，作展示犬、伴侣犬。

柯基犬体形虽小，却阻挡不了它成为了不起的"大狗"。它们个性极好，精力旺盛，工作能力超群，四肢短小却身体强壮。数百年前，柯基犬曾负责驱赶牛、猪、鹅等畜群。它们轻巧灵敏，由于矮小的身躯贴近地面，可以轻松避开兽蹄。尽管柯基犬看起来很像不必干活的膝上爱犬，但令人意外的是，它们勤勉努力，非常热爱工作。它们果敢坚决，无所畏惧，在不远的过去一直活跃在农场里。既能把牲畜赶往市场，在农场充当小小的护卫者，还能消灭害兽；一回到家，又能变成可爱的伴侣犬。

自二十世纪起，柯基犬便与英国皇室息息相关。女王伊丽莎白二世是柯基犬的忠实爱好者，多年持续培育这一犬种。她也曾用自己的柯基犬与妹妹玛格丽特·罗斯公主的腊肠犬皮普金杂交，培育出可爱的品种"多基犬"。女王至今依旧养着数只柯基犬和多基犬，不过后者尚未被承认为独立犬种。

柯基犬分为卡迪根与彭布罗克两类，分别得名于各自故乡的名字——威尔士的卡迪根郡与彭布罗克郡。卡迪根威尔士柯基犬的历史相对悠久，两种犬常被混合培育，彼此却有着不少迥异之处。一九三四年，英国养犬俱乐部终于接受了育犬者的抗议和要求，正式将它们归为不同犬种。卡迪根犬身体更长，尾巴厚实多毛；耳朵相对较大，耳尖较圆；足部呈圆弧形；毛色搭配随意，主色调不是白色即可。而彭布罗克犬体形更小，更像狐狸，轮廓棱角分明，没有尾巴。

彭布罗克威尔士柯基犬的发展离不开许多犬种的血脉，如瑞典柯基犬、挪威牧羊犬、西帕基犬及早期的博美犬，这些犬种均为尖嘴犬。而更古老的卡迪根威尔士柯基犬则发源于形似德国腊肠犬的泰克尔犬。

一九三三年，约克公爵[①]送给爱女伊丽莎白和玛格丽特一只柯基幼犬，这个犬种开始与皇室产生联系。他将这只柯基犬送到驯犬师那儿受训。驯犬师一开始叫它公爵，后来改称小公爵，由于他有约克郡口音，听起来像是"杜基"。杜基与新伙伴简繁殖了两只小狗，其中有一只叫作小薄饼，活到了十四岁高龄。据说当它老到寸步难移时，王太后[②]命人专门打造了一把轮椅，亲自推着它散步。女王伊丽莎白二世在十八岁生日那天得到了一只名为苏珊的柯基幼犬，现今皇室所有的柯基犬都流淌着苏珊的血脉。

一九二五年，柯基犬俱乐部在彭布罗克郡的卡玛森成立，同时接纳卡迪根威尔士柯基犬和彭布罗克威尔士柯基犬。随后，卡迪根威尔士柯基犬协会在威尔士成立。一九三八年，支持彭布罗克威尔士柯基犬的威尔士柯基犬联盟在英格兰成立。如今，柯基犬俱乐部遍布英国各地。一九二八年，英国养犬俱乐部承认了这两类柯基犬，其中彭布罗克威尔士柯基犬的人气更旺。

---

①后来的英国国王乔治六世。

②即乔治六世之妻伊丽莎白·鲍斯－莱昂。由于她与长女，即现任伊利莎白女王二世的头衔相近而被称为王太后。

罗威纳犬

古老-德国-寻常

体形

♂ 60-68.5 厘米 /24-27 英寸。
♀ 56-63.5 厘米 /22-25 英寸。

外观

威武强悍，极其有力，勇猛大胆、一往无前。头部中等长度，耳间距宽；吻部很深。深褐色眼睛呈杏仁状；双耳下垂，紧贴双颊，位置高，耳距宽。颈部长度适宜，微呈拱形，肌肉发达，肩胛后倾；前腿笔直，腿骨发达；胸部宽而深；背部有力，背线笔直，不太长；后躯强健；跗关节结实，角度合宜。原剪尾，现已废除，尾巴位置不过低，警觉时与地面持平或轻微上扬。

毛色

黑色，有黄褐色或红褐色斑纹。
双层毛发：被毛长度中等，浓密粗糙，毛发平实；颈部、大腿有底毛，底毛不可见。

用途

看门、护卫牲畜、驱赶牛群、拖运货物，作警犬、速度赛犬、展示犬、伴侣犬。

古老高贵的罗威纳犬是世界上最有力量的犬种之一，它们是非常了不起的犬类，却因主人不负责任的饲养出现过不少负面报道。罗威纳犬身材魁梧，强健有力，需要经验丰富的主人对它们进行长期的训练、交际培养、练习及脑力锻炼。一旦培育成功，它们便是绝佳的伴侣犬，忠心耿耿、对主人高度服从、聪慧机敏，对至爱之人具有极强的保护欲。

罗威纳犬的历史要追溯到罗马及罗马帝国扩张时期。罗马军团非常壮大，需要足够多的牛群提供食物来源。士兵用骁勇顽强的马士提夫獒犬负责驱赶牛群，在夜间护卫畜群、看守营地。罗马人从瑞士一路跋涉，来到德国南部，随行的犬与现代罗威纳犬有着密不可分的联系。公元七十三年，罗马人进驻这片临近黑林山、名为弗拉维亚的地区。在旅途中和新驻地，这些犬与现代人推测的罗威纳犬的祖先杂交，如伯尔尼兹山地犬、大瑞士山地犬、阿彭策尔山地犬及英特布彻山地犬。这些犬种均具备一些生理共性。

一些有红瓦屋顶的罗马特色建筑在这里拔地而起。到了中世纪，这个地区被称作"红瓦"镇，罗威纳犬的名字"Rottweil"便应运而生，生活在这里的犬也多以这种方式命名。后来牛肉贸易飞速发展，以屠夫为首的当地人迫切需要大量罗威纳犬，这些犬也被称作"屠夫犬"（红瓦镇屠夫犬）。

十九世纪，随着铁路的发展，人们不再使用犬拖运货物。同时，驱赶牛群也遭到禁止，这些工作犬顷刻间面临着失业的窘境。十九世纪末，兰波格犬及罗威纳犬国际俱乐部在德国成立，不过很快就解散了。一九〇一年，初版犬种标准颁布。第一次世界大战前，罗威纳犬被德国警方征用，它们至今仍然担任着出色的警犬角色。战争期间，罗威纳犬曾作为送信犬、物资犬和守卫犬穿梭在硝烟弥漫的战场上，全力护卫救护车和医护人员。

一九二一年，德国罗威纳犬俱乐部（ADRK）成立，并于一九二四年发行第一本良犬手册。一九三一年，美国养犬俱乐部承认了这个犬种，将其纳入工作犬组。一九三六年，塞尔玛·格雷夫人将第一只罗威纳犬引入英国，并持续进口这一犬种，直到二战爆发后为保护爱犬，将它们尽数送往爱尔兰避难。另一位至关重要的育犬者是罗伊·史密斯长官[①]，他从一九五三年开始进口罗威纳犬，对其发展影响深远。一九六〇年，史密斯担任罗威纳犬俱乐部的会长。从此，越来越多的人开始进口罗威纳犬，这种犬才在英国成形。一九六五年，英国养犬俱乐部承认了罗威纳犬，也将其归类到工作犬组。从那时起，罗威纳犬在英国和美国都广受追捧。根据美国养犬俱乐部的犬种注册数据，它时常位列美国最受欢迎犬种排行的前十五名。

---

①英国驻德国的兽医官。

杜宾犬

现代-德国-寻常

体形

♂ 69 厘米 /27 英寸。

♀ 65 厘米 /25.5 英寸。

外观

高贵优雅，敏捷矫健。头部长，呈钝楔形；吻部深邃；根据身体颜色，鼻子可呈黑色、褐色或灰色。杏仁状眼睛，神采奕奕；黑色犬为褐色眼睛，褐色、蓝色、驼色犬的瞳色则与身体上的斑纹色一致。小而灵巧的耳朵位置较高，通常下垂，但可以竖起。颈部纤长，骄傲地挺起；毛发平坦，手感光滑。身躯呈正方形，背部短小坚实；背线笔直，从肩部向臀部渐渐下倾，腹部紧收；后躯发达强壮。原剪尾，现不剪断，作为脊椎的延伸，或竖起或自由摆动。

毛色

黑色、褐色、蓝色或驼色，锈红色斑纹，分布协调。毛发光滑短小，发质坚硬、较粗。

用途

作护卫犬、警犬、军用犬、速度赛犬、展示犬、伴侣犬。

独具一格的杜宾犬的起源要追溯到十九世纪晚期，它们的存在主要归功于一位名为弗雷德里希·路易斯·杜宾曼（1834—1894）的德国征税员。杜宾曼想要一只工作犬当助手，这个助手要在逆境中保护他不受伤害，同时能"鼓励"被征税者乖乖掏钱。他还希望这个助手忠诚友善，能成为自己可亲的伙伴。遗憾的是，杜宾曼先生并未留下任何配种记述，因此杜宾犬的杂交过程只能由后世推测。

杜宾曼住在阿波尔达，除了征税，他也从事捕犬和皮革商的工作，能在各色犬种中尽情挑选。起初，他的基本准则是培育新犬种应基于特性而不是外观上的一致。让人惊讶的是，他很快培育出了可以称为"同一类型"的犬。他的育种实验在十九世纪的后十年间展开，这些成功配种的犬种早先被称为杜宾曼猎犬。基础犬种的公犬是聪慧无畏的史努普，母犬是一只护卫犬，名叫比萨特。它们产下的小狗周身漆黑，有锈红色斑纹。

关于十九世纪九十年代参与杜宾犬杂交的犬种，并没有一致的说法，人们普遍认为是"屠夫犬"（现代罗威纳犬的祖先）、德国宾沙犬、法国狼犬、德国牧羊犬、威玛猎犬、德国短毛指示猎犬、大丹犬、黑褐色㹴犬、曼彻斯特㹴犬和灵缇犬。但这些犬种使用的程度和频率现已无从考证。

一八六三年，杜宾曼先生将他培育的杜宾犬售往阿波尔达犬市，当即大获成功。这位育犬者于一八九四年逝世，他的育种工作由奥托·戈勒和戈斯温·蒂施勒继承。这两位育犬者均对杜宾犬的宣传推广做出了不可磨灭的贡献。一八九九年，戈勒组建了国家杜宾平斯澈犬俱乐部。大约一九〇〇年，德国养犬俱乐部通过了杜宾犬的初版犬种标准，见证了该犬种在短期内的迅猛发展。

一九〇八年，美国养犬俱乐部注册了首只杜宾犬，将它归到工作犬组。一九二一年，美国杜宾平斯澈犬俱乐部成立。这个犬种受到警方的青睐，常被训练成追踪犬参与执行任务，发挥出众的嗅觉优势。后来，它们又被军队征用。第二次世界大战期间，杜宾犬成为美国海军陆战队的官方军犬。一九九四年，人们在关岛为牺牲的战争犬建起公墓和纪念碑，它们中有许多安眠于此。

一九四八年，英国杜宾犬俱乐部成立。大约从此时起，由于与德国㹴犬的命名冲突，德国不再使用"杜宾平斯澈犬"，而以"杜宾犬"称呼这个犬种。美国沿用了"平斯澈犬"的命名方式。该犬种今日的培育更关注犬的性格养成，因此现代杜宾犬不仅能在各项工作中大放异彩，还能成为难能可贵的伴侣犬。它们以聪慧灵敏、忠心无二和极强的保护天性著称。

德国牧羊犬

现代-德国-寻常

体形

♂ 63 厘米 /25 英寸。

♀ 58 厘米 /23 英寸。

外观

高贵聪颖，强壮有力。头部整洁，耳间距宽；吻部强劲，呈楔形；杏仁状眼睛以深褐色为佳，眼神机敏，充满自信；耳朵大小适中，位置高，时刻竖起；颈部长而坚实；肩部有力；前腿笔直，腿骨呈椭圆形，非常发达；从肩部起身长略于高度。胸部深，不太宽；背线整体平滑，从颈部延伸至发育良好的肩部，再从肩部微微下倾，直达臀部，臀与肩同高，臀部下倾；背部强健，肌肉紧实，腰部宽；臀部微微下倾，自然过渡到尾巴。尾毛丰富，长度至少达跗关节。静止时尾巴上卷呈军刀状，移动时举起，不过背。

毛色

背脊为黑色或白色，有金色到浅灰色的斑纹；黑色、灰色，具有较浅过渡色或褐色斑纹的多称为貂色。双层毛发，被毛直而坚硬，非常浓密，底毛厚实。

用途

护卫牲畜、牧羊、看门，作警犬、军用犬、向导犬、追踪犬、速度赛犬，亦作展示犬、伴侣犬。

德国牧羊犬是现代育种的完美产物，它们的历史虽短，却迅速成为世界上最受欢迎的犬种之一。德国牧羊犬多才多艺，在各行各业都为人类贡献着力量。它们智商极高，适合多种训练方法。在早期育种时，育犬者主要侧重其智力和工作能力，而不是外貌体征。有个流传甚广的逸闻能说明德国牧羊犬的聪慧。知名的爱犬人士及心理学家西格蒙德·弗洛伊德在与女儿安娜一起生活时，为她买了一只德国牧羊犬，起名"狼"。一天，安娜和"狼"外出散步，中途遇到一群士兵，其中有人朝空中开了空枪。这声巨响使"狼"受了惊，一路狂奔，跳上一辆敞着门的出租车。据出租车司机口述，这只德国牧羊犬一次又一次地拼命抬起脑袋，朝他身上又靠又蹭，直到司机意识到它是在展示项圈上刻着的家庭住址。"狼"坐着出租车打道回府，后来，弗洛伊德付给司机一笔不菲的酬劳。值得一提的是，德国牧羊犬的各种英勇事迹流传甚广，它们能做的可不仅仅是乘出租车而已。

德国有一些传统的放牧犬和牲畜护卫犬，它们强壮可靠，工作能力超群。这些牧羊犬经历上百年的繁衍，其所处的地域、自然环境和育种方式的区别，赋予了它们独特的个性，从而孕育出了各种各样的毛发、配色、体格和技能。自十九世纪起，有人引领了一场风潮，试图将不同种类的犬按犬种分门别类地划分，以起草犬种标准，建立相关的犬协，推广每个犬种各具特色的美好品质。一八九一年成立的菲莱克斯协会是德国一家早期犬协，致力于规范德国本土犬种，不过内部成员存在很大分歧，根据育种方向主要形成两派，分别支持以外貌为依据和以工作能力为依据。该犬协在几年后便解散了。麦克斯·冯·史蒂芬尼茨上尉是该犬协的成员，他正是德国牧羊犬的第一位培育者。

史蒂芬尼茨希望用德国本土犬杂交出一种独特的工作犬。一八九九年，他在德国西部的卡尔斯鲁厄市参观了一场犬展，对一只有狼的外观的工作用牧羊犬一见倾心，认为这就是理想的外形。他买下了这只犬，起名霍兰德·冯·格拉夫拉特，用它来繁育心目中的理想犬种。史蒂芬尼茨创立了德国牧羊犬协会，霍兰德·冯·格拉夫拉特是他的头号德国牧羊犬，并成为首只注册为该犬种的德国牧羊犬。史蒂芬尼茨继而购入霍兰德的兄弟卢卡斯，以最佳方式培育它们，以便同母犬交配。它们产下的后代经过重重近亲繁殖，确立了最终的特性，其中也有几次引入其他牧羊犬的血统。霍兰德最出众的后代名为赫克托·冯·施瓦本，它们与另一只近亲贝奥沃夫占据了德国牧羊犬血脉源头的很大比例。史蒂芬尼茨将该犬种的培育原则定为"实用而聪慧"，犬种标准也因此建立。

二十世纪早期，人类对工作用牧羊犬和牲畜护卫犬的需求渐渐下降，史蒂芬尼茨开始有意地将德国牧羊犬推荐给警察局使用。这个犬种的优秀品质早已经过时间验证。它们聪慧又酷爱学习，善于接受各种训练，高度

的忠诚和保护意识也难能可贵。这一切都让德国牧羊犬成为警犬的最佳备选，军队自然也接纳了这一犬种。仅在德国，就有成千上万只德国牧羊犬参与了第一次世界大战。它们在战争期间作为送信犬、搜救犬、警卫犬，也常作为私人保镖。世界各地的将士都为这个犬种无尽的勇气所震撼。

美国在一九〇七年展出第一只德国牧羊犬，名为米拉·冯·奥芬根。次年，美国养犬俱乐部承认了这一犬种，将其归类到畜牧犬组。一九一三年，美国德国牧羊犬俱乐部成立，可一九一七年席卷而来的一战使德国的一切都备受非议，俱乐部遂更名为美国牧羊犬俱乐部。同一时期，在英国，该犬种则改名为阿尔萨斯犬。阿尔萨斯之名来源于德法交界的阿尔萨斯－洛林地区，该称呼一直沿用至一九七七年。

战后，许多军用犬被英勇奋战并凯旋的将士们带回了美国和英国。其中有位空军下士叫李·邓肯，他在法国洛林地区一座废弃的犬站里发现了两只无人照料的幼犬。邓肯将它们带回故乡，并分别命名为任丁丁和南妮特。遗憾的是，南妮特抵美后不久便死去了。邓肯倾心教授任丁丁许多技能，它的跳跃能力也十分惊人。一九二二年，邓肯得知一只狼不肯配合出演电影，便决心让任丁丁尝试一番。此举大获成功，任丁丁先后共出演过二十三部好莱坞影片，在一九三二年离世前，为它的主人赚得盆满钵满。任丁丁的后代继续出演好莱坞影片。二十世纪五十年代，儿童电视剧《任丁丁大冒险》正式播出，讲述了一个男孩与德国牧羊犬的故事。此后，该犬种多次出现在影视作品中，名气如日中天。

一九一九年，英国养犬俱乐部正式承认这一犬种，定名为阿尔萨斯犬，共注册了五十四只良犬。二十世纪二十年代，威尔士亲王，即后来的爱德华八世让他的爱犬西尔的克劳斯参加了克鲁夫茨犬展。战前，亲王的祖

母泰克公爵夫人曾在德国开办一家该犬种的育种犬舍。一九二六年，英国阿尔萨斯犬的注册量已达八千只左右。同年，美国该犬种的注册量约为全部犬种的百分之三十六。

大抵是在这一时期，德国牧羊犬又担任起导盲犬这一崭新又重要的角色。一九一七年，德国最先将德国牧羊犬训练为导盲犬，协助因芥子毒气失明的士兵。不久后，法国开展了类似的项目。一九二五年，首只经德国训练的导盲犬卢克斯被送往美国，赠予一九〇七年失明的明尼苏达州参议员托马斯·D·沙尔。同一时期，海伦·凯勒得到了第一只在美国经过训练的导盲犬。一九二九年，多萝西·哈里森·尤斯蒂斯和莫里斯·弗兰克在尤斯蒂斯的瑞士犬舍的基础上创立了"代你看世界"基金会[1]。

第二次世界大战席卷而来，交战双方纷纷征用了德国牧羊犬。除了此前的工作，它们又接受了探雷训练。二战期间，美国成立了一家民间机构，称犬防所[2]，将以德国牧羊犬为主的犬种供给美军使用。德国牧羊犬与德国人的亲近关系显而易见，甚至连阿道夫·希特勒都是它的忠实爱好者，但这丝毫没有减弱世间对该犬种的尊敬和喜爱。德国牧羊犬的人气居高不下，唯一的遗憾是人们太轻视其配种和繁育，使得它们在身体构造、健康和性情上存在一定缺陷。所幸，犬协和爱好者坚持不懈的努力极有可能扭转这些缺陷，他们不断奋进，并保留德国牧羊犬一切美好而无与伦比的品质。

---

[1] 知名的导盲犬学校，同时为世界上首家导盲犬协会。

[2] Dogs for Defense，珍珠港偷袭事件后，美军动员平民将家犬贡献出来，以充军用，并承诺在战后尽数归还。此前，美国尚未组建 K-9 军犬队伍，仅拥有不足百只军犬，其中大多为雪橇犬。

第五章
坚定与勇气

　　嗅觉猎犬凭借高度发达的嗅觉追踪猎物，它们是公认的追踪专家。和视觉猎犬依靠敏锐的视觉和难以抗衡的速度完成任务不同，嗅觉猎犬跑速较慢，但耐力拔群。它们大体分为热骚猎犬和冷骚猎犬两类。前者如英系或美系猎狐犬，它们能以一定的速度追踪活蹦乱跳的猎物。最佳工作方式是让猎犬在前面追踪，猎人骑马紧紧跟随其后，直到猎犬侦察到猎物，兴致勃勃地一路追赶。后者能嗅出很久之前留下来的气味，并追踪到源头，代表犬种如稀有的猎水獭犬，它们能在水下追踪气味；又如出色的冷骚型寻血猎犬，它们常参与寻找失踪人口甚至尸体。而比格猎犬和其他一些犬种多用于缉毒和探测炸弹。

　　嗅觉猎犬的祖先是史前的古代马士提夫獒犬，这些犬类多参与战事或狩猎。据推测，古凯尔特人选择性地培养了马士提夫獒犬狩猎的技能。属于萨尔马提亚印度－伊朗语族的阿兰人也对这类獒犬做了同样的侧重培养。虽然无文献留存，不过据研究者推测，那时的人们共同培育这些犬类，进一步固化了它们的特性，涉及的犬类多才多艺，大体分为猎犬、护卫犬、放牧犬和擅长其他事务的犬。育种的重心是工作能力，而非外观。只要技能类似，即便不是相同的犬类也会被杂交培养。数百年后，一些特定的犬类便应运而生：战犬和守卫犬保留了马士提夫獒犬发达的肌肉和结实的骨架，而嗅觉猎犬体形更轻盈，且更矫健好动。

十八世纪前后，比利时的圣休伯特修道院开始了嗅觉猎犬的早期育种繁殖计划。修道士们培育出了优秀的圣休伯特猎犬，将其献给法国国王。圣休伯特猎犬也是其他几种嗅觉猎犬的基础犬种，如塔尔博特提猎犬、南方猎犬（两者均已绝迹）和英系寻血猎犬。修道士们还繁殖出了短腿嗅觉猎犬，据推测是由于基因突变。法国承认了不少短腿嗅觉猎犬犬种，提供了孕育知名的巴吉度猎犬的先决条件。巴吉度猎犬和寻血猎犬都有着长而下垂的耳朵和敏锐的鼻子。当这些嗅觉猎犬追踪时，两只垂耳在地面上方摆动，能有效聚拢和感知气味。

在中世纪的法国和英国，狩猎在皇室贵族间备受追捧，特别是重大仪式和盛典来临时。英国皇室推崇各种各样的猎犬，其中也包括嗅觉猎犬。十一世纪，《森林法》规定英格兰的森林只对皇室开放，用以狩猎。主要猎物是雄鹿、红鹿、野熊、野兔与狼。英国最早关于猎犬参与猎狐行动的记述要追溯到十六世纪，那时一名农夫为了击退害兽而使用猎犬。他使用的犬种已不得而知。一六六八年，人类首次使用特定的嗅觉猎犬来猎狐。十七世纪，当猎鹿的热情渐渐消退，猎狐便开始日益风靡，猎狐犬也因此得以发展。根据不同地域和地形特征，不同犬种的猎狐犬也千差万别，不过它们共同的祖先都是数种犬类的结合，包括灵缇犬、狓犬和马士提夫獒犬类。雨果·梅内尔（1735—1808）是现代猎狐犬发展的关键人物。在育种过程中，他精心挑选基础犬群，以培养猎狐犬超群的速度和运动能力。

美国猎狐犬和绝大多数猎浣熊犬都源于早期殖民者进口的英系、法系、德系、爱尔兰系猎犬，只有由汉诺威猎犬发展而来的普罗特猎犬除外。最早关于美国进口猎犬的记述来自一六五〇年，那时一位富有的英国人罗伯特·布鲁克搬到了南方的马里兰州，随行带来了他的英国猎狐犬。猎狐运动迅速风靡南部各州，而一种由英国猎狐犬和其他猎犬杂交而来的美国猎狐犬也应运而生。这种新型猎狐犬比它们的英国同伴体形更大，更擅于运动，也更适应美国繁杂的地形。

除了需要迅敏的猎狐运动，其他狩猎运动也逐渐发展，有些便需要冷骚猎犬追踪陈旧气息的能力和耐力，这些犬被称作猎浣熊犬。根据地域，猎物可能不同，但大抵包括灰狐、松鼠、狮子、熊、山猫，当然还有最受欢迎的浣熊。猎浣熊犬则包括布鲁克浣熊猎犬、普罗特猎犬及加泰霍拉豹犬，它们具备一定的共性，比如勇往直前、体能充沛、嗅觉发达、对人类高度服从。猎人放开猎犬后，它们便会顺着气味追逐猎物，将其逼上树。随后，嗅觉猎犬会守在树旁，发出声响，提醒猎人狩猎"舞台"的方位。通常，猎犬追逐猎物时会吠叫，当它们将猎物逼到树上后，吠叫会变得短促而有节奏，提示猎人自己所处的方位。

根据所处地域和猎物的不同，嗅觉猎犬发展成了不同的身形和体格，其中包括迅疾的猎狐犬、短腿的腊肠犬、耐力超群而罕见的猎水獭犬、沉着坚定的寻血猎犬和勇猛无双的美国猎浣熊犬。上述猎犬均为对付某种特定猎物的专家，它们曾为人类提供食粮，控制害兽，如今则多被用于娱乐活动。其出类拔萃的嗅觉也让它们在其他方面大放异彩。嗅觉猎犬广泛被用于搜救、追踪，探测非法及危险物品和其他许多领域。许多嗅觉猎犬在狩猎和其他工作中都以团队的方式活动，它们合作能力极强，能与其他犬友好相处。只要时间充足，训练程度足够，大部分嗅觉猎犬都和善可亲，且极易训练。

寻血猎犬

古老-比利时/英格兰-中等

体形
♂ 66 厘米 /26 英寸。
♀ 61 厘米 /24 英寸。

外观
威风凛凛，庄重高贵，十分睿智。头部相对狭长，从太阳穴向吻部渐窄，头部有部分松弛的皮肤。深褐色或浅褐色眼睛；耳朵薄而长，呈椭圆形，位置低，优雅地下折，耳端向内、向后卷曲。颈部长；身躯强健；肩部肌肉发达；前腿笔直，腿骨粗壮而圆滑。跗关节下倾，角度适宜。尾巴长，位置高，尾根厚实，尾尖渐细，移动或兴奋时尾巴呈弯刀状。

毛色
黑 / 褐色、深赤褐 / 褐色（红 / 褐色）、红色。胸部、足部、尾尖可有少量白色毛发。毛发短小顺滑，能抵御恶劣天气。

用途
作追踪犬、警犬、展示犬、伴侣犬。

传说二十世纪三十年代，有只美国寻血猎犬名叫尼克·卡特，曾追踪到六百多名罪犯，这些人最终全部被缉拿归案。这个犬种的追踪能力令它们声名大震，甚至连美国法庭也准许将它们发现的蛛丝马迹作为呈堂证据。经过几百年的传颂，尼克·卡特的故事或许有所夸大，不过寻血猎犬无与伦比的嗅觉是毋庸置疑的。这一犬种起初被作为猎犬，纵观历史，它们也曾用于追踪人类。时至今日，执法部门仍旧仰仗它们出众的嗅觉，尤其是在美国。寻血猎犬天赋异禀，能在几乎所有的乡村地带追踪人类。它们甚至能涉水追踪，连很久以前留下的气味也不放过。美国一些执法机构极为重视寻血猎犬的才能，于是特定机构也应运而生，其中包括一九六六年成立的国家寻血警犬协会及一九九八年成立的寻血警犬执法协会。寻血猎犬遍布世界各地，从数量来看以美国为最。

这个犬种的由来有两种说法。一种认为来自它们追踪血迹，即"寻找血源"的能力；另一种认为寻血指"血统纯正高贵"（纯种猎犬）。研究者认为，现代寻血猎犬的起源要追溯到十八世纪前后的比利时圣休伯特修道院。传说，修道士刻意打造了一种嗅觉猎犬，人称圣休伯特猎犬，它是寻血猎犬的祖先。修道士每年都会将几对这种纯种猎犬赠予法国国王，以博得王室欢心，并向王室贵族及上流社会宣传这个犬种的优良品质。在这些修道士开始新犬种繁育工作前，嗅觉猎犬其实是指发源于中亚、东南亚和中东的马士提夫獒犬。后来这些獒犬四散到欧洲，开始根据自身担当的不同角色，沿着不同的轨迹各自进化。公元纪元前，高卢（法国）的凯尔特人养育了一群体形巨大的马士提夫獒犬，它们嗅觉敏锐，拥有出色的追踪能力。研究者认为它们便是圣休伯特猎犬的祖先，演化成拥有不同特征的嗅觉猎犬，比如法国的塔尔博特提猎犬和比利时的白色南方猎犬，两者均已绝迹。

幸亏修道士深谋远虑，圣休伯特猎犬才在欧洲迅速蹿红，不少相关的贵族犬舍也随之建立起来。这些猎犬的追踪能力堪称传奇，只是它们跑速较慢，更适合人类徒步跟随，而非骑马追赶。它们的叫声低沉悦耳，富有特色，这也是现代寻血猎犬的特征之一。它们追踪人类和猎物的能力迅速得到广泛认可。

据研究者分析，应该是征服者威廉一世（1028—1087）将圣休伯特猎犬带到了英国，虽然并没有史实依据。可以肯定的是，一些品种不详的猎犬曾被带到英国。贝叶挂毯（11 世纪）上描绘的诺曼征服英国的部分画面便印证了这一点，但具体是哪种猎犬还无法辨认。嗅觉猎犬还有其他名字，比如苏格兰通称的"足迹猎犬"和中世纪通用的"大侦探猎犬"，指那些需要主人用牵引绳控制捕猎的嗅觉猎犬。猎人会先安排它们顺着痕迹追查野猪和野鹿的行踪，然后命令其他速度更快的猎犬奋起直追。

有一则或经后人雕琢，却基于史实的故事与寻血猎犬有关。相传在一三〇六年，罗伯特·布鲁斯（1274—1329），即后来的苏格兰国王罗伯特一世曾在命悬一线

时被爱犬唐纳德·布鲁斯所救。还未就任国王的布鲁斯在败给英国国王爱德华一世后急速撤退，可他的寻血猎犬不幸落入敌人手中。敌人巧用这只猎犬追踪布鲁斯，带领一支队伍直达他身边。不料，当这些英国将士伏击布鲁斯时，这只寻血猎犬迅速意识到主人的危机，毫不犹豫地猛攻敌人，最终与主人一起平安逃离。

约翰·凯厄斯所著的《英国犬》（1570）是最早提及具体的寻血猎犬的文字作品。他详尽地描述了这个犬种，通过比对，证实这种犬历经数百年几乎未变。有趣的是，作者在书中提到，这些犬在苏格兰和英格兰的交界处还曾被用于追踪偷牛贼。这使寻血猎犬与此地的足迹猎犬有了关联。乔治·特伯维尔的《追踪猎犬与狩猎的高尚艺术》（1575）提供了更多与寻血猎犬直接相关的线索。这部作品主要基于一五六一年法国雅克·杜·福伊鲁所著的一本讲述狩猎艺术的书。两本书都提到了圣休伯特猎犬，不过也指出在此时期，这个犬种经历多次杂交，血统已不再纯正。书中试图将寻血猎犬的发展简单归结为圣休伯特猎犬的直接进化，而事实似乎并非如此。距今几百年前，人们才开始付诸行动，保持该犬种的"纯正血统"。历史上，擅长同样工作的犬类曾任意杂交，渐渐塑造出一种适合从事追踪工作的犬，但这并不意味着它们的血统纯粹。事实上，在进化过程中它们曾历经大规模的杂交。

有记述表明，十五世纪到十六世纪，西班牙征服者将所谓的"寻血猎犬"带到了美国，不过这些犬很有可能是具备嗅觉猎犬能力的马士提夫獒犬。征服者用它们追踪当地土著，起到了震慑人心的作用。今日的寻血猎犬以温和的个性著称，所以这项记述很有可能存在差错。一六一九年，弗吉尼亚州议会在提到禁止将任何犬出售给印第安人时，出现了对"寻血猎犬"的具体记述。同上，这些猎犬应该也属于嗅觉猎犬类。十九世纪中期，南北战争结束后，美国首次引进寻血猎犬，迈出了至关重要的一步。一八八八年，英国育犬者埃德温·布拉夫在纽约举办的威斯敏斯特全犬种大赛上展出了三只猎犬。自此，这个犬种名声大振。美国养犬俱乐部在一八八五年注册了首批寻血猎犬，不过到一八八九年仅有十四只注册犬。

记录显示，到了十八世纪末，圣休伯特猎犬在法国逐渐衰落，或许是因为杂交失败，或许是因为它们已不再受到贵族的追捧。到了十九世纪，圣休伯特猎犬几乎在美国绝迹，而寻血猎犬却在英国发展起来。猎狐犬跑速更快，是猎人的首选，因此寻血猎犬并未像几百年前的祖先那样一炮而红。十九世纪，法国从英国进口了大量英国寻血猎犬，促进这一犬种在欧洲大陆复苏。世界犬业联盟称其为圣休伯特犬，这也是欧洲大陆对这个犬种的普遍叫法。维多利亚女王是寻血猎犬的忠实爱好者，并对它们风靡英国做出了巨大贡献。到了十九世纪末，这些寻血猎犬陆续参加犬展，成为英国艺术家争相采用的主题，比如埃德温·兰西尔爵士。

寻血猎犬个性极其温和，是绝佳的家庭伴侣犬。它们无论对儿童还是其他同类都十分耐心、友好，善于交际、深情款款。寻血猎犬兴奋时可能会比较吵闹，比起容易驯服的犬种，它们的服从性要弱一点；不过可以肯定的是，一旦主人走丢，它们通常都能将其找回来。

巴吉度猎犬

古老-法国/英格兰-寻常

体形

♂/♀ 33-38 厘米 /13-15 英寸。

外观

身形矮壮，性格冷静，极具魅力。头顶呈圆弧状，头宽适中，从眉部向吻部渐尖。眉间、眼侧或有稍许皱纹。上唇下垂，与下唇重叠。眼睛呈菱形，深色至中度褐色瞳，眼神平静温和又充满好奇。耳朵长而渐窄，位置低，柔软光滑，微微向内侧翻卷。颈部长，稍呈拱形，肌肉发达。身形矮小，长度大于高度；胸骨突出。前腿短小，腿骨发达；肩胛到跗关节处的腿骨微微后倾，从正前方看，前胸几乎陷至跗关节。腿部或有些许褶皱。背部宽，呈水平状。尾巴位置合宜，相对长，尾根有力，向尾尖渐细，高高竖起，移动时微卷。

毛色

通常为黑／白／褐色（三色）或柠檬黄／白色（双色），但所有被犬种标准记录的猎犬毛色均可。毛发光滑、短小而细密。

用途

追踪兔子，作展示犬、伴侣犬。

巴吉度猎犬魅力十足，讨人喜欢，智商很高，长长的垂耳与满面愁容也非常有喜感。这个犬种博得了许多爱好者的欢心，频频出现在广告和影视作品中，最有名的当属连环画《巴吉度猎犬弗瑞德》。此外，巴吉度猎犬也是狩猎能手，最初用于捕猎小型猎物，特别是家兔和野兔。

巴吉度猎犬的身影在英国和美国最为常见。它们在十九世纪以多种法国巴吉度猎犬为基础进化而来。犬名中的"bas"在法语中意为"矮"，用来统称一系列外形迥异的矮小猎犬。它们的源头要追溯到八世纪以前，很有可能是源于一场基因突变。巴吉度猎犬在英国有四个品种：蓝加斯科涅猎犬、格里芬旺代犬（小型或大型）、褐毛短腿猎犬和阿特西猎犬。（英系或美系）巴吉度猎犬则主要由阿特西猎犬和格里芬旺代犬演化而来。

法国的短腿猎犬并没有垂直的进化轨迹。公认的说法是，它们来自比利时圣休伯特修道院，是修道士们培育的品种。圣休伯特（约656—727）是狩猎的主保圣人，他的修道院饲养了一些特定的猎犬，专供法国的王公贵戚使用。据推测，短腿寻血猎犬源于一场基因突变，而育犬者有意通过进一步的繁殖保留这个品种。法国十四世纪的艺术作品中就出现过这种猎犬。加斯顿·菲比斯（1331—1391）著有《狩猎之书》（约1387），这是中世纪重要的狩猎著作。他本人也养过一群短腿猎犬，用来捕猎野猪。

短腿猎犬在狩猎方面具备一定的优势，最重要的一点是它们的鼻子比较贴近地面。巴吉度猎犬以出众的嗅觉驰名，敏感度仅次于寻血猎犬；它们的长耳朵在地表附近拖动，以聚拢气味，一路追踪下去。比起长腿猎犬，巴吉度猎犬步履更慢，便于猎人徒步跟随，不必骑马追赶它们。历史上，骑马狩猎是贵族的特权，因此巴吉度猎犬备受工人阶级欢迎。这些猎犬通常以群猎的方式工作，负责将小型猎物从灌木丛中驱赶出来。巴吉度猎犬现在也作为猎犬活跃在法国、英国及美国。拿破仑三世（1808—1873）养过一些法国巴吉度猎犬。在他统治期间，这些猎犬在大众中得到进一步推广。埃曼纽尔·弗雷米耶是当时业内领先的动物雕刻家。一八五三年，他在巴黎沙龙展出了一系列以拿破仑的巴吉度猎犬为主题的铜像，迅速吸引了市民的关注。一八六三年，巴吉度猎犬参加首届巴黎犬展，在世界范围内引起轰动。很快，最早的两只阿特西巴吉度猎犬被（高尔韦勋爵）引进到英国。不过到了十九世纪七十年代，英国人才开始真正关注这个犬种。同一时期，翁斯洛勋爵、埃弗里特·米莱斯与乔治·克雷尔开始从法国最前卫的两家犬舍进口阿特西巴吉度猎犬。这些猎犬分化成几种形态。雷恩犬舍出产的叫雷恩犬，主要特征是柠檬黄与白色相间的毛发，骨骼发达，前腿跗关节外翻。而康特卢克斯犬舍出产两种类型：一种更重、更矮，通常为三色；另一种则更轻，很有可能混入了比格猎犬的血统。

一八八四年，米莱斯、克雷尔、翁斯洛勋爵、高尔

韦勋爵与康特卢克斯·康特勒伯爵联合创立了巴吉度猎犬俱乐部，并兼任实际管理人。不久，亚历山德拉公主（日后的亚历山德拉王后）也加入了他们的行列。她在桑德灵汉姆建立了一家大规模的巴吉度猎犬犬舍，成为该犬种有力的支持者。现在英国绝大部分巴吉度猎犬都源自她的犬舍。

接连不断的同系繁殖为巴吉度猎犬品质的下滑埋下隐患，因此米莱斯在一八九二年让雄性巴吉度猎犬尼古拉斯与一只雌性寻血猎犬进行杂交，顺利产下三只幼犬，它们健康成长，长大后，又与纯种的巴吉度猎犬交配，其子嗣经培育又还原成纯血统的巴吉度猎犬。米莱斯的这次配种孕育出骨骼更坚固、品质更高，且拥有固定特征的巴吉度猎犬。十九世纪末二十世纪初，英国又进口了一批法国犬，它们与寻血猎犬杂交的品种构成了今日巴吉度猎犬的基础。该犬种在各类评审中大放异彩，在英国也得到了进一步发展，分化出了三类巴吉度猎犬犬群。

一八八三年前后，巴吉度猎犬首次进入美国。一八八四年，该犬种第一次参加威斯敏斯特全犬种大赛，备受瞩目。一八八五年，美国养犬俱乐部注册了第一只巴吉度猎犬，分类到猎犬组。一九三五年，美国巴吉度猎犬俱乐部成立。美国养犬俱乐部的注册数据表明，巴吉度猎犬在美国位列最受欢迎犬种排行的前三十五名。该犬种是完美的家庭伴侣犬，对小孩极有耐心，性情温和友善。不过巴吉度猎犬并不适合看门护院，因为它们对所有人都十分亲昵——特别是在有食物为诱饵的时候。

猎水獭犬

古老–英国–稀有

体形
♂ 69 厘米 / 27 英寸。
♀ 61 厘米 /24 英寸。

外观
毛发杂乱，高大壮硕，威风凛凛，个性十足。半球形头骨，尽显威严；吻部深而有力；鼻宽，耐看；鼻子以外的头部覆有粗糙的毛发，有少量髭须及山羊须。神情活泼、聪慧，被毛颜色不同，则瞳色不同。长耳朵下垂，耳根与眼角平行，边缘内翻，整体呈悬挂内折状。颈部长，肌肉发达；身躯有力，胸部深，肋骨展度良好；背部水平；腰部短小强健。后躯肌肉紧实，跗关节自然下倾；足部大而圆，足趾间有蹼。尾巴位置高，活动时高举，不卷过背部。

毛色
任意一种猎犬毛色，包括纯色、灰色、沙色、红色、小麦色、蓝色。头部、胸部、足部、尾尖或有白斑纹。白毛伴有淡柠檬色、蓝色或獾色的斑驳毛发。黑/褐色、黑/奶油色、赤褐色、深褐色、赤褐/深褐/白色。毛发长而浓密，粗糙坚硬，有防水功效，似金属丝；底毛明显；被毛及底毛均偏油质。

用途
原用于猎水獭，作追踪犬、速度赛犬，参与服从测验、多样服从竞赛，亦作展示犬、伴侣犬。

猎水獭犬体形大而壮硕，非常讨喜。它们个性十足，最特别的莫过于"凌乱"的外形。这个犬种极其稀缺，只有少数付出巨大努力的狂热爱好者才得以拥有。猎水獭犬主要生活在英国，美国、加拿大、新西兰和欧洲部分国家也能偶尔见到它的身影。

早期，人们培育这类犬种专门用来猎水獭。它们称得上是捕猎高手，双层毛发偏油质，被毛防水，足趾间的蹼便于在水中恣意游动。猎水獭犬天性爱水，也是游泳健将，能追踪陆地和水里的气味，能在水下追踪猎物长达数小时。水獭是鱼类的天敌，数百年前人们为了防止它们过度捕鱼，展开了猎水獭的活动。后来猎水獭成了固定活动，但仍不及其他狩猎项目火爆。进入二十世纪，水獭数量开始减少。一九七八年，英国正式禁止猎水獭，直接导致猎水獭犬数量骤减。

直到十七世纪甚至更晚，人们一直认为猎水獭犬大多皮毛光滑。但作家杰维斯·马卡姆（约 1568—1637）在一六一一年将它们描述为"一种灰白色……毛发粗糙杂乱的猎犬"，这是首次出现的关于粗毛猎水獭犬的记述。而最早提及一群私有猎水獭犬的则是艾萨克·沃尔顿的《垂钓大全》（1653）。在书中，他提到赫特福德郡的拉尔夫·萨德勒就拥有一群。十八世纪，猎水獭犬在英国已备受推崇。十九世纪，人们引入了一批法国猎犬，与英国猎水獭犬杂交，这些犬种包括格里芬尼韦内犬、格里芬布雷斯犬和格里芬旺代犬。到了十九世纪末，法国康特卢克斯犬舍甚至引入了狼的血统，用一只格里芬布雷斯犬与灰狼交配。

同样在十九纪末，猎水獭犬与刚毛法国猎犬愈发相似。一八八九年，育犬者用英国最好的基础犬群打造了邓弗里斯郡犬群，它们是猎水獭犬中最出名的一组犬群。在配种过程中引入了一只名为巴克斯特的寻血猎犬和一只名为福瑞沃的格里芬旺代尼韦内犬。这两次尝试对该犬群日后的发展起了至关重要的作用。由于培养重心是工作能力，育犬者也频繁尝试引入其他类型的猎犬，以提高犬种水准。一九七八年，英格兰明令禁止捕猎水獭；一九八〇年，苏格兰也紧随其后，颁布了禁令。邓弗里斯郡猎水獭协会及肯德尔地区猎水獭协会的专业人士连同育犬者和养犬俱乐部，开始对剩余猎水獭犬进行注册。

二十世纪早期，美国首次引入猎水獭犬，并在一九〇七年展出了这个犬种。一九六〇年，美国猎水獭犬俱乐部成立。

比格猎犬

古老-英格兰-寻常

体形

♂/♀ 33-40.5厘米/13-16英寸。

外观

优秀而强健，身体结实；头部有力，头骨稍拱，吻部不长。瞳色为深褐色或浅褐色，神情温和恳切。耳朵长，位置低，耳尖圆润。颈部微拱；背线笔直而水平；胸部位置低于前肘；肋骨展度良好；腰部有力，腹部不过分紧收。尾巴位置高，兴奋地高举，但不卷过背；尾毛丰富，特别是下侧。

毛色

三色（黑/深褐/白色）、蓝色、白/深褐色、獾杂色、野兔杂色①、柠檬/白色、红/白色、深褐/白色、黑/白色、纯白色，尾尖为白色。被毛能抵御恶劣天气，毛发短小、浓密。

用途

猎兔、追踪，作心理理疗犬、速度赛犬，亦作展示犬、伴侣犬。

数百年前，比格猎犬作为小型猎犬被人繁育，至今仍在狩猎领域大放异彩。这个犬种属于嗅觉猎犬，活跃于群猎，擅长捕获小型猎物。猎人通常徒步跟随，不必骑马追赶。比格猎犬狩猎时的叫声十分独特。它们也是备受欢迎的伴侣犬，在美国尤受宠爱。这个犬种友善、极富魅力，活泼而讨人欢喜，只是有时略显聒噪。医疗机构用它们作心理理疗犬，执法机构则训练它们缉毒或发现炸药。

该犬种的早期历史已无从考证，但类似的小型猎犬可追溯到古希腊时期。古希腊作家色诺芬（约前430—前354）在《论狩猎》一文中提到了一种用于追捕野兔的小型猎犬。据推测，罗马人在征服欧洲、进驻英格兰的途中带着这样的小型猎犬，它们在英格兰渐渐演化成了比格猎犬犬种。一〇六六年诺曼征服时期，法国猎犬被引入英国，对英国嗅觉猎犬的发展起了关键作用。到了中世纪，已经有数种嗅觉猎犬存在了。历史依据表明，爱德华二世（1284—1327）和亨利七世（1457—1509）各养了一群小型嗅觉猎犬。十五世纪，第二代约克公爵爱德华在一篇谈论狩猎的文章《游戏之王》中提到了上述猎犬，并称其为"比格猎犬"。

起初，比格猎犬有几种类型。第一种体形比其他品种小很多，被称为手套比格猎犬或口袋比格猎犬。这种小猎犬甚至能被装进挎包或袖套里，猎人可以骑马轻松携带，到达狩猎地点后，再把它们放入浓密的灌木丛里，开始捕猎。伊丽莎白一世养了一群口袋比格猎犬。弗雷德里科·祖卡洛（约1540—1609）于一五七五年为她描绘的肖像画中便有一只。此外，美国还承认大型和小型两种体形的比格猎犬。

贵族承担得起犬群的巨额豢养费用，比格猎犬备受青睐。纵观十八世纪，猎狐日益风靡，人们对以猎兔为主的比格猎犬逐渐失去了兴趣，导致这个犬种数量下滑。所幸，牧师菲利普·哈尼伍德等爱好者努力维持了犬种数量。十九世纪三十年代，哈尼伍德在埃塞克斯打造了一群小体形的白色比格猎犬。一八九〇年，英格兰比格猎犬俱乐部成立；一八九一年，猎兔犬与比格猎犬所有者协会组建。两家机构的共同目标都是宣传并保护这一犬种。

在南北战争前的美国，南方人用小型猎犬捕猎狐狸和野兔。十九世纪六十年代早期，伊利诺伊州的罗莱特将军从英格兰进口了美国的第一只比格猎犬。美国养犬俱乐部则在一八八五年注册了第一只比格猎犬。一八八八年，美国国家比格猎犬俱乐部成立。一九一七年，威斯敏斯特全犬种大赛迎来了大量比格猎犬，意味着它们的人气持续高涨。此次犬展也成为按不同身高对比格猎犬分类的契机。

---

①或被归入"白/深褐色"，野兔杂色的主要特征是背部被毛尖端为黑色，"蝴蝶鼻"概率很大。

美国猎狐犬

现代-美国-稀有

体形

♂ 56-63.5 厘米 /22-25 英寸为宜。

♀ 53-61 厘米 /21-24 英寸为宜。

外观

强壮有力，活泼矫健，体态匀称。头部相对长，稍呈拱形；吻部较长，呈方形；瞳色为浅褐色或褐色，眼神温和；耳朵宽，位置较低，耳尖为弧形，紧贴头部；颈部长度合宜，非常有力；背部肌肉发达；腰部宽；前腿笔直；胸部深，不太宽；后躯发达，足部圆。尾巴位置相对较高，欢快地上举，以不卷过背线为佳。

毛色

任意一种合规的猎犬毛色或斑纹。毛发短小光滑，十分浓密。

用途

猎狐，作展示犬。

美国猎狐犬的根源要追溯到十七世纪的英国猎狐犬。它们演化成了敏捷灵活的猎犬，在群猎中表现出色，常活跃在广阔无垠的乡间旷野，发挥着出众的速度和韧性。一旦它们侦测到狐狸，便坚持不懈地一路追赶，直到猎物逃入地穴或气息全无。这种猎犬是捕猎狐狸和郊狼的专家，追赶猎物时会像许多嗅觉猎犬一样兴奋地吠叫。美国猎狐犬个性亲和，是伴侣犬的良选。不过它们较难被驯服，需要大量反复练习。同时，它们是群居动物，难以忍受孤独的生活。

一六五○年六月三十日，有位叫罗伯特·布鲁克的富有的地产主从英格兰搬到了马里兰州，带来了一群猎犬，这便是首次引入美国的猎犬。他在美国建立了宏伟的布鲁克庄园，矗立在马里兰州南部帕塔克森特河的西岸。布鲁克的猎犬奠定了美国猎狐犬及其他几种美系猎犬的重要基础。

十八世纪，马里兰和弗吉尼亚州处于殖民地时期，猎狐运动繁荣发展，为殖民者提供了相遇、交际与切磋的完美契机。第六代费尔法克斯勋爵托马斯（1693—1781）是早期猎狐运动的关键人物，对猎犬的发展起了重大作用。一七四七年，他在弗吉尼亚州北部培育出了一群猎狐犬。研究者普遍认为它们是最早的美国猎狐犬，主要供一小部分人享乐。

与此同时，乔治·华盛顿（1732—1799）在一七八九年当选美国第一任总统。他积极参与猎狐运动，也致力于繁育猎犬。华盛顿在日记中写道，他尝试用英国猎狐犬与爱尔兰、法国、德国的猎犬杂交，希望打造出"一群完美的猎犬"，使它们更加矫健、强壮而迅疾，适合在弗吉尼亚州广阔的乡间奔跑。华盛顿在他的弗农山庄园建造了大量犬舍，频频外出狩猎，他也因此获得了政府的大力支持。华盛顿的猎犬对美国猎狐犬的发展起了至关重要的作用。

猎狐运动日益风靡，狩猎俱乐部也纷纷建立，第一家是一八四○年在弗吉尼亚州成立的皮埃蒙特区猎狐犬俱乐部。美国早期的猎区为马里兰州、弗吉尼亚州和田纳西州，各地均有自己的犬舍，将最优秀的猎犬共同豢养在一起。几种主流的育种思路，分别孕育出了精于各个领域的猎狐犬，其家系包括特里格、沃克、古德曼和朱利。不同家系的犬存在一定的差异，但均被归类为美国猎狐犬，主要用途有四种：野外赛事、一名猎手带领的猎狐运动、追踪猎物、参与群猎。后来这些美国猎狐犬被大量用于群猎，这也是它们今日担任的主要角色。一八八六年，美国养犬俱乐部承认了这个犬种。不过它们通常不在这个俱乐部注册，而是选择国际猎狐犬登记簿或其他专门的猎狐犬登记渠道。

加泰霍拉豹犬

古老-美国-稀有

体形

♂ 61 厘米 /24 英寸为宜。

♀ 56 厘米 /22 英寸为宜。

外观

强壮矫健，警惕机敏。头部宽，双眼间或有皱纹；吻部深而有力；圆眼睛，瞳色为任意色或混合色，眼距较宽；耳朵短小到中等长度，三角形，呈下垂形态。颈部长而强健；从肩部起身长略大于高度；前腿高度约为肩部起的 50%-60%。腿部笔直，骨骼发达。背部宽，肌肉紧实；肋骨展度良好；胸部深，相对宽。足部呈椭圆形，足趾长，趾间有蹼。尾巴相对长，尾尖直竖或卷曲。天生短尾则为缺陷。

毛色

有各种颜色；色点、斑点、拼接状混合斑纹，除纯白或以白为主色调的任意纯色。毛发短小或中等长度，十分平坦，可为光滑至粗糙间的任意质感。

用途

牧牛、牧猪，作猎犬、伴侣犬。

　　加泰霍拉豹犬的起源与发展众说纷纭。普遍的观点是，它们来自十六世纪的路易斯安那州，与西班牙征服者，特别是埃尔南多·德·索托（约 1496—1542）息息相关。记录表明，当地的印第安人豢养着一种形似狼的犬类，它们发出的不是狼嚎，而是犬吠声。德·索托在一五四二年的一次探险中丧命，研究者认为这些本土犬与他留下的灵缇犬和马士提夫獒犬等"战犬"进行了杂交。这些战犬原本用于对抗印第安人。

　　印第安人将这些遗留犬与本土犬一起混养，主要集中在路易斯安那州中部北端的加泰霍拉湖周边地区，该犬种也因此得名。包括周边地区居民在内的早期居民用这些犬狩猎并围捕野猪。当地犬生来兼具捕猎与驱赶动物的能力，而今日的加泰霍拉豹犬也具备全面的放牧能力。它们以放牧牲畜的绝活著称，方式别具一格，并非依照传统守在牛群尾部，而是在牛群前端驱赶。加泰霍拉豹犬可以群猎，围住困兽，直到猎人前来。这展示了它们极强的合作精神和独立"思考"的智慧。

　　十八世纪早期，法国定居者陆续抵达路易斯安那州，带来了法国牧羊犬。本土犬和法国牧羊犬的混种奠定了现代加泰霍拉豹犬的基础。多才多艺是该犬种的闪光点之一，尽管擅于放牧的犬往往做不了出色的猎犬，但加泰霍拉豹犬常被用于狩猎各种野生动物。它们在追捕中一往无前、所向披靡，不仅擅于追踪，还能把猎物赶到树上无处可逃，静待猎人到来。它们嗅觉出众，除了捕猎，还能参与搜救工作，并为执法机构效力。这个犬种天生具备领地意识，能有效地看门护卫。

　　加泰霍拉豹犬有三条发展轨迹，它们颜色不一，体形各异。最大型的是普雷斯顿·莱特系，主要受到了德·索托的犬的影响；第二种是费尔班克斯先生培育的斑点犬或黄色犬；第三种是麦克米林先生培育的以蓝豹色、"玻璃"（蓝色）眼珠和体形最小为主要特点的犬群。由于培养方向主要侧重工作能力、性情与智慧，外观并非首要指标，所以培育出的加泰霍拉豹犬外形多样。对早期定居者而言，犬的作用是劳作，而非陪伴，所以他们只培育、繁殖最优秀的，淘汰那些相对虚弱的。这使该犬种具备超群的工作能力，同时也是极佳的伴侣犬，能满足人类纷繁的需求。

　　一九七九年，路易斯安那州将州犬定为加泰霍拉豹犬。一九九五年，英国养犬俱乐部承认了这一犬种。不过美国养犬俱乐部尚未承认。

布鲁泰克猎浣熊犬

现代-美国-中等

体形

♂ 56-68.5厘米/22-27英寸。

♀ 53-63.5厘米/21-25英寸。

外观

精壮矫健，肌肉发达。耳间距宽，头顶稍拱。吻部深，呈方形。眼睛大，深褐色瞳，眼距宽，眼神"恳切"；耳朵较长，位置低。颈部长度合宜，强劲有力，位置高，不竖直。身形近似方形，从肩部起身长略大于高度。背部强健，肩部向臀部略微下倾。胸部深，不太宽。肋骨展度良好，腹部紧实。尾根粗，向尾尖渐细，尾巴相对长，高举而微卷，但不卷过背。

毛色

深蓝色，身上有斑纹，背部、耳朵、身体两侧有黑色斑点。头部及耳朵近乎全黑，眼周、双颊、胸部、尾内侧或有深褐色斑纹，足部及小腿或有红色条纹。毛发柔滑而有光泽。

用途

猎浣熊、捕猎，作展示犬、伴侣犬。

外形独特的布鲁泰克猎浣熊犬源于美国南部在殖民时期引入的英国猎狐犬。它们与另外一些猎犬杂交，适应了美国复杂的地形和诸多猎物。布鲁泰克猎浣熊犬的毛发具有标志性的蓝色斑点和深色条纹，这个特征来自于法国猎鹿犬、大蓝加斯科涅猎犬和英国猎狐犬。今日的布鲁泰克猎浣熊犬与大蓝加斯科涅猎犬在外观上依旧保持一定的共性。这些法国猎犬从始至终都以"冷骚鼻"闻名，即能侦测到很久以前留下的（冷却的）气味，并追踪到底。英国猎狐犬则为"热骚鼻"，适合追赶存活的猎物，再加上出众的跑速，捕猎行动更是得心应手。布鲁泰克猎浣熊犬相对来说偏向冷骚鼻，它们会认真仔细、不屈不挠地追踪一股气息，而跑速比猎狐犬的祖先相对缓慢。

乔治·华盛顿是诸多猎犬的育犬者，他在弗农山庄园的犬舍豢养了大量法国猎犬，其中有七只来自拉法耶特侯爵。华盛顿曾形容这些猎犬的声音为"莫斯科钟声"。布鲁泰克猎浣熊犬跟法国猎犬一样叫声独特，拥有一张"会号叫"的嘴巴，能持续发出声音。它们会根据狩猎的不同阶段发出不同音阶，无论是追踪气息，将猎物赶向树木，还是最后将其困在树上，每一个步骤都会有截然不同的叫声。这项技能是这个犬种莫大的优势，能清晰地向猎人传达狩猎的进程。布鲁泰克猎浣熊犬也以惊人的体力和对各种地域超强的适应性著称。

布鲁泰克猎浣熊犬擅长捕猎多种猎物，包括美洲狮、短尾猫和熊，不过正如其名，它们最拿手的当属捕猎浣熊。布鲁泰克猎浣熊犬一旦侦测到浣熊的气息，便会百折不挠地沿路追赶，直到发现猎物的身影。它们将浣熊逼上树，通常还会试图跟着爬上去。有一些布鲁泰克猎浣熊犬像许多猎浣熊犬一样，生来就是爬树能手。浣熊狩猎通常在夜间举行，夜间猎浣熊赛也相当受欢迎。比赛期间，猎犬有一到两小时的时间搜寻和追踪浣熊，再把猎物赶到树上。如果它们选择的猎物不是浣熊，就会减分至最低等级。这项要求在高阶的赛事中更为苛刻，甚至会被视为违规，取消参赛资格。

布鲁泰克猎浣熊犬曾被称作英国猎浣熊犬。英国猎浣熊犬的育犬者想要培育出跑速快的热骚鼻犬，而在一九四六年，育犬者在保留该犬种色泽的基础上做出了颠覆性的改变。那年，一群育犬者相聚在伊利诺伊州的格林维尔，联合创办了布鲁泰克养犬同盟会，同时起草了犬种标准。同年，英国养犬俱乐部开始分别注册英国猎浣熊犬与布鲁泰克猎浣熊犬。一九五九年，该同盟会改为美国布鲁泰克育犬者联合协会。二〇〇九年，美国养犬俱乐部正式承认了这个犬种。

普罗特猎犬

现代-美国-中等

体形
♂ 51-63.5 厘米 /20-25 英寸。
♀ 51-58.5 厘米 /20-23 英寸。

外观
引人瞩目，勇往直前，强壮有力。面容精神，神情自信；瞳色为褐色或浅褐色；耳朵下垂，位置较高，耳间距宽；吻部长度合宜，下颌有力。从肩部向臀部的背线渐渐下倾；肋骨展度良好；侧腹紧收；胸部深，相对宽；前腿笔直。后肢有力，大腿长，肌肉发达，跗关节到足部短小而强健。尾巴较长，高高竖起，呈新月形。

毛色
任意渐变色的斑纹，鹿皮色、纯黑色。被毛柔滑而有光泽，短小到中等长度。

用途
猎熊、野猪及浣熊。

绝妙的斑纹、光洁的皮毛和矫健的身形让普罗特猎犬在众多美国猎浣熊犬中独树一帜。它们品质极佳、优雅高贵，让人很难联想到这样的犬种还有勇往直前、顽强不息的一面。十八世纪中期，人们开始培育这个擅长捕猎的犬种，若训练合宜，它们也能充当合格的伴侣犬。

普罗特猎犬在北卡罗来纳州成形并定性。它们的起源与一个叫约翰内斯·普罗特的男孩有关。一七五○年，这个德国男孩与兄弟伊诺克从德国移民美国，带来了五只品种不详的猎犬。据悉，其中三只为斑纹品种，另外两只是鹿皮色。伊诺克在漫长的航行中不幸丧命，约翰内斯最终定居北卡罗来纳州。这些猎犬的血脉延绵数百年，在德国一直负责与凶猛的野猪抗衡，以惊人的体能、勇气和不服输的劲头著称。对于住在乡下，备受熊和大型野兽困扰的约翰内斯来说，这些猎犬的品质必不可少。他用这些猎犬狩猎野熊，并继续繁育它们，壮大犬群基数。他曾声明从未让这些猎犬与其他品种杂交。

亨利是约翰内斯的儿子，一八○○年，他搬到了北卡罗来纳州的海伍德郡，并继承了家族的育犬事业。亨利培养出了一种更为出众的猎熊犬，而他的后代又将饲育工作沿袭了下来。当地的许多家庭纷纷向普罗特家索要这种猎犬，其中有些也为犬种发展做出了不容忽视的贡献。这些猎犬的血统相对纯粹，但也有人向基因库引入过其他犬种。

十九世纪八十年代后期，佐治亚州雷本郡的一个猎人让一只普罗特公犬与他的豹斑猎熊犬杂交，产下的小狗中，有一部分被送还给普罗特家，与纯种普罗特猎犬再度结合，继续沿袭原有的血缘。经此混种，这些猎犬的猎熊能力并没有丝毫衰退。还有其他杂交行为，文字记录表明，在二十世纪早期，育犬者曾用这些猎犬与布莱文斯猎犬混种。新生的猎犬背部有黑色斑纹，头部为深褐色，并擅长猎熊。现代普罗特猎犬的发展一部分要归功于戈拉·弗格森。一九二八年，弗格森让一只有斑纹的雌性普罗特猎犬与布莱文斯猎犬杂交，繁殖了两只公犬，名为鲍斯和泰格。这两只公犬便是今日绝大部分普罗特猎犬的祖先。

一九四六年，这种猎犬方才得名。为了纪念普罗特家族与它们漫长的历史，几经选拔，"普罗特"最终脱颖而出，诚然，其间不乏其他育犬者的努力与奉献。普罗特家族以外的标志性人物是戴尔·布兰登伯格，他在十九世纪四十年代晚期创建了先锋犬舍，培育了数不胜数的冠军犬。

一九四六年，普罗特猎犬的犬种标准得以制定，也得到了英国养犬俱乐部的承认。一九五三年，国家普罗特猎犬协会建立。一九八九年，该犬种正式成为北卡罗来纳州州犬。美国养犬俱乐部也承认了该犬种。这种猎犬在猎熊时勇往直前、不屈不挠，它们也常参与浣熊狩猎，本能地将猎物驱赶到树上，并冲其不断吠叫。对英勇无双的普罗特猎犬来说，不管多么艰险的地形都不在话下。

腊肠犬

古老－德国－寻常

体形

♂ / ♀

标准：9-12 千克 /20-26 磅。

最小：4-5 千克 /10 磅。

外观

体形相对长，身材矮小，体格健壮，活泼好动。头部长，从上方看头形别致，吻部稍拱，向鼻尖渐细，下颌有力。眼睛呈杏仁状，瞳色或深，或为较淡的巧克力色；耳朵宽，长度合宜，轮廓呈弧形，位置高。颈部长而强健，胸骨发达、突出。肩胛长，与上臂等长。前臂相对短，骨骼发达，微微内拢。身体长度大于高度。背部水平，肋骨展度良好；后躯发达，后腿大腿与骨盆呈适宜角度；小腿短，与大腿呈适宜角度。背线延伸至尾巴，尾巴微卷，不过度竖起。

毛色

白色之外的各种颜色，胸部有小块白色斑纹也可接受（但不受欢迎）。有三种毛发类型：平滑型，毛光洁、短小、浓密；长毛型，或直或呈微波浪卷，质感柔软；刚毛型，毛短小、笔直、坚硬，底毛浓密。

用途

猎獾或其他钻入地穴的猎物，作追踪犬，亦作展示犬、伴侣犬。

　　腊肠犬[①]是德国犬种，名字前半部分的"dachs"指"獾"，后半部分的"hund"指"猎犬"，是一种猎獾犬。腊肠犬有标准型和小型两种尺寸。矮小的身形并未阻碍它成为出众而无畏的猎手。它们因狩猎需求演化出两类体形：稍大的猎獾或狐狸，稍小的则猎兔或更小的啮齿类动物。腊肠犬另辟蹊径，既能在地面追逐，又能钻入陷阱或地洞中，衔回或杀死无处可逃的猎物。德国人会测量它们的胸围，衡量它们能钻入的地穴尺寸，从而判断其适合追捕哪种猎物。他们通常称腊肠犬为"泰克尔"或"达克尔"，不过"泰克尔"更倾向于工作犬。

　　中世纪或中世纪以前，便已存在一种身形长而矮的犬。十六世纪的记录表明，人们在德国森林中使用一种短足而强壮的犬猎獾。一六八五年，克里斯蒂安·波林尼在一本关于狗的书中提到了腊肠犬，称它们能在地下捕猎。

　　腊肠犬勇往直前、极富魅力，它们的基础犬群迄今没有定论，但大抵是德国宾沙犬、法国猎犬、巴吉度猎犬，可能也囊括了㹴犬。历经演化的腊肠犬无疑成了地下捕猎的翘楚。它们的嗅觉高度灵敏；前腿骨骼微微外翻，便于自由地刨土；修长的身体使它们能轻而易举地钻入地穴。今日的腊肠犬有三种毛发类型：平滑型、长毛型和刚毛型，其中平滑型的历史最悠久，是另两种的前身，而刚毛型到十九世纪才得以成形。

　　十九世纪，因维多利亚女王对这一犬种的青睐，腊肠犬在英国声名大噪。一八四〇年，维多利亚女王得到了第一只腊肠犬。这只名为瓦尔德曼的名犬来自德国，它曾出现在埃德温·兰西尔爵士和乔治·莫利的画作中。一八四五年，维多利亚女王拜访了阿尔伯特亲王的出生地科堡，从那里带回了腊肠犬戴克尔。它成了女王的最爱，毕生陪伴在她左右，直到一八五九年离世。女王的另一只爱犬名为波埃，在一八五七年诞生于温莎犬舍，父母分别是特朗普和茜比拉。女王还在一八七二年养了一只来自巴登的腊肠犬，叫瓦尔德曼六世。一八八一年，英国腊肠犬俱乐部成立，是世界上首家该犬种俱乐部。

　　腊肠犬广受人们的喜爱，名流、演员、政治家、总统，特别是艺术家身边经常出现它们的身影。巴勃罗·毕加索的爱犬便是腊肠犬，叫作朗普；安迪·沃霍尔则养了一对，取名为阿奇和阿摩司；大卫·霍克尼也养了两只，名为斯坦利和布吉，既出现在他的画作里，也曾被他写入书中。

---

① "腊肠犬"英文为 Dachshund。

罗得西亚脊背犬

古老-南非-寻常

体形

♂ 63-69 厘米 /25-27 英寸。

♀ 61-66 厘米 /24-26 英寸。

外观

矫健强壮，脊背处有独特的毛发。头部毛发平坦，长度适中，耳间距宽。吻部长而深，非常有力。圆眼睛尽显神韵，瞳色与毛色协调。耳朵位置高，中等大小，耳根宽，向耳尖渐细，尖端呈圆弧形。颈部强健，相对长。前躯肌肉发达，前腿笔直。胸部深，不太宽。背部坚实精壮，腰部微拱。尾根有力，向尾尖渐细，整体微卷。

毛色

淡小麦色到赤小麦色。毛发短小、浓密、光滑。背部沿着脊椎从肩胛到腰腿处长有独特的毛发。

用途

捕猎大型野兽、诱猎追捕，作护卫犬、展示犬、伴侣犬。

罗得西亚脊背犬的脊背处长有独特的逆毛，现在仅有三个犬种具备这一特性。逆毛的起点为肩胛后方，是一对形似"王冠"或螺旋状的毛发，脊毛一直延伸到臀部凸起处。该犬种的特征便是脊背处的逆毛。其他两种具有相同特征的犬种均发源于亚洲，一种是泰国东部的古老犬种泰国脊背犬，另一种是来自越南最大的岛屿富国岛的脊背犬。这个独特的共性表明，在某一特定时期，它们源于相同的祖先，不过并没有事实依据表明这些亚洲脊背犬曾被带到南非——罗得西亚脊背犬的故乡，也没有资料可以印证亚洲脊背犬和罗得西亚脊背犬曾影响过彼此的进化。公认的史前文明迁徙理论显示，亚洲犬或许是在早期历史进程中来到了南非。

罗得西亚脊背犬的基础犬群与科伊科伊人[1]息息相关，它们在上百年的岁月中与当地环境自然地融为一体。这些半野生的犬脊背处长着独特的毛发，能在故乡南非极端的气温下生存和繁衍。它们坚毅顽强，具备独立生活的能力。十五世纪晚期，葡萄牙人开拓南非海岸，却无意定居下来。一六五二年，荷兰在好望角附近建立殖

民地，德国和法国胡格诺派[2]紧随其后，第一批欧洲移民相继登陆。这批移民随行带着自己的家犬，包括马士提夫獒犬、大丹犬、灵缇犬和寻血猎犬，这些来自欧洲的犬种与本土脊背犬大量混养。殖民者试图通过犬种杂交，培育一种能抵御恶劣气候的新型猎犬。史上并没有留下关于杂交过程的具体记述，不过确实有一种新型犬应运而生。它们继承了本土犬种超群的体能和耐力，又秉承了欧洲犬优秀的捕猎和护卫技能。新犬种包括视觉猎犬和嗅觉猎犬。今日的罗得西亚脊背犬则继承了许多出众的狩猎技能；此外，早期混养的结果使这些犬对家人忠心耿耿，保护欲极强。它们具备守卫犬的价值，也是上乘的伴侣犬。有趣的是，历经多次杂交，南非本土犬脊背处别致的逆毛依然保存了下来。

该犬种的成形要追溯到一八七五年。传教士查尔斯·赫尔姆（1844—1915）从南非开普省的斯韦伦丹搬到罗得西亚（今日的津巴布韦），随行带了两只混种脊背犬，叫洛娜和鲍德。赫尔姆在今日的布拉瓦约市的一个十字路口处建立了"希望之泉"布教所。络绎不绝的旅人和为捕猎大型动物而来的猎人纷纷在此驻足，结识了这两只脊背犬。科尼利厄斯·冯·罗伊恩是位知名的猎手，专门捕猎大型野兽，他曾借用这两只脊背犬，带着它们一起踏上狩猎之旅。冯·罗伊恩为这个犬种深深着迷，迅速开展了繁育计划，试图培育出能捕猎大型野兽，甚至是狮子的犬种。这些新型犬应当能静静地追踪猎物，也具备猎狮所需的超群勇气。此外，它们还需要有出众的智力和体力，能在食物甚至水资源匮乏的情况下整日奔走，此外，卓越的捕猎技能也不可或缺。

冯·罗伊恩投入配种的具体犬种不详。根据其女儿的记述，他尝试过大量犬种，如南非本土犬与艾尔谷㹴，以及其他㹴犬、柯利犬、灵缇犬、斗牛犬和指示犬。冯·罗伊恩之子曾表示，父亲最出众的猎犬来自一只雌

①即霍屯督人，南非的游牧民族。
② 16 世纪至 17 世纪法国的新教徒派别之一。

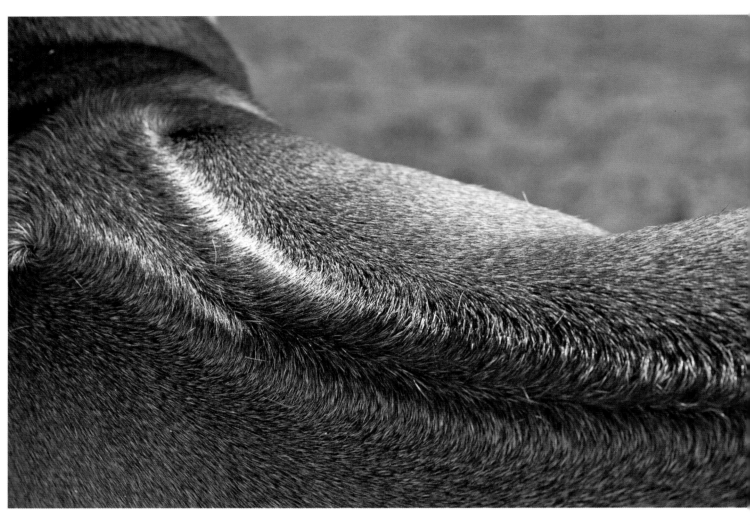
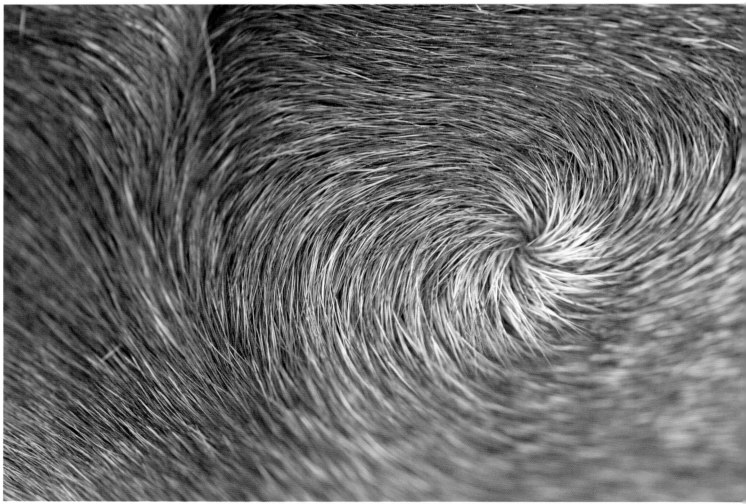

性柯利犬产下的混种。冯·罗伊恩的猎犬被称作狮子犬，以无与伦比的能力著称。他出售了大量猎犬，使它们在罗得西亚声名远播。

另一位对犬种发展做出突出贡献的是弗朗西斯·巴恩斯，他是布拉瓦约养犬俱乐部的活跃分子。巴恩斯从冯·罗伊恩那里引入一只脊背狮子犬后，便不假思索地继续购入许多只。一九二二年，罗得西亚脊背犬（狮子犬）正式得名，犬种标准的制定主要归功于巴恩斯和另一位育犬者B.W.达勒姆。犬种俱乐部随即成立。一九二六年，南非犬业协会承认了这个犬种。现在，罗得西亚脊背犬已成为南非最受欢迎的犬种。

据推测，罗得西亚脊背犬大约在二十世纪早期被引入英国和美国，具体时间不详。第二次世界大战后，这一犬种大量涌入英美。一九五二年，大不列颠罗得西亚脊背犬俱乐部成立，最开始犬种数量极少，但它们迅速蹿红，二〇一一年已上升到约一万一千只。一九五五年，美国养犬俱乐部承认该犬种，它们在今日最受欢迎的犬种排行中位列前五十名。罗得西亚脊背犬原本是出色的猎犬，在猎物面前尽显威严，但它们也能成为人类优秀的伴侣犬，对儿童态度友善。它们忠诚亲和，也能威严地守卫家园。

第六章
灵动与睿智

当今枪猎犬的种类繁多，有的是古老品种，有的是现代品种。它们起初都是工作犬，性格温和，几乎无一例外。枪猎犬睿智忠诚，对人类高度服从，易于训练，天性待人友好，也难怪它们的爱好者遍布全世界，始终在最受欢迎的犬种排行中占据一席之地。

工作枪猎犬又称运动犬，一直以来，它们单独或成对跟随一名猎人行动，并不像许多嗅觉猎犬那样参与群猎。今日，枪猎犬大多猎鸟，不过历史上也有一些犬种会捕猎其他小型甚至大型猎物，比如匈牙利维兹拉犬、魏玛猎犬和德国短毛指示猎犬。

枪猎犬原为工作犬，自十九世纪起，犬展开始出现，许多育犬者便将不同犬种培养成展示犬。这使绝大多数枪猎犬出现了显著差异。工作犬的繁殖原则是工作能力重于外在形象，而展示犬的重点在于尽可能贴近犬种标准。两者都是上乘的伴侣犬，不过工作犬需要达到更高的训练标准。

当代枪猎犬主要分为三组：激飞猎犬、指示猎犬或蹲猎犬，以及寻回犬。激飞猎犬以猎鹬犬为代表，它们与猎人或枪手密切合作，在大地上疾驰，将鸟儿从地上赶

① 即猎人仅通过口哨或手势命令猎犬转向、前进或返回，找寻并衔回掉落的猎物。

向空中。它们的视线紧随鸟儿的飞行轨迹，以预判它们中弹后将坠落何处。指示猎犬常成对行动，与猎人或枪手保持一定距离。一旦发现鸟类，便会发出威慑声使其停在原地，并向猎人或枪手指示所在地点，等待他们随后赶来。主人一声令下，它们就将鸟儿逼向空中，观察击落的方位，以便衔回。寻回犬主要用于寻回水鸟及其他鸟类。它们伴随猎人或枪手，密切观察鸟儿的坠落轨迹，负责衔回。当主人通过口哨或手势指示猎物坠落的方位时，它们也能"盲寻"①。枪猎犬必须沉着冷静、对人高度服从。它们常与其他犬合作，配合必须默契，不可互相争夺猎物。

自十八世纪起，特别是十九世纪，持枪狩猎才得以推广。包括拉布拉多寻回犬、切萨皮克海湾寻回犬、金毛寻回犬和德国短毛指示猎犬在内的许多枪猎犬蓬勃发展起来。在这段时期，人们开始明确各个犬种，并在世界范围内建立犬舍，其中包括一八七三年成立的英国养犬俱乐部和一八八四年成立的美国养犬俱乐部。这些机构启用优良犬种登记簿，记录犬的血统和履历，并先后制定了犬种标准。不过，百余年前便活跃着许多独特的猎犬。除了视觉猎犬和嗅觉猎犬，这些术业有专攻的猎犬还包括指示猎犬类和猎鹬犬组犬群，它们为蹲猎犬的

演化做出了贡献。这些猎犬主要捕猎鸟类和小型猎物，狩猎方法非常特殊，不像嗅觉猎犬那样"嗅探地面"，而是"嗅探空气"。

公元前十七年的记录证实了"水猎鹬犬"的存在，之后的记载则提到了水猎鹬犬及陆猎鹬犬。十九世纪的作家约翰·沃尔什曾描述过公元前四十三年罗马人携猎鹬犬进行狩猎活动的情形。早期最为翔实的记载则来自十四世纪加斯顿·菲比斯的《狩猎之书》。书中写道，猎鹬犬来自西班牙，擅于驱赶鸟类，并将其从水中衔回。

"蹲猎犬"今日主要有英国蹲猎犬、爱尔兰蹲猎犬、戈登蹲猎犬及爱尔兰红白蹲猎犬四种，它们均在十四世纪前后由猎鹬犬分化而来。一旦侦测到猎物，蹲猎犬会通过下蹲来向主人发出信号，这也是它们得名的原因。指示犬的起源成谜。研究人员推测，它们与猎鹬犬及蹲猎犬并行发展。指示猎犬来自西班牙，而后蔓延到整个欧洲大陆。它们通过"指向"提示猎物的方位，具体表现为纹丝不动，单爪抬起，尾巴呈水平状。古老的西班牙指示猎犬、法国指示猎犬和其他猎犬犬种对一些"现代"犬种的发展起了关键作用，如德国短毛指示猎犬和魏玛猎犬。它们多与匈牙利维兹拉犬、意大利斯皮奥尼犬和其他犬种并称为猎犬、指示猎犬及寻回犬。其中许多犬种在近二百年间得以发展，它们多才多艺，满足了一切狩猎和枪猎的需求，既奔驰于大地之上，又活跃于水域之间。

十九世纪，各种枪猎犬协会开始推广野外赛事和野外测验，旨在用比赛的方式测试这些猎犬的工作能力。赛场设在野外，赛程模拟整日的枪猎过程。这些赛事的竞争性质表明，主办者希望继续提高这些犬种的狩猎技能。赛场上的最高成就莫过于赢得双料冠军，即包揽展示犬和工作犬的桂冠。当然，这种情况相对罕见。

英国史宾格犬

古老-英国-寻常

体形

♂ 51 厘米 /20 英寸为宜。

♀ 48 厘米 /19 英寸为宜。

外观

体态匀称，身体结实，极富活力。头骨长度适中，相对宽，稍圆拱，下垂的上唇明显，呈方形。眼睛中等大小，呈杏仁状，深褐色瞳，眼神温和而机警。叶状耳，偏长偏宽，紧贴头部；颈部挺拔微拱，肌肉发达；身体强壮。胸部深，肋骨展度良好，腰部紧实而微拱。

原剪尾；尾巴位置低，长有饰毛，永不过背。

毛色

深赤褐色与白色、黑色与白色或上述色任意搭配，缀以深褐色斑纹。被毛可抵御恶劣天气，毛发直，耳朵、前腿、身体有饰毛。

用途

作狩猎犬、枪猎犬，负责赶鸟、寻回，也作速度赛犬、缉毒犬、炸弹嗅探犬，还作展示犬、伴侣犬。

英国史宾格犬讨喜、好动而聪慧，是出色的工作枪猎犬。它们对生活满怀热忱，即便地形崎岖、道路险阻，依旧整日不知疲倦地工作。极好的性格与过人的勇气相得益彰，在欢声笑语的家庭中是上乘的伴侣犬。史宾格①一名源于该犬种的工作方式，它们会冲向鸟儿加以驱赶，待鸟群如"喷泉"般四散到空中，猎人便能轻易瞄准开枪。英国史宾格犬同时也是优秀的寻回犬，能胜任这两项工作。

英国史宾格犬到一九〇二年才在英国正式获得犬种认证，并有了固定犬名，但它们的历史极为悠久。这个犬种的历史相对复杂，主要有两个原因：一是缺少史实依据，二是对"猎鹬犬"（Spaniel），即"西班牙猎犬"的模糊使用。研究者普遍认为，Spaniel 一词源于西班牙的罗马名"Hispania"，而"西班牙猎犬"则是来自西班牙的犬类。说起本土犬，西班牙猎犬要追溯到更远的中亚与中国。这些猎犬一路西迁，最终抵达西班牙，并发展为独特的枪猎犬。研究者推测，这些勇敢的狗儿陪伴罗马人穿越欧洲大陆，进驻英国。有记载提及公元前十七

① Spring 的音译，有喷泉之意。

年的"水猎鹬犬"，证实在此阶段存在陆猎鹬犬和水猎鹬犬两种犬。十九世纪的英国作家约翰·沃尔什在写到罗马人时则提到了"陆猎鹬犬"，称它们在狩猎时负责指示并驱赶鹰隼。值得一提的是，大约在十世纪，《豪厄尔达威尔士法》中便记述了猎鹬犬，并限定了"史宾格犬"的养犬官一日内服用的酒精量（研究者认为豪厄尔达草拟了《威尔士法》，不过那时并未留下任何明文记载）。

十四世纪以来，开始频频出现史宾格犬的相关记载：英国诗人杰弗雷·乔叟（约 1343—1400）写过这一犬种，加斯顿·菲比斯在中世纪狩猎著作《狩猎之书》中生动描绘了它们。他写道，猎鹬犬来自西班牙，主要参与鹰猎。它们适合携网捕猎，能将禽类从水中衔回。在猎人启用热兵器狩猎前，猎鹬犬（及其他枪猎犬）负责驱散鸟群，将它们赶向网中，猎物包括山鹬、鹌鹑、野鸡，或野兔、狐狸之类的小猎物。书中提到的这种猎犬具备典型的猎鹬犬特征，它们从十六世纪起便频繁出现在艺术作品中，虽然这些记载并未指明上述猎犬就是"史宾格犬"，不过其形象与现代史宾格犬如出一辙。

到了十六世纪，来自西班牙的猎犬均被称为猎鹬犬，但它们的分类更加明晰，分成了水陆两类，还根据适配猎物作了进一步的细分。学者凯厄斯在其所著的《英国犬》（1570）中形容史宾格犬能驱散鸟类，另一种则能指示鸟类（古老西班牙指示犬）。包括这本书在内的诸多记载都将这些猎犬形容成白色或黑白相间，具有"松软下垂"的大耳朵。根据上述外观描述，这些用于鹰猎和"驱散"鸟类的猎犬极有可能是现代史宾格犬的祖先。十七世纪，人们对这种"驱散"鸟类的猎犬做出了具体描述，进一步将它们划分为两种尺寸，较小的那种被称作"可卡"猎鹬犬。

在这段时期，猎鹬犬多以所属的庄园或犬舍命名，特别是史宾格犬。它们（与其他犬种一起）由诺福克

公爵豢养，也被称为诺福克猎鹬犬。猎鹬犬与其他猎犬犬种一样，常出现在皇室或贵族的犬舍，是皇室不可或缺的一部分。詹姆斯二世（1633—1701）极其宠爱他的史宾格犬姆普尔，这只猎鹬犬也来自诺福克公爵。一六八二年，詹姆斯二世在格洛斯特号战舰搁浅时，仅携带"这只猎鹬犬和牧师"出逃，为人指责。

十九世纪初，猎鹬犬主要根据大小分成三种。体形最大的是英国猎鹬犬，又称田野小猎犬，包括诺福克猎鹬犬、威尔士猎鹬犬、克伦伯猎鹬犬和萨塞克斯猎鹬犬。第二种是可卡犬，又叫可卡猎鹬犬，它们比前者稍小一点，主要用于猎丘鹬。最后一种体形最小，属家庭犬组，被称为玩具犬。即便是同一窝幼仔，也会根据体形和颜色的不同被称为史宾格犬、威尔士犬或可卡犬，在一定程度上造成了误解和混淆。十九世纪，育犬者不注重纯种犬的繁育，而侧重培养工作能力，混合饲养最优秀的工作犬。约翰·沃尔什在他的《不列颠群岛犬》（1867）中写道："从形体和比例而言，诺福克猎鹬犬像是加宽版的英国蹲猎犬，只是个头更小。这个犬种非常能干，它们遍布英国，血统并不纯正。"什罗普郡阿夸雷特的博伊家族可以说是唯一的例外，他们称得上是现代英国史宾格犬真正的缔造者。一八一二年，博伊家族开始致力于打造纯血统犬种，这项事业一直持续到了二十世纪三十年代。

一八九九年，威廉·阿克莱特创建了运动猎鹬犬协会，在自己的德比郡庄园举办了第一场野外赛事。虽说此前便有诸如博伊家族的育犬者致力于打造纯种血统，不过该协会的建立在很大程度上鼓舞了更多爱好者投身其中。一九〇二年，英国养犬俱乐部正式承认英国史宾格犬为独立犬种。次年，F. 温顿·史密斯豢养的比奇格罗夫·威尔成为首只荣获挑战证书的英国史宾格犬，并在一九〇六年斩获桂冠。一九二一年，英国史宾格犬俱乐部成立。同一时期，一系列犬舍纷纷建立，包括比奇格罗夫、里温顿、阿文戴尔及蒂辛顿犬舍。第二次世界大战期间，犬种注册数量起伏不定，但从战后开始成倍增长。英国史宾格犬现已成为最受欢迎的犬种之一，原本是工作犬的它们在野外赛事中极具竞争力，在展示环节作为伴侣犬的魅力也不可小觑。参加两种赛事的赛犬往往在类型上存在差异。

殖民者将猎鹬犬带到了美国，其中有两只位列五月花号[①]（1620）的名单上，不过具体品种不详。猎鹬犬很快在美国赢得人气。一八八一年，美国猎鹬犬俱乐部成立，现已成为美国养犬俱乐部可卡猎鹬犬分类的家长俱乐部。一九〇七年，欧内斯特·威尔斯为新泽西州的罗伯特·杜蒙·福特进口了一些猎犬，它们便是最早进入美国的英国史宾格犬。一九一〇年，美国养犬俱乐部注册了第一只史宾格犬，名为德恩·露西。一九二四年，英国史宾格犬野外赛事协会成立；一九三二年，犬种标准得以制定（以英国版为蓝本）。二十世纪四十年代，育犬者培育出了"双项冠军"犬，同时获得野外赛事和展示环节的两项大奖。但从战后开始，参加两种赛事的赛犬区别日益扩大。今时今日，工作史宾格犬和展示史宾格犬的差异已不容忽视。

---

①英国运载清教徒移民北美洲殖民地的船。

英国可卡犬

古老-英国-寻常

体形

♂ 39-41 厘米 /15.5-16 英寸；
13-14.5 千克 /28-32 磅。

♀ 38-39 厘米 /15-15.5 英寸；
13-14.5 千克 /28-32 磅。

外观

活泼喜人，擅长运动，身体结
实。神情非常温和，倍显聪慧。
头骨发育良好，轮廓分明；吻
部呈方形；瞳色为深褐色或褐
色；叶状耳，位置低，覆以顺
直光滑的长毛。颈部长度适宜
而挺拔，身体强健紧实；胸部
深；从后腰起，水平的背线向
尾部渐渐下倾。尾巴比背线稍
低，水平翘起；原剪尾，但不
过短；未剪的尾巴微卷，长度

中等，尾毛合宜。

毛色

纯黑色、红色、金色、赤褐
（巧克力）色、黑 / 深褐色、赤
色 / 深褐色，仅胸部有少量白
色。或黑 / 白色、橙 / 白色、
赤褐 / 白色、柠檬黄 / 白色，
或有斑纹。或为蓝调杂色、橙
调杂色、柠檬黄调杂色、赤褐
杂色、蓝调杂色 / 深褐色、赤
褐杂色 / 深褐色。毛发光滑平
实，前腿、身体、后腿跗关节
以上的大腿部位有羽状饰毛。

用途

作狩猎犬、枪猎犬，负责赶鸟、
寻回，亦作展示犬、伴侣犬。

英国可卡犬常显得兴致勃勃，非常讨喜，频频摇尾
的样子让人忍俊不禁。它们勤勉能干，整日奔波也充满
活力。像大多数史宾格猎鹬犬同类一样，对工作乐此不
疲。亲和的个性和高度服从的天性使它们成为家庭伴侣
犬的上上之选。

百年前，"猎鹬犬"组才被细化成不同犬种，此前，
这些猎犬主要分成两类：水猎鹬犬和陆猎鹬犬。陆猎鹬犬
基于适配猎物或育犬地划分大类，继而根据体形和颜色
进一步细分。体形稍大的称为英国猎鹬犬，又称田野小
猎犬；稍小的则被称作可卡犬。这些体形稍小的猎犬适合
冲散丘鹬（英文名为 woodcock）之类的小鸟，可卡犬
便得名于此。

十八世纪晚期出现了一些关于可卡犬的记载。一七
九〇年，托马斯·比威克的《四足动物通史》便记载了
"史宾格犬"和"可卡犬"，尽管他在书中似乎指的是同
一类犬。一八〇一年，西德纳姆·爱德华兹编纂的《大

英百科全书》将陆猎鹬犬分成两类：史宾格鹰猎猎鹬犬
和可卡猎鹬犬。约翰·阿什顿在《十九世纪初的英格兰》
（1886）中描述了"猎鹬犬捕猎鸟类"的过程，并提及
它们往往成对工作。可卡犬原用于驱散鸟类，时至今日，
它们又多了一项衔回的功能。随着火器射程的扩大，猎
物可能在更远的地方跌落，这就要求负责驱散它们的猎
犬也接受衔回的训练。

一八八五年，猎鹬犬俱乐部在英国成立，旨在推
广不同品种的猎鹬犬，鼓励它们参与运动赛事，归纳
犬种标准。一八九二年，英国养犬俱乐部将可卡犬与
田野小猎犬、史宾格猎犬区分开来，认证为独立犬种。
一九〇二年，可卡犬俱乐部成立，成为该犬种的家长俱
乐部。美国可卡犬犬种标准大大不同于英国版，导致了
美国可卡犬犬种的诞生。一八八一年，美国猎鹬犬俱乐
部成立。

作为宠物，可卡犬备受欢迎，它们同时也是出色
的猎犬，是野外赛事中强有力的竞争者。可卡犬作为
野外赛犬，人气忽高忽低，而作为展示犬却愈战愈勇，
俨然成为克鲁夫茨犬展全场总冠军的有力竞争者。工
作可卡犬和展示可卡犬的区别相当显著，除了外观，在
精力和活动能力上也截然不同。育犬者着力于工作可
卡犬体能的培育，因此它们能在崎岖不平的路段自由
奔走，且不受恶劣天气的影响。可卡犬要成为伴侣犬，
则需要接受相当多的训练。展示可卡犬的精力比工作
可卡犬的稍弱，两者最大的共同点是令人交口称赞的
好脾气。

爱尔兰水猎犬

现代–爱尔兰–稀有

体形

♂ 53-58 厘米 /21-23 英寸。
♀ 51-56 厘米 /20-22 英寸。

外观

聪明干练，挺拔壮实。头部扬起，头顶呈拱形，长宽合宜；吻部长而有力，接近方形。面部毛发短小平滑；眼睛小，呈杏仁状，瞳色为褐色至深褐色间的任意过渡色，表情聪慧。长耳朵位置较低，呈椭圆形，紧贴双颊。颈部有力而微拱；背部短小宽阔，呈水平状；腰腹深而宽；脚掌大，边缘为弧形，趾间及足趾上长有细密的毛发。尾巴短，位置低，不到

跗关节，尾根直而粗，向尖端渐细，尾尖顺滑，造型优美；前 7.5-10 厘米覆以浓密的卷毛，到分界点无过渡，直接转为无毛或短小光洁的直毛。

毛色

纯赤褐色至深赤褐色，带有或少量或大量的紫色，可称"紫褐色"。被毛浓密，毛发卷翘，偏油质。顶髻为长卷，从下颌至胸骨的喉部覆有 V 字形的浓密毛发。

用途

作狩猎犬、枪猎寻回犬、速度赛犬，亦作展示犬、伴侣犬。

爱尔兰水猎犬的被毛卷翘而防水，顶髻为长长的大卷，尾似"鼠尾"，这些特征让它们与众不同。该犬种原被叫作"鞭尾犬"或"鼠尾犬"，是猎鹬犬中体形最大的犬种，也是目前仅存的水猎鹬犬。该犬种现存数量非常有限，在一定程度上反映出人类对不同犬种起起伏伏的偏好。爱尔兰水猎犬有漫长的育种史，以工作枪猎犬为最主要用途。无论地形如何险峻崎岖，它们都能轻松驾驭，在沼泽和湿地的表现也极为出色。爱尔兰水猎犬以顽强的毅力和超凡的体能著称，它们热情洋溢，智商很高，是出色的工作犬。经过充分的练习和服从训练，天性幽默讨喜的爱尔兰水猎犬也能成为优秀的伴侣犬。

精力旺盛的现代爱尔兰水猎犬发源于十九世纪，不过它们真正的历史要追溯到更远古的时代。十二世纪，南爱尔兰的香农已有形态相似的犬。爱德华·托普塞（1572—1625）在他的《四足动物史》（1607）中记述了"水猎鹬犬"，这是对该犬种祖先最早的文字记载之一。

据作者本人阐述，书中的大量内容基于瑞士博物学者康拉德·格斯纳（1513—1565）在一五五一年到一五五八年间完成的著作《动物史》。

爱尔兰水猎犬的演化史中不乏其他犬种的参与，诸如贵宾犬、多种寻回犬及猎鹬犬。十九世纪前，爱尔兰水猎犬存在两种或三种系谱，包括南方犬、北方犬，也可以算上特威迪水猎鹬犬。这三条血脉早已断绝，谱系间存在一定差异：特威迪犬毛色发白；北方犬耳朵短小，被毛卷曲，呈赤褐色，或混有白毛；南方犬耳长，毛发卷曲，腿部有羽状饰毛。现代爱尔兰水猎犬与南方犬犬系最为相似，不过据研究者推测，三种犬存在一定程度的混种。现代爱尔兰水猎犬的成形要归功于贾斯汀·麦卡锡，他在十九世纪中期以爱犬"水手长"（1834—1852）为基础打造了纯血统爱尔兰水猎犬。水手长是南方水猎犬的后代，也是现代爱尔兰水猎犬的基础犬。麦卡锡培育的犬先后在十九世纪的犬展中取得骄人的成绩。一八九〇年，爱尔兰水猎犬俱乐部在爱尔兰成立。

一八七七年，四只爱尔兰水猎犬参加了威斯敏斯特全犬种大赛，不过美国养犬俱乐部到一八八四年才承认该犬种。一九三七年，康涅狄格州的马歇尔先生及马萨诸塞州的霍尔夫人建立了美国爱尔兰水猎犬俱乐部，并于同年举办了首场犬展和野外赛事。在英国，运动爱尔兰水猎犬俱乐部于一九〇八年成立。不过受战争的影响，该组织被迫解体，直到一九八九年才得以重建。运动爱尔兰水猎犬俱乐部旨在推广该犬种作为工作枪猎犬。第二家则是成立于一九二六年的英国爱尔兰水猎犬协会，旨在保护和推广该犬种。

英国蹲猎犬

古老–英国–稀有

体形

♂ 65-69 厘米 /25.5-27 英寸。

♀ 61-65 厘米 /24-25.5 英寸。

外观

高贵优雅，飒爽矫健。头部较长，微倾而上扬；吻部较深，呈方形；眼睛大，椭圆形，非常传神，瞳色为浅褐色到深褐色的任意过渡色；耳朵位置低，长度适宜，折叠处齐整，悬垂而紧贴双颊。颈部长而挺拔，微微前倾，颈脊稍拱；胸部深陷，背部短，呈水平状；腰部宽而稍拱。尾巴几乎与背线持平，长度中等，弯成半月形，底侧有羽状饰毛。

毛色

黑 / 白色（蓝色贝尔顿），橙 / 白色（橙色贝尔顿）、柠檬 / 白色（柠檬色贝尔顿）、赤褐 / 白色（赤褐色贝尔顿）或三色（蓝色贝尔顿 / 深褐色；赤褐色贝尔顿 / 深褐色）；不宜有过重的斑纹，条带状斑纹遍布全身为佳。被毛平滑，长度中等。

用途

猎鸟，负责指示、驱散，或寻回猎物，作展示犬、伴侣犬。

英国蹲猎犬是猎犬中的古老犬种，也是英国最优雅的枪猎犬之一。令人遗憾的是，它们现在岌岌可危，已被英国养犬俱乐部列入"濒危本土犬种"名单，所幸美国境内的数量相对乐观。数量起伏反映了养犬界的风尚变迁，不过迄今为止，幼犬数量依旧严重短缺。英国蹲猎犬性格温和、友善，具备出色的工作能力。它们既是优秀的伴侣犬，又是活跃的枪猎犬。

该犬种的历史要追溯到十四世纪，它们由猎鹬犬发展而来。起初，英国蹲猎犬被称作"蹲猎猎鹬犬"或"蹲猎犬"，凭借灵敏的嗅觉在广袤的高沼地寻觅鸟类的蛛丝马迹。一旦侦测到目标，它们便面朝其"下蹲"或蹲踞，维持姿势不动，通常会抬起一只前爪进一步指明方位。收到信号的猎人会携网靠近，蹲猎犬把握时机一跃而起，将鸟儿赶向网中。到了十八世纪，"蹲猎猎鹬犬"改称为"蹲猎犬"。现今有四种蹲猎犬得到承认，分别为英国蹲猎犬、爱尔兰蹲猎犬、爱尔兰红白蹲猎犬及戈登蹲猎犬。

狩猎在很大程度上是拥有大型犬舍的贵族阶层的特权，蹲猎犬的发展也与他们的犬舍息息相关。十七世纪，卡莱尔伯爵詹姆斯·海培育了一脉蹲猎犬的重要血源，这些猎犬的毛色被形容为"大理石蓝"，白色的被毛上遍布黑色条纹。"贝尔顿"一词现指该犬种中白色底毛与不同颜色的条纹的搭配。到了十九世纪，蹲猎犬细分为多个独立犬种，而现代英国蹲猎犬的发展要大大归功于爱德华·莱夫拉克先生（1800—1877）的育种项目。该项目基于一只名为老莫尔的母犬和一只名为彭托的公犬。莱夫拉克购入老莫尔时不禁惊叹，这是他见过的最完美的蹲猎犬。为打造独特品种，他采用了血系繁殖的方式，培育出的犬兼具出众的狩猎技能与展示级别的外观。一八五九年，第一场蹲猎犬犬展在泰恩河畔的纽卡斯尔举办。

随着犬展和野外赛事的日益成熟，英国蹲猎犬分化为专属的工作犬和展示犬两类，并一直沿袭至今。在现代展示赛中，英国蹲猎犬多被称作"莱夫拉克犬"。工作英国蹲猎犬的发展与演化主要归功于理查德·卢埃林（1840—1925）。卢埃林的繁殖项目主要基于莱夫拉克的基础犬群，为打造出更理想的工作犬，他同时引入了其他几脉血源。延续这一血脉的犬被称作"卢埃林犬"。美国的芝加哥野外猎犬登记簿将卢埃林犬认定为独立犬种，不过英国养犬俱乐部和美国养犬俱乐部均未承认。十九世纪六十年代，美国首次进口英国蹲猎犬。一八八四年，美国养犬俱乐部承认了该犬种。一八九〇年，英国蹲猎犬野外赛事俱乐部成立。一九五一年，英国蹲猎犬（展示）协会正式组建。

戈登蹲猎犬

古老-英国-中等

体形

♂ 66 厘米 /26 英寸；
29.5 千克 /65 磅。

♀ 62 厘米 /24.5 英寸；
25.5 千克 /56 磅。

外观

外形靓丽，肌肉发达。头深而窄；吻部较长，深度不及长度；耳朵薄，位置低，紧贴头部；深褐色瞳，眼神机敏。颈部长而稍拱；胸部深，不太宽；背部长度适宜；腰部宽而稍拱。尾巴或直或微呈弯刀形，长度不及跗关节，与背线持平或低于背线，尾部有羽状饰毛，从尾根向尾尖渐细。

毛色

深邃的亮黑色，有栗色斑纹。头部、前腿、耳尖毛发短小、细腻光滑，其余位置的毛发无小卷或波浪卷。耳上部、腿后侧、腹部有羽状饰毛。毛发柔软有光泽，长度中等。

用途

捕猎，负责指示、冲散、寻回鸟类，作展示犬、伴侣犬。

戈登蹲猎犬是四种蹲猎犬犬种之一，体形最大，也最为壮硕；其余三种是英国蹲猎犬、爱尔兰蹲猎犬及爱尔兰红白蹲猎犬。戈登蹲猎犬比其他亲族步履更慢，但毅力超群，能不知疲惫整日奔走，以出众的体能和狩猎技能著称。该犬种智商很高，粗犷的外表下深埋着对亲人无尽的忠诚与友善。戈登蹲猎犬属于工作枪猎犬，并以这个身份活跃了数百年之久。它们常被称为"个人枪猎犬"，最适合独立追随主人，毕生进退与共。

戈登蹲猎犬的起源要追溯到十四世纪，源自猎犬中的"猎鹬犬"组。随着时光的流逝，猎鹬犬演化出了各自的特性。"蹲猎犬"，又称"塞特犬"，在侦测到鸟类猎物时会面朝其蹲踞，以一动不动的姿态指示目标及方位。当猎人意识到猎物的所在，便会张开大网，等猎犬一跃而起，将受惊的鸟儿赶向网中。说到现代戈登蹲猎犬的发展就要提起戈登公爵四世，他在苏格兰高地的戈登城堡养了一批猎犬。戈登公爵对该犬种的发展做出了突出贡献，不过在他饲养数年前，已存在一些天然的黑色及深褐色枪猎犬。杰维斯·马卡姆大约在一六二一年创作了《饥饿的预防：水陆捕鸟艺术》一书，他在书中将这些猎犬形容为"黑色及淡黄色的蹲猎犬"。

英格兰北部的许多犬舍都豢养了黑色及深褐色的工作犬，包括后来成为莱斯特伯爵的托马斯·威廉·科克（1754—1842）的犬舍。研究者认为，戈登公爵的基础犬群来自莱斯特伯爵的育种计划。十九世纪的一些书籍表明，这些黑色及深褐色的蹲猎犬可能通过与寻血猎犬杂交，打造出了戈登蹲猎犬的基础。

一八七三年，该犬种首次登记时的名字是黑褐色蹲猎犬。到了一九二三年，才更名为戈登蹲猎犬。早期具有广泛影响力的两位育犬者是十九世纪末的罗伯特·查普曼和二十世纪上半期的艾萨克·夏普。查普曼给自己的犬冠以"石南"[1]的前缀，它频频在展示赛中斩获桂冠。夏普为自己距戈登城堡不远的犬舍引入了石南猎犬的血源，后来他成为世界知名的育犬者。一八九一年，英国第一家相关犬种俱乐部建立，在一战期间解散。一九二七年，英国戈登蹲猎犬俱乐部成立，至今仍致力于保护和推广该犬种。两次世界大战直接导致该犬种数量下滑，许多庄园也因此荒废。不过二战后，该犬种数量逐渐回升。

美国在一八四二年从戈登城堡犬舍进口了一些戈登蹲猎犬。它们与另外三种蹲猎犬都在美国赢得了可观的人气，不过常被育犬者混养。一八八四年，美国养犬俱乐部承认了该犬种。一九二四年，美国戈登蹲猎犬俱乐部建立。不像其他几种蹲猎犬，工作用和展示用的戈登蹲猎犬差距甚微。它们多才多艺，既是无懈可击的工作枪猎犬，又是完美亲和的居家良伴。

---

① Heather，音译"希瑟"，意为杂色、似石南的。

德国短毛指示猎犬

现代-德国-寻常

体形

♂ 58-64 厘米 /23-25 英寸。
♀ 53-59 厘米 /21-23 英寸。

外观

气质高贵，矫健有力。头部毛发齐整，头骨稍圆。下颌有力；眼睛大小中等，瞳色为各种色调的褐色。表情机敏而丰富，讨人欢心。耳朵宽，位置高，耳尖呈弧形，紧贴头部。颈部微拱，挺拔有力；前躯强壮；胸部深度大于宽度；背部短小；腰部宽，微拱。后躯有力，大腿肌肉发达。原剪尾至五分之二长度，未剪的尾巴长度中等，尾根有力，与背线持平或低于背线。

毛色

纯赤褐色、赤褐色/白色斑点、赤褐色/白色斑点、雀斑、赤褐色/白色雀斑、纯黑色，或黑白渐变色（非三色）。毛发短小平整，质感粗糙。

用途

追踪、寻回、指示，作速度赛犬、服从赛犬，亦作展示犬、伴侣犬。

作为多才多艺的猎犬，德国短毛指示猎犬是枪猎犬中的"奇迹"。在故乡德国，它们被唤作克兹哈犬（短毛犬），欧洲大陆则称其为德国克兹哈犬。德国短毛指示猎犬属于"HPR"犬种，"HPR"代表"狩猎、指示及寻回"（hunt，point and retrieve）。除了在近年来的枪猎活动中大放异彩，它们在野外赛事和指示测验中也颇受欢迎，具备狩猎诸多猎物的全面能力，既能捕猎各种鸟类，又能攻获多种小型猎物；地面上的疾驰自然不在话下，水中捕猎也是拿手好戏。德国短毛指示猎犬举止优雅，活力充沛，智商超凡。它们服从度高，还相当亲近人。

德国短毛指示猎犬的起源要追溯到十九世纪。那时寻常百姓刚刚拥有狩猎与枪猎的权利，可以合法购买或租借大片土地行猎。这从前都是贵族专属的权益。德国猎人研究培育出一种全能猎犬，能追踪、指示、驱散及寻回多种猎物。它们从水中或陆上衔回猎物，勇往直前地应对狐狸、野猫及野鹿等猎物。此外，它们还需具备家庭伴侣犬的特质。

在德国短毛指示猎犬演化前，德国有一些小型指示犬，主要是西班牙指示犬的后裔。一七一四年，松德斯豪森一家早期的犬舍记录了三种指示犬。研究者认为，西班牙指示犬、德国指示犬和来自法国的指示犬参与了德国短毛指示猎犬的进化，此外可能还包括多种德国嗅觉猎犬、法国加斯科大猎犬、英国指示犬及英国猎狐犬。最初的基因库涉及诸多犬种，而一些早期的注册犬则出身"不详"。一八七二年，纯血犬的注册开展，德国养犬俱乐部的登记簿上记录了第一只德国短毛指示猎犬，名为赫克托尔一世。赫克托尔一世长有赤褐色和白色相间的毛发，体形较大，形似猎犬。尼禄和特雷夫是两只早期的德国短毛指示猎犬，也是该犬种的基础犬群。

普林斯·阿尔布雷克特·索姆·布劳恩菲尔斯是早期指示犬育犬者之一，他在德国布劳恩菲尔斯拥有一间名为狼磨坊的大型犬舍，豢养了指示犬、蹲猎犬及许多混种犬。一八八〇年，相关犬种俱乐部成立，并于一八九一年更名为克兹哈俱乐部，该组织现更名为德国克兹哈犬协（DKV）。经过多年严格的繁育，德国短毛指示猎犬从形态和能力上都尽显王者风范。德国克兹哈犬协的注册要求通过形态评估及野外测验。德国短毛指示猎犬在展示赛和野外赛频频赢得双料冠军的事实已成为品种优质的有力证据。

一八八七年，德国短毛指示猎犬在英国犬展亮相，却没能当即赢得英国养犬者的欢心。直到第二次世界大战后，军人陆续从德国返乡，带回了一批德国短毛指示猎犬，这一犬种才迅速蹿红。一九五一年，德国短毛指示猎犬俱乐部成立。一九五四年，英国举办了该犬种的首届赛事。一九六二年，英国养犬俱乐部将野外赛事冠军颁给了德国短毛指示猎犬。今时今日，德国短毛指示猎犬专属的野外赛事频频举办，它们的声望也早已享誉世界。

匈牙利维兹拉犬

现代-匈牙利-中等

体形

♂ 57-64 厘米 /22.5-25 英寸；
20-30 千克 /44-66 磅。

♀ 53-60 厘米 /21-23.5 英寸；
20-30 千克 /44-66 磅。

外观

别致的金茶色，高贵出众，精力充沛。耳间距较宽，比吻部略长；吻部整体渐窄，但尖端仍呈方形；褐色鼻。眼睛中等大小，瞳色与毛色色调一致，但相对更深；耳朵位置低，肉厚，毛发光滑，下垂并紧贴双颊，整体呈圆滑的 V 字形。颈部长度适中，有力而稍拱；背部短小水平，肌肉紧实；胸部深，宽度合宜；胸骨突出，腰腹收敛。尾巴位置低，原剪尾至三分之一长度，不剪尾则长度达跗关节，尾巴粗细合宜，微卷，移动时水平翘起。

毛色

金茶色。毛发短小细密，顺直光滑，闪着光泽。

用途

捕猎，负责指示、寻回、追踪，作速度赛犬、展示犬、伴侣犬。

匈牙利维兹拉犬具有不可思议的魔力。它们个性十足，历经家乡匈牙利艰难岁月的重重磨砺，险些于二十世纪绝迹。虽然幸免于难，却损失了大量早期的血谱记载。今时今日，该犬种在匈牙利得以重建，并成为国犬。

匈牙利维兹拉犬的故事要追溯到古老的匈牙利马札尔游牧民时期，他们来自北亚、西亚及中亚。这些猎犬应该是喜马拉雅山及西藏山区的马士提夫獒犬与猎犬的混种。公元八九五年，居住在中东欧广阔的匈牙利平原的马札尔人以放牧、狩猎和农耕为生。他们的家犬肩负起了追踪、指示、衔回及搜寻食物的任务。马札尔人培育出的猎犬聪慧能干，具有敏锐的嗅觉。它们能准确锁定鸟类猎物，将其赶向猎人身旁。当地人始终坚持进行特定育种，相关记载显示，这些猎犬的毛色为"金色"。最早关于"维兹拉犬"的记载要追溯到一三五〇年左右，维兹拉是多瑙河流域一个村落的名字，这个名字喻示着该犬种正是发源于此。

十六世纪以来，狩猎在贵族间盛行，他们开始选择性地繁育出色的猎犬。不容忽视的是，即便在被当作猎犬培育和使用的日子里，匈牙利维兹拉犬也是人类重要的伴侣犬。历史上，它们与人类家庭同栖共憩，越是被友善对待、悉心照料，就越能激发出它们无穷的潜力。

到了十九世纪，匈牙利维兹拉犬被德国人、奥地利人和英国人分别带回故乡，纳入本国猎犬犬群储备，而维兹拉犬在匈牙利的核心储备则日益减少。一九一七年，一家名为狩猎神的机构成立，旨在保护该犬种。这家机构精心挑选了三公九母共十二只维兹拉犬。匈牙利今日的维兹拉犬全都源自这十二只猎犬。一九二〇年，马札尔育种协会建立，并制定了犬种标准。

第二次世界大战给匈牙利维兹拉犬带来了毁灭性的打击，险些使它们灭绝。成千上万的匈牙利人弃犬逃离。有些人成功带走了自己的猎犬，正是他们让犬种得以延续。二十世纪五十年代，匈牙利维兹拉犬抵达美国。一九五三年，美国马札尔维兹拉犬俱乐部成立。一九六〇年，美国养犬俱乐部承认该犬种，同时去除犬种名中的"维兹拉"一词。

在英国，一九五三年，英国养犬俱乐部注册了两只匈牙利维兹拉犬，其他的均由美国进口而来。一九六三年，英国从法国进口了一只名为约兰·德拉·克雷斯特的匈牙利维兹拉犬，七度将其作为种犬进行配种。英国现今留存的许多不同血统的犬都是它的后代。一九六八年，匈牙利维兹拉犬俱乐部成立，初期成员仅有二十五名。一九七一年，英国养犬俱乐部将该犬种从稀有犬种中移除。今时今日，匈牙利维兹拉犬俨然成为备受欢迎的犬种，拥有广泛的爱好者。

魏玛猎犬①

现代-德国-中等

体形

♂ 63.5-68.5 厘米/25-27 英寸。

♀ 58.5-63.5 厘米/23-25 英寸。

外观

优雅高贵，强壮独特，毛发为灰色。头部长度适中；表情庄重，尽显聪慧；吻部与头部长度一致。眼距较宽，瞳色呈琥珀色的渐变色或蓝灰色。耳朵长，微折，呈叶片状，位置高。从肩部起计算的身高与身长一致，背线水平，臀部稍倾，胸部深陷，背部平坦，腹部微收。原剪尾；不剪尾则长度达跗关节，尾根向尾尖渐细，放松时位置低于背线，兴奋时则略高，但不过背线。

毛色

银灰色为佳，可有鼠灰或鱼籽灰的渐变色，头部及耳朵的颜色稍浅。背部常有黑色条纹。被毛短小光滑，有金属光泽；长毛魏玛猎犬的毛长为 2.5-5 厘米。

用途

原用于捕猎大型猎物，负责捕猎、指示、寻回、追踪，作速度赛犬、展示犬、伴侣犬。

德国的魏玛猎犬美貌且能力出众，既是优秀的猎犬，又是可亲的伴侣犬。集强大的工作能力、好脾气和漂亮的外观于一身，在德国经过精挑细选，严格育种，大约于两百年前发展为独立品种。魏玛猎犬的典型特征是拥有独特而魅力十足的毛色，颜色从银灰色到鼠灰色，闪耀着金属光泽，它们也因此被称为"灰色幽灵"。历史上的魏玛猎犬大多是短毛犬种，不过也有长毛的个例。欧洲和英国的养犬俱乐部已承认长毛犬种，而美国养犬俱乐部尚未接纳它们。德国魏玛猎犬俱乐部的机构标志上印有长毛和短毛两个类型。最早为人所知的长毛魏玛猎犬幼仔来自一九七三年。同一时期，德国从奥地利进口了第二只长毛犬。此后，长毛魏玛猎犬在英国赢得过展示犬和工作犬两项冠军，但数量依旧稀少。

魏玛猎犬的起源难以考证。一些艺术作品中描绘的与其外形相似的犬类，喻示着它们可能产生于十七世纪。这些早期猎犬后来参与了选育，很可能是魏玛猎犬的前身。有研究者称其祖先是比利时圣休伯特犬演化的寻血猎犬。也有人认为魏玛猎犬和德国短毛指示犬的祖先群体相似，包括德国猎犬、指示猎犬及法国加斯科大猎犬。

研究人员普遍认为，魏玛猎犬更"现代"的发展要追溯到德国贵族在魏玛的宫廷。萨克森-魏玛-艾森纳赫大公卡尔·奥古斯特酷爱运动和骑猎，在魏玛的大型犬舍中豢养了大量猎犬。它们便是魏玛猎犬的基础犬群。这些猎犬起初被用于捕猎大型野兽，如狼、野猫和鹿，以高超的捕猎技巧闻名，被称为"灰色猎犬"。到了十九世纪下半期，它们的狩猎目标开始向鸟类及其他小型猎物转移。于是育犬者对该犬种的繁育核心逐渐变成了捕猎、指示及寻回。德国贵族们严格把控着魏玛猎犬的所有权及繁殖水准，对该犬种迅速而扎实的发展起了至关重要的作用。

一八九六年，犬种标准得以制定。一八九七年，纯种银灰魏玛指示犬繁殖俱乐部成立，现已更名为魏玛猎犬俱乐部，同年犬种登记簿开放注册。成为该俱乐部的会员资格限制重重，而只有会员才有资格繁育魏玛猎犬。R.H.佩蒂少校在德国服役期间参加狩猎活动，与这种犬结下了不解之缘，并于一九五二年将其引入英国。次年，大不列颠魏玛猎犬俱乐部成立，英国养犬俱乐部注册了该犬种。作为优秀的猎犬/枪猎犬，魏玛猎犬迅速走红，更成为野外赛事指示犬/蹲猎犬组中的明星。后来，它们又在英国的德国短毛指示犬俱乐部组织的赛事中大放异彩。

---

① 又译作威玛猎犬。

意大利史宾诺犬

现代-意大利-中等

体形

♂ 60-70 厘米 /23.5-27.5 英寸；34-39 千克 /75-86 磅。

♀ 58-65 厘米 /23-25.5 英寸；29-34 千克 /64-75 磅。

外观

体形粗犷，精力充沛，身体呈方形，被毛粗糙。头骨与吻部同长，呈椭圆形；吻部深度合宜，轮廓直而微倾，从前方观察呈方形。眼神温和，似通人性。眼睛近似圆形，眼距较宽，瞳色与被毛相宜。耳朵下垂，呈三角形，位置低，覆以浓密的毛发，尖端触及双颊。颈部短小坚实，胸部深而宽，肩部到臀部的长度与肩部及地的高度一致。背线从肩部逐渐下倾，继而从腰部向上提升，腰部宽。臀部向尾巴下倾，腹部微微收起。原剪断一半尾巴；不剪尾则尾根粗，下垂或水平抬起。

毛色

纯白色、白 / 橙色、橙色杂色、白色混褐色斑纹，或褐色杂色。口唇、鼻子、眼周、脚趾、脚掌颜色与被毛一致，纯白色犬为肉色，混褐色犬则为褐色。被毛浓密、粗糙而平坦，长度约为 4-6 厘米，眉毛、髭须及山羊须更长。

用途

捕猎、指示、寻回，作展示犬、伴侣犬。

意大利史宾诺犬属于全能的枪猎犬，被纳入"狩猎、指示、衔回"猎犬组。与多数同系猎犬一样，它们脾性极佳。多才多艺的史宾诺犬能捕猎多种猎物，并从陆上或水中寻回猎物。史宾诺犬在捕猎时步速偏慢，会目标明确地侦察，因此常被形容为"步履缓慢"。这种描述并不贴切，其实该犬种的跑速很快，捕猎时的步履也不慢，只是相较其他猎犬跑速偏慢。史宾诺犬毛糙皮厚，被毛浓密，能保护它们在层层灌木中和环境严苛的狩猎场所自由穿梭。

意大利史宾诺犬到十九世纪才得名，该名源于荆棘密布的黑棘林——黑刺李（prunus spinosa）。此地让猎手望而却步的自然环境是小型猎物的天然屏障，而史宾诺犬则是为数不多的能在这里活动自如的犬种之一。意大利史宾诺犬以卓越的嗅觉著称，意大利人在第二次世界大战期间用它们追踪德国军队，取得了惊人的成效。据说该犬种能根据战靴的光泽度来区分德国和意大利的将士。

即便没有事实依据支撑，研究者也普遍认为意大利史宾诺犬的起源要追溯到史前以及罗马帝国时期。有些学者认为该犬种的祖先来自东欧；有些则认为它们是蹲猎犬的后裔，或演化自古老的刚毛意大利猎犬，这是一种具有类似特征的嗅觉猎犬。可以明确的是，它们继承了"指示猎犬"的血脉，基于所处地域的特征演化出了独特的个性。

二十世纪上半期，意大利猎人将目光转移到了跑速更快的犬种身上，如猎鹬犬和蹲猎犬，再加上二战带来的毁灭性打击，使该犬种几近消亡。一九四九年，犬种专家阿德里亚诺·切雷索利教授进行了一项关于意大利史宾诺犬的研究，以确定犬种数量。他发现有些育犬者尝试用硬毛指示格里芬犬、鲍莱特格里芬犬和德国刚毛指示犬与这种犬杂交，使该犬种延续。后来，他写了一本关于史宾诺犬的书，名为《意大利史宾诺犬》（1951）。

二十世纪五十年代，具有意大利血统的英国钢琴家阿尔伯托·森普里尼首次将意大利史宾诺犬引入英国。但直到二十世纪八十年代，该犬种才在英国盛行。一九八一年，玛丽·摩尔和鲁斯·塔特萨尔引进了四只史宾诺犬，与其他进口犬共同繁育，建立了该犬种在英国的基础犬群。一九八三年，大不列颠意大利史宾诺犬俱乐部成立，并于一九八九年举办了第一场公开犬展。一九九四年，英国养犬俱乐部首次将冠军颁给一只史宾诺犬。第一只全奖冠军叫森特林·泽杰罗。二〇〇〇年，该犬种被美国养犬俱乐部承认，不过在美国的数量依旧相对稀少。

切萨皮克海湾寻回犬

现代-美国-中等

体形

♂ 58-66 厘米 /23-26 英寸。

♀ 53-61 厘米 /21-24 英寸。

外观

身体壮实有力，体形匀称。被毛呈独特的波浪状。头骨宽而圆，表情机敏；吻部渐窄，长度与头骨长度接近。眼睛大小适中，非常清澈，黄色或琥珀色瞳，眼距较宽。耳朵相对小，位于头顶处，位置合宜。颈部长度适中，挺拔有力；体长恰到好处；胸部深而宽；背线水平或后躯略高于肩部。侧腹微收；肩部及后躯强壮；足部似兔爪，趾间有蹼。尾巴长度中等，或直或微卷，移动时水平翘起或比背线略高，但不超过背线。

毛色

枯草色（稻草色至凤尾草色的过渡色）、莎草色、褐色或灰色混合色。胸部、腹部、足趾及脚掌或有白色斑点。被毛厚实短小，粗糙呈油质；底毛浓密光滑，羊毛质感；颈部、肩部、背部及腹部的毛发呈波浪卷。被毛高度防水。

用途

为皇家狩猎伴侣，负责寻回，特别善于从水中衔回水禽，亦作展示犬。

切萨皮克海湾寻回犬从水中寻回猎物的能力令其他犬种望尘莫及。它们天生喜欢水，水性极佳，能在刺骨的水中自如工作。该犬种在二百年前作为枪猎犬被定向培育；今时今日，除了本职工作，它们在工作赛事、服从赛事、速度赛事中均有不俗的表现，在满足训练要求的前提下，也能成为出色的伴侣犬。切萨皮克海湾寻回犬个性亲和，对主人忠心耿耿，对亲近的人极具保护欲，有很强的领地意识。它们智商很高，性格倾向于独立，需在幼时接受训练。

切萨皮克海湾寻回犬的起源无从考证，只有一些蛛丝马迹，这在所有犬种中也较为罕见。一八五二年，一封乔治·劳在一八四五年所撰写的信被公开，记述了一艘英国双桅船在一八〇七年遭遇的海难。当时，劳正驾驶着一艘名为坎顿的美国船，目击了这艘英国双桅船在海中苦苦挣扎的过程。这艘不幸的船正航行在从纽芬兰驶向英格兰南部普尔港的途中。事发后，劳迅速展开救援，并在救援过程中发现了两只幼犬。它们虽被记录为纽芬兰犬，却应该是体形更小且已绝迹的圣约翰水犬。随后，劳从英国船长手中买下了这一公一母两只幼犬，船长称其为"最受认可的纽芬兰犬种"。劳随后在弗吉尼亚州的诺福克停泊，让获救的英国船员上岸，随后继续自己的航程。他在这里将公犬"水手"交给了韦斯特里弗的约翰·默瑟，将母犬"坎顿"托付给了斯帕罗斯角的詹姆斯·斯图尔特博士。

后续关于水手的文字记载形容它"体形合宜"，强壮有力，吻部较长；暗红色毛发，面部、胸部有白色斑纹，瞳色极浅。浅琥珀色瞳色是该犬种今日的显著特点之一。这份记载还提到水手的被毛十分厚实，几乎完全防水，双层油质毛发使它在水中活动自如。水手曾与许多犬种的犬交配，包括卷毛寻回犬、爱尔兰水猎犬、蹲猎犬、指示猎犬和多种寻回犬。坎顿则留在了马里兰州西部，以高超的捕猎技能驰名，先后与多只寻回犬和其他品种的猎犬混种。水手和坎顿在马里兰州东西部的后代均在猎鸭界名声大噪。一八七七年，分别继承两者血统的猎犬后代参加了巴尔的摩家禽和鸽友协会展览，高度一致性使两者迅速被公认为同一犬种——切萨皮克海湾猎鸭犬，该犬种进而细化为三种类型。

一八七八年，美国养犬俱乐部承认了切萨皮克海湾寻回犬，将其分类到枪猎犬组。一九一八年，旨在推广该犬种的美国切萨皮克犬俱乐部成立，并于一九三二年举办了首届寻回赛。时至今日，切萨皮克海湾寻回犬在同类赛事和野外赛事中均有不俗的表现。一九六四年，马里兰州正式将其定为州犬。

拉布拉多寻回犬

现代-加拿大/英国-寻常

体形

♂ 56-57 厘米 /22-22.5 英寸。
♀ 55-56 厘米 /21.5-22 英寸。

外观

身体强壮，背部较短，英姿飒爽。头部宽，下颌中等长度；眼睛大小适中，褐色或浅褐色瞳，表情充沛，眼神温和，尽显机敏。耳朵位置相对靠后，贴近头部。整体体形匀称。胸部深宽合宜，肋骨展度良好，背线水平，腰部宽而有力。别致的"水獭"尾，尾根粗，向尾尖渐细，覆以厚实的毛发，外轮廓呈圆弧形，中等长度，欢快地竖起。

毛色

纯黑色、黄色、赤褐色（巧克力色）。黄色从淡奶油色到红狐狸色，胸前或有白色斑点。被毛短小浓密，无波浪卷或羽状饰毛；底毛防水。

用途

捕猎或枪猎，负责水陆寻回，作辅助犬、警犬、速度赛犬、服从赛犬，亦作展示犬、伴侣犬。

拉布拉多寻回犬简称拉布拉多犬或拉布，是现代犬种育犬史上的传奇成功案例，如今在世界犬种受欢迎排行榜中位居榜首。它们多才多艺，能在工作犬和伴侣犬的角色间自如切换。此外，智商奇高、脾性极佳都是它们成功的基础。

拉布拉多寻回犬的历史要溯及加拿大纽芬兰岛的圣约翰犬。这些猎犬发源于十六世纪，经历了漫长的发展与演化。早期，来自英国、爱尔兰和葡萄牙的渔夫陆续定居此地，带来了他们的工作犬，人们主要用犬拉渔网、拖曳小型船只和搬运连接船只的绳索。这些猎犬天生通水性，在发展过程中进化出了防水的被毛，现代拉布拉多犬也具备这两项特征。圣约翰犬体形适中，温和易驯，具备敏锐的寻回直觉和不容小觑的智商。

自十七世纪起，英格兰的普尔港和纽芬兰之间形成了一条成熟的渔业商贸航线。十九世纪早期，渔民开始将圣约翰犬售往英国城镇。这些猎犬售价很高，只有英国富有的贵族买得起。第五代巴克卢公爵、其兄约翰·斯考特勋爵、第二代马姆斯伯里伯爵和拉德克里夫先生均在此时从普尔进口了这种猎犬。这几位先行者，以及巴克卢公爵和马姆斯伯里伯爵的继任者为拉布拉多犬的发展奠定了基础，并在巴克卢及马姆斯伯里犬舍孕育出了该犬种的雏形。基础犬群包括十九世纪八十年代的公犬巴克卢·雅方、巴克卢·内德、马姆斯伯里·特兰普，以及母犬马姆斯伯里·朱诺。由于重税和豢养禁令，纽芬兰的圣约翰犬逐渐消失，恰逢英国对该犬种的育犬伊始期。二十世纪，圣约翰犬几近绝迹。英国将拉布拉多与纽芬兰两省名字混淆，采用"拉布拉多"作为犬名。第三代马姆斯伯里伯爵在一八八七年的一封信中首次记录了这个称谓。

早期的拉布拉多犬大多为纯黑色，也有少量继承了圣约翰犬的特征，胸前有白色斑纹，被称为胸章犬。一些原始圣约翰犬的被毛为黄色或巧克力色，喻示着这种毛色存在隐性基因。研究者推测，早期育犬者曾尝试培育这种毛色的犬，但直到十九世纪末才成功，首只黄色的英国产拉布拉多犬在英国养犬俱乐部注册。二十世纪六十年代，一只名叫库克里奇·坦戈的巧克力色拉布拉多犬在英国的比赛中拔得头筹，使巧克力色迅速风靡。一九〇三年，英国养犬俱乐部承认了拉布拉多寻回犬。一九一六年，国家拉布拉多寻回犬俱乐部成立。

直到二十世纪早期，猎人发现拉布拉多犬是猎鸟的得力干将，该犬种才流行于美国。它们出众的才能愈发显而易见：短小而防水的毛发不易结冰，使它们成为优秀的水中猎犬。一九一七年，美国养犬俱乐部注册了包括布罗克赫斯特·弗劳思与布罗克赫斯特·内尔在内的第一批拉布拉多犬，不过注册进展相对缓慢，截至一九二七年注册数仅为二十三只。一九二八年，《美国养犬俱乐部杂志》刊载了一篇名为《结识拉布拉多寻回犬》的文章，该犬种在美国的命运终于得到了巨大的改变。一九三一年，拉布拉多寻回犬俱乐部成立，并于同年十二月在纽约切斯特城的格伦米尔宫廷庄园举办了首场

野外赛事。美国外交官、政治家兼拉布拉多育犬者 W. 埃夫里尔·哈里曼是美国育犬事业的最大赢家。他所经营的雅顿犬舍成为拉布拉多寻回犬的领衔犬舍。一九三八年，雅顿犬舍的布兰成为第一只登上《生活》杂志的犬。布兰也是第一只美国野外赛事冠军犬，而它的姊妹——雅顿的迪科伊拿下了美国野外赛事母犬冠军。雅顿犬舍的另一只拉布拉多犬——雅顿的谢德，则三度荣获国家冠军的殊荣。

第一只黄色的拉布拉多犬名为金克莱文·洛斯比。它于一九二九年在美国注册，是一只英国进口犬的后代。第一只巧克力色（记述为"红褐色"）的拉布拉多犬则叫奇尔顿福利埃特的戴弗，它注册于一九三二年，也是一只在英国长大的犬。而首只美国繁育的巧克力色犬叫肯诺韦的富奇，注册于一九四○年。第二次世界大战后，拉布拉多犬在美国的数量急速蹿升，到了一九九一年俨然成为全美最受欢迎的犬种，领衔二十余年。

今时今日，拉布拉多犬按外观分为两类，不过美国养犬俱乐部和英国养犬俱乐部将它们统称为拉布拉多寻回犬。野外赛事犬接受专门的寻回和枪猎犬训练，比起展示犬，它们腿部更长、体重更轻，也更加矫健。两种拉布拉多犬具备一定的相似特质，即性格绝佳、冰雪聪明、极富个性，是绝好的居家良伴。

金毛寻回犬

现代-英国-寻常

体形

♂ 56-61 厘米 /22-24 英寸。

♀ 51-56 厘米 /20-22 英寸。

外观

周身金色，强健有力，自信满满，性格温和。头骨宽；吻部深而宽，非常有力。深褐色瞳，眼距较宽，神情友好。耳朵尺寸合宜，与眼睛位置大致持平；颈部长度适中，肌肉发达；接合较短，体形匀称；背线水平，胸部深；足部圆，似猫足。尾巴位置较高，翘起后与背线呈水平状，到跗关节。

毛色

金色至奶油色的任意渐变色，胸前或有白色毛发。毛发平坦或呈波浪卷，或有优美的羽状饰毛。底毛厚实且防水。

用途

捕猎或枪猎，负责寻回，作辅助犬、速度赛犬、服从赛犬，亦作展示犬、伴侣犬。

金毛寻回犬是世上最受欢迎的犬种之一，它们多才多艺，以完美的脾性著称。这个犬种原为工作枪猎犬，如今也能担负这份职责。凭借强大的能力，它们还肩负着其他各式各样的工作，包括搜救、追踪、缉毒、勘测炸弹、辅助聋哑人士等。作为家庭伴侣犬，金毛寻回犬的表现也无可挑剔。它们才华横溢、敏捷活泼、服从度高，也极易受驯，人气可谓实至名归。

该犬种的起源要追溯到十九世纪的苏格兰。达德利·库茨·马奇班克斯爵士，即后来的特威德茅斯男爵建设了几家大型犬舍，豢养了许多狩猎犬和枪猎犬。一八五四年，特威德茅斯买下了距尼斯湖不远的巨大的玖瑟坎庄园。他扩建犬舍，也扩展了育犬活动，而金毛寻回犬，即当时的黄色寻回犬正是发源于此。一八六四年，特威德茅斯买下了一只该犬种早期的黄色犬，起名为努斯。他的犬舍已豢养了几只"寻回犬"和特威德西班牙水猎犬，它们毛色淡，坚毅顽强，是水性极佳的枪猎寻回犬。一八六七年，有人送了特威德茅斯一只名叫百丽的雌性特威德西班牙水猎犬。次年，百丽与努斯被养在一起，很快诞下了四只黄色的幼犬。它们长大后又继续与其他犬种混种，包括特威德西班牙水猎犬、红色蹲猎犬、卷毛寻回犬及寻血猎犬，为现代金毛寻回犬打下了基础。

一九〇八年，哈考特子爵首次将金毛寻回犬带到克鲁夫茨犬展参展，不过那时该犬种尚未独立，仍被归为平毛寻回犬。一九一一年，金毛寻回犬俱乐部（GRC）成立，并于一九一三年被英国养犬俱乐部承认，同时获得了独立于其他寻回犬种的首肯。一九一一年，犬种标准制定，初期的标准不接受奶油色被毛，更青睐金色毛发，后来奶油色也受到了肯定。目前的标准则不接受"红色或红褐色[①]"毛发。一九三一年，金毛寻回犬俱乐部举办了首场野外赛事，金毛寻回犬的出类拔萃尽显无疑，人气也自此高涨。

到了二十世纪三十年代，金毛寻回犬被运往世界各地，包括北美洲、南美洲、肯尼亚、印度、法国、荷兰及比利时。一九二五年，首只金毛寻回犬伦伯代尔·布隆丁获美国养犬俱乐部承认并于美国注册，不过当时记录的犬种为"寻回犬"。直到一九三六年，美国养犬俱乐部才将其定性为独立犬种。一九三八年，美国金毛寻回犬俱乐部公司成立。S.马哥芬上校是该俱乐部组建的头号推动者，也是早期金毛寻回犬在美国发展的重要贡献者。而将他领进门的是加拿大温哥华的克里斯托弗·波顿。波顿常带着他的金毛寻回犬参加狩猎活动，他曾赠予马哥芬一只名叫斯皮德威尔·布鲁托的公犬。这只优秀的金毛寻回犬后来先后成为美国和加拿大的冠军犬，并频频作为种犬配种。马哥芬又在科罗拉多州建立了吉尔诺基冠军犬犬舍，现在许多金毛寻回犬的血缘都要追溯到这里。

---

① Mahogany，即桃花心木色。

第七章

坚忍与精神

多数㹴犬发源于苏格兰、英格兰、爱尔兰及威尔士，少部分经过精挑细选被皇室豢养，绝大多数的主人则是平民百姓，用它们控制害兽，捕猎狐、獾等地上地下的野兽。将猎物从洞中挖出可谓㹴犬的拿手好戏，它们也善于"潜入地下"，这正是㹴犬一名的由来："㹴"（terrier）源于拉丁语中的"terra"，意为"大地"。

㹴犬最早的历史记录来自一幅十四世纪的版画，《运动与娱乐》（1801）以插图形式复刻了这幅画：一只不知名的猎犬挖洞捕猎狐狸，旁边有三名持铲的男性。而最早的文字记载来自学者凯厄斯所著的《英国犬》（1570），他形容"㹴犬"（the terrar）为猎狐或獾的犬类。关于原始㹴犬的起源众说纷纭，不过没有一例有史实依据。特性明确的㹴犬成形不过二百年左右，此前，因所处地理位置的不同而形态各异。直到十八世纪，具备相似外观的㹴犬才基本成形，为人记载。

无论过去还是现在，㹴犬的主要用途都是狩猎。猎人可以徒步或骑马跟随它们。理查德·布罗梅在一六八六年出版了《绅士的消遣》，记述了一对㹴犬协力将狐狸从洞中掘出的过程。时值猎狐活动流行，㹴犬常与猎狐犬组队合作。猎狐犬负责追赶猎物，可猎物一旦逃入洞中，便束手无策了。这时，轮到㹴犬登场了，它们负责将狐狸掘出地穴，使狩猎继续下去。㹴犬必须足够勇敢，才能在敌人狭小的地盘直面它们，同时还要善于刨土和吠叫。叫声能提示猎人地面和地下的方位，是必不可少的能力。

㹴犬在漫长的进化过程中培养出了高超的捕猎技能，胸部也变得狭窄灵活，能在狭小的空间里自由穿梭；较大的步幅让它们在必要时能紧跟猎犬的跑速（不过多数情况下它们是被运往狐狸洞前的）。它们体形适中，既强健到能顺利完成捕猎任务，又娇小到足以钻进洞穴。它们

皮毛粗糙，被毛浓密厚实，有的品种是刚毛，下颌都很有力。㹴犬多种多样，是一种小型犬类，它们中有一些极善于对抗啮齿类动物；与猎狐㹴犬不同，这些啮齿目猎手具备强烈的杀戮本能，常常悄无声息地将猎物赶尽杀绝。它们捕猎的能力卓绝，以至于十九世纪人们发明了备受欢迎的"百鼠斩"竞赛，其中表现最出彩的代表是曼彻斯特㹴犬。人们将很多老鼠投入赛场内，命令猎犬开始追捕，并测算在规定时间内它们能杀死的老鼠总量。各种㹴犬多被农场或农庄豢养；而在十九世纪，工业区、码头、矿井甚至酒馆都能看到它们的身影。

在众多关于㹴犬的记载中，最早记述特定品种的是彼得·贝克福德。他在《狩猎随想录》（1781）中提到了黑、白、红色㹴犬。几年后，㹴犬犬主威廉·丹尼尔牧师在《乡间运动》（约1802）中描述了两类㹴犬：一类毛发粗糙，四肢短小，背部较长，躯体为黑色或微黄色；另一类毛发光滑，形态优美，躯体为赤褐色或黑色，四肢呈深褐色。后者被称为黑褐㹴，据研究者推测，有粗糙和光滑两种被毛，是许多现代㹴犬的犬种基础特征之一，如最无争议的曼彻斯特㹴，也包括万能㹴和猎狐㹴。同一时期，西德纳姆·爱德华在《大英百科全书》中记述了类似的黑褐㹴，它们具有光滑或粗糙的刚毛，分长腿和短腿两种。大约五十年后，约翰·沃尔什在他的《英国乡间运动》（约1850）一书中描述了诸多品种，包括丹迪丁蒙㹴（唯一以文学作品中虚构角色命名的犬种）、黑褐㹴、斯凯㹴、牛头㹴、一种玩具㹴及一种粗毛㹴。一八五九年，首场正式犬展在泰恩河畔的纽卡斯尔举办，此后犬业迅速发展，许多方面也得以规范，比如犬种分类、血统记录、犬种俱乐部的组建及犬种标准的制定。其实，广泛意义上的㹴犬源于更古老的时期，在漫长的岁月里它们与猎人、农夫朝夕与共，只是直到十九世纪，

现代㹴犬才得以成形。

美国对㹴犬的早期定位是捕鼠和控制害兽，它们很少与猎狐犬一同伴随猎人骑猎，只是偶尔参与徒步狩猎。一七七七年出现了对具体㹴犬品种的描述，定格了历史上非凡而动人的一幕。六月六日，乔治·华盛顿率领的美军和何奥司令①（1729—1814）率领的英军在日耳曼敦激烈交锋。一只名为"狐狸狸"的小㹴犬不知所措地徘徊在英美边界。一名英属殖民地部队的士兵将它救下，并通过颈部的名牌发现它竟是何奥司令的爱犬。这名士兵将小㹴犬交给华盛顿，提出应该将其作为军队的吉祥犬来鼓舞士气。同样也在思念自己爱犬"蜜唇"的华盛顿则感念人与犬之间动人的情感。记载表明，他命人好好照料这位娇小的客人，为它洗澡打理，供它吃饱喝足。双方甚至达成了暂时停火的协议，这只小小的㹴犬也平安回到了何奥司令身边，身上还系了张纸条，上面写着"华盛顿将军致何奥将军……"。

十九世纪中期，㹴犬出色的捕鼠能力使它们在美国备受推崇，也常参与和英国形式相似的猎鼠竞赛。文字记载显示，在加利福尼亚州的淘金热（1848—1855）期间，旧金山老鼠的数量激增，鼠患愈演愈烈。㹴犬因卓越的捕鼠能力而身价不菲，人们争相抢购。它们被投放到大街小巷捕鼠，引人围观，也被投入封闭的场内猎杀老鼠。可惜的是，有些㹴犬单纯被视作斗犬，除此之外再无他用。十九世纪七十年代以来，"纯种"㹴犬从英国输往美国，犬种俱乐部纷纷组建；一八八四年，美国养犬

①威廉·何奥，曾任北美英军总司令，1799 年继承何奥子爵爵位。

俱乐部正式成立，㹴犬也初见雏形。

㹴犬的主要角色渐渐从凶猛的猎犬转为伴侣犬，此外，它们也活跃在速度竞赛及其他考验智商和运动能力的测验舞台上。但仍有许多组织试图保留㹴犬原始的能力和技巧，将其诸多才艺发扬光大。

曼彻斯特㹴

古老/现代-英格兰-稀有

体形

♂ 41厘米/16英寸为宜。

♀ 38厘米/15英寸为宜。

外观

周身光泽，外貌优雅，轻快灵活。头部长而窄，呈楔形，表情生动活泼。眼睛为深色，相对小，呈杏仁状。耳朵小，呈V字形，位于头顶恰当位置，垂于眼睛上方，贴近头部。颈部相对长而稍拱；身体短小，肋骨完美延伸；腰部稍拱；腹部紧收。尾巴与身体连接处短而粗，尾尖渐细，不过背线。

毛色

乌黑，或有独特而浓郁的赤褐色斑纹。被毛短而滑，有光泽。

用途

捕鼠或捕猎其他小型害兽，作速度赛犬、展示犬、伴侣犬。

漂亮的曼彻斯特㹴集优雅的外观、㹴犬典型的顽强精神及高智商于一身。美国将它们分为两类：较大的标准型及玩具型。而英国将它们归纳为不同犬种，标准型的叫曼彻斯特㹴，小型的则称作英国玩具㹴（黑褐㹴）。两者均源于十六世纪甚至更早的原始英国黑褐㹴。学者凯厄斯在一五七〇创作的《英国犬》中首次提及这两种犬。早期记载描绘了一种体格更加壮硕、不及现代曼彻斯特㹴精致优雅的㹴犬，两者具备明显的共性。这段时期它们被称作捕鼠犬。现在，曼彻斯特㹴主要作为伴侣犬，但仍然身怀捕杀害兽的绝技。

十九世纪，这种独具一格的㹴犬很常见。那时，曼彻斯特㹴叫作黑褐㹴，身为捕鼠能手，它们不仅活跃在英格兰中部和北部的港口码头，也频频出现在矿区和农田，全心全意为人类尽力。这些㹴犬与兰开夏郡及曼彻斯特郡的联系最为紧密，后者在十九世纪九十年代成为其名字的来源。

十九世纪，英国鼠患成灾，捕鼠专家登上了历史舞台。其中最著名的一位是杰克·布莱克，他效力于维多利亚女王，最得力的捕鼠犬是一只名为比利的黑褐㹴。布莱克多次用比利配种，这只公犬也成了伦敦许多黑褐㹴的祖先。

十九世纪中期，惠比特犬的血统被引入配种，大大促进了黑褐㹴向现代曼彻斯特㹴的转化。曼彻斯特㹴不同于多数㹴犬的拱背便遗传自惠比特犬。一些研究者认为，意大利灵缇犬和腊肠犬可能也参与过混种。得益于精致的外表，该犬种迅速在名流绅士及工薪阶层之间走红，人称"绅士的㹴犬"。而小型曼彻斯特㹴也毫不逊色，赢得了许多女士的芳心。这也使该犬种明确演化成了两种体形。追求极致的育犬者过度强调小型曼彻斯特㹴迷你的体形，对犬种造成了一定损害，幸好后来的补救行动日渐纠正了这项人为过错。

曼彻斯特㹴以前通常被修剪耳朵，美国迄今依旧对标准体形的曼彻斯特㹴进行剪耳。英国养犬俱乐部在一八九七年禁止了本国的剪耳行为，使该犬种的样貌发生了较大改变，许多人不再喜爱非剪耳的曼彻斯特㹴，直接导致它们数量锐减。育犬者试图根据英国犬种标准培育出有整洁美观的"纽扣耳"的品种，最终使犬种数量回升。尽管如此，曼彻斯特㹴在㹴犬中依旧算不上常见。当然，这阻止不了爱好者对它们热情的支持。

C.S.迪恩上校是早期重要的育犬者，他在一九〇八年创办了黑褐㹴俱乐部。一九三七年，英国曼彻斯特㹴俱乐部成立。一九三九年，两家机构合并，新机构的会员在二战后致力于犬种保护，终于在不懈努力下，化解了曼彻斯特㹴在二战后险些灭绝的危机。

丹迪丁蒙㹴

现代–苏格兰/英格兰边界–稀有

体形

♂ / ♀

20-28 厘米 /8-11 英寸。

8-11 千克 /18-24 磅。

外观

身形矮，重心低，头部造型独特，髻毛光滑。耳间距宽，前额呈半球形；吻部非常有力。眼睛大而圆，明亮饱满，深褐色瞳，眼距较宽，表情机敏。耳朵靠后，位于头骨较低的位置，近双颊，长约 7.5-10 厘米。颈部肌肉发达；前腿短小而紧实，腿骨发育良好，间距较宽；后腿相对较长。身长而壮实；胸部发达，位于前腿间，造型自然优美。从肩部起，背线较低，渐渐弯向稍拱的腰部，向尾根处微微下倾。尾长 20-25 厘米，形似弯刀，尾根粗，尾尖渐细。

毛色

胡椒色：深蓝黑色至浅银灰色，有大量银白色冠毛；芥末色：红褐色至浅驼色，有大量奶油白色冠毛。两种毛色的犬的共性：前腿前方有羽状饰毛，颜色通常比主体毛色略浅，尾内侧比顶侧毛色略浅，但比身体毛色更深。双层毛发长约 5 厘米，底毛柔软，呈棉绒状；被毛质地脆硬，腿部及足部毛色更深。

用途

作猎犬，亦作展示犬、伴侣犬。

丹迪丁蒙㹴在苏格兰与英格兰的边界存在了数百年，起源至今争议犹存。研究者普遍认为这些身体长而矮的㹴犬出现在十七世纪以前。有学者推测，它们可能源于猎水獭犬和某种㹴犬与腊肠犬混种的本地㹴犬的杂交，尽管没有确切的证据。可以肯定的是，这种体态娇小、精力充沛的㹴犬曾被用于捕猎水獭，在地下捕猎兔、鼠、獾，及各种害兽。丹迪丁蒙㹴比成年獾还小，足见它们出众的勇气。农夫、偷猎者和流浪的吉卜赛人都养过这些勇敢能干的㹴犬，古往今来，诞生了很多精彩绝伦的故事。

据说有位绰号为"老吹笛手"的半游牧音乐家威尔·阿伦（1704—1779）在诺森伯兰郡养了一群㹴犬捕猎水獭。其中有一只以凶猛的攻势和卓越的捕水獭技巧名震四方，诺森伯兰公爵甚至提出以重金购入，不过遭到了威尔的拒绝。那时，这些㹴犬尚未正式得名，人们根据毛色，有时叫它们芥末胡椒㹴。到了十九世纪早期，它们开始被称作丹迪丁蒙㹴，字名来源于苏格兰作家沃尔特·司各特爵士的作品。

司各特在一八一五年出版了小说《占星人》，书中有个叫丹迪·丁蒙的农夫，养了六只极具特色的㹴犬。司各特的家附近住着一位名为詹姆斯·戴维森的农夫，也养着同样的㹴犬，与书中的角色惊人地相似。随着该书日益畅销，这些㹴犬也开始被唤作丹迪丁蒙㹴。

早期最知名的丹迪丁蒙㹴名叫"老胡椒"，一八三九年，第五代巴克卢公爵在自家庄园的陷阱中捕获了它。"老胡椒"没有血统证明，不过它是另一只㹴犬"老姜"的祖先，"老姜"则是今日所有在册的丹迪丁蒙㹴的基础犬种。一八七五年，丹迪丁蒙㹴俱乐部成立，是世界上第二古老的犬种俱乐部。一八七六年，犬种标准被正式采纳。

一八八六年，美国从苏格兰进口了一只丹迪丁蒙㹴，这是全美注册的首只丹迪丁蒙㹴，注册机构为美国养犬俱乐部。次年，美国丹迪丁蒙㹴俱乐部成立。第二次世界大战导致犬种数量锐减。战后，爱好者们致力于重建犬种，英格兰旧温莎的贝尔米德犬舍大放异彩，做出了突出贡献。该犬舍对丹迪丁蒙㹴的繁殖持续到了二十世纪九十年代，贝尔米德犬舍如今成为巴特西爱犬之家的分支，对流浪犬施以援手。丹迪丁蒙㹴在英美的数量依旧稀少，却不乏尽心尽力的犬种爱好者的鼎力支持。

贝灵顿㹴

现代-英格兰-稀有

体形

♂ / ♀

41 厘米 /16 英寸为宜。

8-10 千克 /18-23 磅。

外观

优雅温和,体态轻盈。头部窄而深,边缘圆润,冠毛覆盖头顶。眼睛相对小,非常明亮,以三角眼为佳,瞳色或深或浅,根据身体毛色闪烁着琥珀色或浅褐色光泽;耳朵薄,呈榛果状,天鹅绒质感,毛发柔顺,服帖下垂,耳尖具光滑饰毛。颈部渐细,头部高扬;身体灵活,肌肉紧实;胸部深,胸腔平坦;腹部紧收。腰部及后腿有明显而自然的拱形线条,目测后腿比前腿稍显长。尾巴位置低,尾根粗,尾尖渐细,优雅弯曲。

毛色

蓝色、沙色、赤褐色,或三色中的任意色混合黑褐色斑纹。毛绒绒的被毛非常厚实,自然生长,非金属丝质感;微卷,特别是前颜面毛发。

用途

捕猎害兽,作展示犬、伴侣犬。

贝灵顿㹴外形独特,羊毛状的卷曲毛发和头骨的形状使它们与绵羊高度相似。贝灵顿㹴是㹴犬中的"跑者",以转向的速度驰名,它们体重相对较轻,背部优美的拱形弧度很可能来自早期引入的惠比特犬的血统。该犬种还与丹迪丁蒙㹴的发展密不可分,两者有相似的特征,活跃区域也大范围重合。贝灵顿㹴敏感聪颖,原用于捕猎害兽,现多作伴侣犬。它们安静、温和、喜人,又极具活力,以不知疲惫的精力著称。

该犬种发源于英格兰东部的诺森伯兰郡,相关历史记载大约在十八世纪开始出现。起初,是吉卜赛人等偷猎者豢养了这种善于捕猎的㹴犬。它们拐弯的速度极快,适合追捕小型猎物和害兽,擅长将野兔等各种猎物赶入地洞。许多大型庄园雇用猎场看守人,他们多自配㹴犬,能有效驱赶老鼠、野兔、獾甚至水獭。罗伯特·莱顿在二十世纪初所著的《狗与它们的一切》中提到,贝灵顿㹴是猎水獭犬及丹迪丁蒙㹴杂交的产物,但这一说法没有确切证据。研究者普遍认为,贝灵顿㹴发源于粗毛苏格兰㹴。这些㹴犬在罗斯伯里演化成了一种独特的㹴犬,它们拥有羊毛状的被毛,是现代贝灵顿㹴的雏形。这些小小的㹴犬得名于罗斯伯里附近的矿镇贝灵顿,它们迅速在诺森伯兰郡蹿红。根据记载,最早的一只贝灵顿㹴叫老弗林特,主人是乡绅特里维廉。十九世纪二十年代,这一犬种开始被育犬者乔瑟夫·安斯利称作贝灵顿㹴。安斯利曾用同样继承了老弗林特血脉的母犬菲比与公犬皮佩尔配种。另一位不容忽视的育犬者是托马斯·J.皮克特,他豢养的泰恩戴尔及泰恩塞德是该犬种重要的基础犬群。考尼家族也为犬种的发展奠定了坚实的基础,他们将粗毛苏格兰㹴从苏格兰带到了诺森伯兰郡,与本土犬混种。

一八七四年,英国养犬俱乐部颁布了初版犬种登记簿,其中共记录了三十只贝灵顿㹴。英国第一家相关犬种俱乐部在一八七五年建立不久后解散,又在一八八二年重新组建,并颁布了犬种标准。这家重建的俱乐部再度解散。几经周折,第三家俱乐部成立于一八八七年,并持续运营到一八九二年。现今运行的国家贝灵顿㹴俱乐部则组建于一八九三年,在一八九八年被英国养犬俱乐部注册,已在世界范围内得到公认。

一八八六年,美国养犬俱乐部首次注册了一只贝灵顿㹴。一九三六年,美国贝灵顿㹴俱乐部成立,并在此后成为该犬种的家长俱乐部。二十世纪六十年代,该犬种在美国的人气到达顶峰,不过目前的注册数却有所下滑。如今,贝灵顿㹴在英美的数量都不算多。

边境㹴

现代–英格兰/苏格兰边境–寻常

体形

♂ 6-7 千克 /13-15.5 磅。

♀ 5-6.5 千克 /11.5-14 磅。

外观

工作㹴犬，活泼好动，无所畏惧。头部"形似水獭"，眼距及耳距宽；吻部短小，颜色深，有少许连鬓须。深色瞳，眼神热忱；耳朵小，呈 V 字形，前折并靠近双颊。身体强壮且柔韧，体形相对狭长。尾巴较短，尾根粗，尾尖渐窄，警觉时兴奋翘起。

毛色

红色，灰褐色，蓝褐色或小麦色。被毛硬而浓密，底毛细密，皮肤厚实。

用途

猎狐或其他害兽，作速度赛犬、展示犬、伴侣犬。

边境㹴历史虽短，却有着超乎寻常的人气，是备受欢迎的工作㹴犬。它们体形娇小，身体结实，外观朴实，表现出十足的工作犬姿态。边境㹴的头与水獭十分相似。它们对捕猎和任何形式的冒险都满怀热忱，以忠诚和亲切的个性著称。该犬种服从度高，极易训练，性情随和，融入家庭生活后能发挥百分之百的能量。它们极其坚忍，被形容为"有着钉子般的意志"，忍耐力极高，作为小型犬来说步幅很大。这些优良特质都为边境㹴成为出类拔萃的工作犬奠定了坚实的基础。

边境㹴发源于诺森伯兰郡和苏格兰的交界地带，原用于猎狐，以及对抗其他害兽。这片崎岖广袤的野生土地是天然牧羊区，同时也成了肉食野兽的乐园。掠夺者四处横行，在产羔期更加肆无忌惮。用猎犬猎狐是对抗狐狸的有效手段之一。由于狐狸常潜入地下，所以一组标配的猎犬中多混有㹴犬，以便入穴追踪。为了达成目标，猎人要求㹴犬拥有追得上猎犬和马匹的跑速，以及独自潜入洞中将狐狸驱赶出来的勇气。诚然，它们的体形要轻巧到可以钻入洞穴，也要大到能与敌人抗衡。而边境㹴恰恰符合了上述基本要求，甚至更出色。它们的体形相对较窄，能进入狭小的空间，在地面上跑速不俗，可以轻松追上猎人。同时，它们的双层毛发十分坚硬，呈刚毛质地，皮肤粗糙而松弛，能在捕猎时有效保护自己。鉴于边境㹴的狩猎背景，它们与绝大多数单独行动的㹴犬不同，多与其他犬组队工作。

许多人说边境㹴历史悠久，严格来说并不正确。它们直到十九世纪才发展成特殊的犬种，或说犬类。此前，有一些㹴犬发源于英格兰北部及苏格兰，被区分为粗毛㹴犬和平毛㹴犬，两者在外观上存在显著差异。总体上看，育种重点在于工作能力。不同犬类或犬种根据所处地域各自进化，逐渐呈现出专属特质。边境㹴的直系祖先不为人知，不过它们与活跃地域高度重合的贝灵顿㹴和丹迪丁蒙㹴有千丝万缕的联系。极少数边境㹴有柔软的顶髻，符合贝灵顿㹴和丹迪丁蒙㹴的特征。起初，边境㹴因为生活环境，被称为康奎戴尔㹴或里德水㹴。十九世纪八十年代，"边境"一名方才启用。

边境㹴的发展主要归功于罗布森家族，特别是约翰·罗布森。一八五七年，他在诺森伯兰郡成立了边境狩猎机构。罗布森与卡特克拉夫的约翰·多德一起沿着卡特山携小型㹴犬与猎犬进行捕猎。卡特山是切维厄特丘陵的一部分，同时地处诺森伯兰郡和苏格兰的交界。罗布森家族代代豢养㹴犬，而这两个人的孙辈雅各布·罗布森和约翰·多德则致力于请英国养犬俱乐部承认边境狩猎机构出品的㹴犬。莫斯·特鲁珀是雅各布豢养的公犬齐普的后代，也是第一只注册的边境㹴。不过，英国养犬俱乐部在一九一四年正式拒绝承认边境㹴犬种，将莫斯·特鲁珀列入"其他犬种"分类。终于，在一九二〇年，英国养犬俱乐部承认了边境㹴犬种，雅各布·罗布森和约翰·多德起草了犬种标准。之后，边境㹴俱乐部成立，贾斯帕·多德成为首任主席。该犬种日益盛行，如今已成为展示赛中的种子选手，鉴于出色的工作能力，它们也频频出席各项赛事。一九二〇年起，（英国）边境㹴俱乐部开始向具备"入地"能力的边境㹴

颁发工作证明，该机构今日也致力于培养和保留该犬种的工作能力。

二十世纪前十年，美国已经有了少量边境㹴，但美国养犬俱乐部直到一九三〇年才开始为其注册。美国养犬俱乐部在一九四八年接纳了犬种标准。次年，美国边境㹴俱乐部建立，成为该犬种的家长俱乐部，并在一九五九年与淑女犬协联合举办了首场边境㹴犬种独展。同时，该机构也为边境㹴颁发工作犬及猎犬证书。

边境㹴在美国的热度虽不及英国，不过覆盖范围依旧广泛，拥有一群热忱的支持者。美国第一只冠军犬是戴哈德的皮克西·欧布拉德诺赫，归利利科博士所有。欧布拉德诺赫在一九三七年被进口到美国，成为美国边境㹴的犬群基础。而完全由美国培育的赢家则是冠军犬戴哈德·丹迪，它在一九四二年正式赢得冠军犬头衔。一九四八年，梅里特·波普博士的"菲拉贝格·德瑞小姐"当选在美国豢养的首只冠军母犬。波普博士是美国边境㹴俱乐部的创始人之一，也担任了首任主席，他的菲拉贝格犬舍对该犬种早期的发展产生了重要作用，影响广泛。另一家举足轻重的犬舍是玛乔丽·范德薇尔和玛格丽·哈维共同经营的达尔奎斯特犬舍。玛乔丽·范德薇尔是俱乐部首任干事，在这个岗位上坚持了三十四年。

万能㹴

现代-英格兰-中等

体形

♂ 58-61 厘米 /23-24 英寸。
♀ 56-59 厘米 /22-23 英寸。

外观

肌肉发达，形似小马，热情洋溢。头骨长而平，与前颜面长度相近。眼睛小，瞳色深，表情机敏；耳朵前折，呈 V 字形，曲折处与头骨平行。背部笔直，短而结实，与肌肉发达的腰部齐平；胸部深，不宽。原剪尾。尾根位置高，欢快地竖起，摆动非常有力。

毛色

躯干、颈部上侧及尾部表层为黑色或灰色，其余部位为深褐色。耳朵通常呈更深的褐色。颈周、头两侧或为渐变色。前腿或有白色毛发。整体毛发硬而浓密，金属质感。被毛硬，呈直立状，金属质感；底毛稍短，相对柔软。

用途

猎兽或捕鸟，负责冲散、寻回、追踪，作警犬、军犬，亦作展示犬、伴侣犬。

万能㹴在诸多㹴犬犬种中身形最高，常被称作"㹴犬之王"。它们发源于十九世纪，多才多艺，出类拔萃，用途广泛，几乎没有做不来的工作。古往今来，它们负责控制害兽、从事各色农活、捕猎、寻回、追踪，履行警犬和军犬的各项职责，作速度赛犬、服从赛犬，同时还是人类绝佳的伴侣犬。万能㹴以勇猛无畏的精神、积极乐观的态度和充沛的个性著称。

这个犬种的起源可以追溯到英格兰北部约克郡的三条河——沃夫河、科尔德河及艾尔河。主人多属于需要控制害兽和狩猎小型猎物的劳动阶级。万能㹴擅长寻回，在㹴犬中罕见。作为猎犬，它们具备更高的价值，也自然广受偷猎者的追捧。并没有关于万能㹴育种过程的翔实记录，研究者大多认为，配种双方一方是现代威尔士㹴和水獭猎犬共同的祖先古老黑褐㹴，另一方是牛头㹴和爱尔兰㹴。上述犬经过杂交，造就了腿长、嗅觉出众、亲水且性格坚忍的典型㹴犬。它们早先被称作工作㹴、

---

① 自此，Airedale 的犬种名得以确定，故本书采用常用的称呼"万能㹴"指代该犬种。

宾格利㹴（Bingley Terrier）或河畔㹴（Waterside Terrier）。河畔㹴来自颇具盛名的约克郡猎兔赛的比赛场地。这些赛事中有一个项目要求㹴犬四处搜寻"活的"老鼠洞，它们常沿着河岸四处探寻。一旦发现住着野鼠的"活"洞，猎人便会放出雪貂钻入洞里赶鼠。当老鼠逃到水中，赛犬便负责将其"缉拿归案"。寻找"活"洞和捕获老鼠都是得分的关键。这些赛事的热度经久不退，一直兴办到二十世纪五十年代。

十九世纪晚期，该犬种才被引入美国，经常与其他猎犬组队捕猎郊狼、山猫和浣熊。这些多才多艺的㹴犬迅速风靡大西洋两岸。一八七九年，一些英国的犬种爱好者开始叫它们"艾尔谷犬"。一八八六年，英国养犬俱乐部承认了万能㹴犬种①。一九二八年，英国国家万能㹴协会成立。一八八一年，该犬种首次亮相美国犬展，来自约克郡的布鲁斯惊艳全场，引进它的是来自布拉德福德的 C.H. 梅森。一八八八年，美国万能㹴俱乐部成立，同年该犬种为美国养犬俱乐部承认。它们作为展示犬活跃在赛场上，作为伴侣犬融入人类家庭，同时也作为猎犬奋战在前线。一些育犬者培育的万能㹴比犬种标准中规定的大，特别是俄亥俄州的沃尔特·林格培育的奥朗系谱。这些㹴犬很快以猎犬的身份享誉业界，不过在育种过程中，其犬种特征也有一定的折损，主要表现在体形上。

万能㹴曾在战时为人类立下汗马功劳，这主要归功于 E.H. 理查森中校。他在十九世纪末创立了首家英国战争犬训练中心，为军队训练诸多犬种及混种犬，满足军需，发挥各种各样的作用。一九〇四年，俄国驻伦敦大使馆向理查森征用军犬，在日俄战争中支援俄方。理查森遂将数只万能㹴运往圣彼得堡，这也是俄国首次接触该犬种。二十世纪二十年代，苏联再度引入万能㹴，并建立红军特需服役犬机构。今日，万能㹴在欧洲大陆乃

至世界上的许多国家都备受欢迎。在两次世界大战期间，德国军队曾征用这种犬；英军更是频繁将它们投入军用。许多文字记载了万能㹴在战争中为人类效劳的光辉事迹，比如探雷、送信、搜救、巡逻、运送物资、救护伤员、放哨、护卫，及对抗啮齿类动物。二十世纪初，英国警方开始征用万能㹴。英国东北铁路警察最早启用了巡逻犬，这些警犬在夜间"缉拿窃贼、流浪汉，以及露宿街头的人"。很快，其他警察也纷纷效仿。一九一五年的记载显示，巴尔的摩警方也将一批万能㹴进口到美国用于巡逻。

几任美国总统都养过万能㹴或其混种，使该犬种日益壮大。这些总统包括西奥多·罗斯福（1858—1919）、伍德罗·威尔逊（1856—1924）、沃伦·哈定（1865—1923）及卡尔文·柯立芝（1872—1933）。哈定的万能㹴莱迪·波埃常伴主人身侧，甚至在内阁会议上还有自己的专座，可以说是声名远播。莱迪·波埃的生日聚会甚至登上了国家新闻，国会议员和参议员的爱犬都是座上宾客。当哈定在仕途遭遇瓶颈时，曾出版一部关于万能㹴的书赢回民心——虚构的莱迪·波埃与另一只狗泰格的信件集。柯立芝的万能㹴是莱迪·波埃的半个兄弟，当一九二三年柯立芝当选美国总统时，它也成了白宫犬。后来，万能㹴依旧风靡全世界。美国近年来也开始尝试将它们投入速度竞赛。

苏格兰㹴

现代-苏格兰-寻常

体形

♂ / ♀

25-28 厘米 /10-11 英寸。

8.5-10.5 千克 /18-22 磅。

外观

四肢短小，身体结实，力大勇猛。头部长但比例合宜，头骨平滑；耳尖直立整洁，位于头部上方；眼睛呈杏仁状，深褐色瞳，眼距宽，位于眉下方。颈部有力，长度合宜；背线直，呈水平状；背部相对长，非常强壮。从整体上看，后躯极其有力，臀部宽，大腿紧实。胸部相对宽，下沉于前腿间。尾根粗，尾尖渐细，直立或微弯，长度合宜。

毛色

黑色、小麦色或各种渐变色斑纹。双层毛发可抵御恶劣天气。被毛坚硬浓密，金属丝质感；底毛短小，柔软细密。

用途

捕猎害兽，作展示犬、伴侣犬。

苏格兰㹴被人亲切地称作"苏格兰小子"。它们在众多㹴犬中别具一格，外观上也极易辨认。现代苏格兰㹴与祖先相比，外形变化较大，更加美貌，长有能抵御恶劣天气的刚毛质地的被毛，腿部、身体下侧、胡须及眉毛处的毛发更长，周身的毛发修剪齐整。这种修剪方法使它们具备了更独特的外形，尽显整洁大方，在狩猎时还能形成必要的保护。有趣的是，一九九三年美国犬种标准修改时，特意指出因苏格兰㹴毛发较长，修整毛发对该犬种的发展产生了积极影响。而十九世纪末二十世纪初，包括许多苏格兰㹴主人在内的育犬者却普遍抗拒修剪毛发。

体形娇小的苏格兰㹴其实个个都是大力士，它们的腿短小而精壮，体重不轻，动作却灵活得惊人。育犬者原将其作为猎犬培养，它们是猎场看守人的最佳伙伴，活跃在苏格兰广袤的高地上，任劳任怨地为庄园驱赶狐狸、獾、黄鼠狼、白鼬、水獭、老鼠和其他可能出现的害兽。它们与原始的祖先已大不相同，但完美继承了坚忍的个性、刨土的天性和出色的抵抗啮齿类动物的能力。

与其他大多数㹴犬一样，苏格兰㹴为狩猎而生，面对任何冒险都全力以赴。今日的它们机敏、魅力十足，多作伴侣犬，不过需要一定程度的训练和实践。百余年间，在苏格兰，这些精力充沛的小家伙广受看守者和农夫的喜爱，数量居高不下，主要用于捕猎害兽，或与大型㹴犬组队狩猎。它们演化出独特的个性，包括立耳或垂耳、长背或短背、不同的翘尾方式，或迥异的毛色。这种犬早期处于相对隔绝的地理环境中，长途跋涉的概率极低，确保了上述特征相对固化。这些小型㹴犬具备与㹴犬相同的特性，包括极强的韧性和忍耐力、优秀的狩猎天赋和出众的工作能力。有一份关于苏格兰㹴的早期的描述，来自罗斯主教约翰·莱斯利（1527—1596）。他记录了一四三六年到一五六一年的一段历史，其中提到了一种体形矮小、用来杀死害兽的犬种。

现代苏格兰㹴成形于十九世纪末，但它们的祖先十分古老，并未留下任何文字记载。古凯尔特人和古挪威人曾在十八世纪到十九世纪定居赫布里底群岛、天空岛和苏格兰其他小岛，研究者推测，是他们将该犬种带到了苏格兰本岛。苏格兰一望无际的崎岖大地上绵延着高地、矮地和大面积的海岸区，这里孕育了各种各样的㹴犬，包括苏格兰㹴、凯恩㹴、斯凯㹴和西高地白㹴。上述犬种源于相同的祖先，根据所处的环境演化出了各自的特征。许多研究者认为苏格兰㹴在这些犬种中最为古老，但这一论据并无史实佐证。

研究人员普遍认为，苏格兰㹴的祖先生长在苏格兰高地的黑山山脉及周边地区，包括兰诺赫湖西部的高沼地。这里出土的早期图案中刻画着形似苏格兰㹴的㹴犬。到了十九世纪，阿伯丁地区集中孕育了大量㹴犬，因此它们也被称作阿伯丁㹴。在"现代"苏格兰㹴的发展史中，有几位不得不提的关键人物。最早记载该犬种的人物代表是 W. 麦基长官。他在十九世纪七十年代周游苏格兰，随行记录了各种各样的㹴犬。他在日记中写道，每片地区的猎场看守者都坚称自己的㹴犬是苏格兰㹴，而且是最好的品种。麦基在旅途中买了大量"苏格兰㹴"，带回英格兰，试着培育成独立品种。他的做法与犬展的兴起、一八七三年英国养犬俱乐部的成立关系密切。同一时期，育犬者对苏格兰㹴最本质的特征存在较大的争议，几经讨论，J.B.莫里森终于在一八八〇年起草了犬种标准。麦基展示的苏格兰㹴大获成功。到一八八五年，该犬种已培养出了公犬冠军邓迪和母犬冠军格伦果果，邓迪也成为苏格兰㹴的种犬之一。另一位举足轻重的人物则是J.H.勒德洛先生。一八八三年，经早期犬种支持者的不断努力，英格兰的苏格兰㹴俱乐部成立，他便是创始人之一。勒德洛先后培育出多只苏格兰㹴冠军犬，包括第一只黑毛苏格兰㹴冠军犬阿利斯特，和后来成为种犬的冠军犬邓迪。勒德洛豢养的伯纳柯德成为所有现代苏格兰㹴的祖先。伯纳柯德是冠军犬阿利斯特的祖父，也是知名展示冠军犬基尔迪的祖父。勒德洛豢养的母犬斯普林特二世被称为"犬种之母"，是诸多苏格兰㹴的犬种基础。

一八八三年，约翰·尼莱将公犬坦姆·格伦和母犬邦尼·百丽带到美国，它们是最早入美的苏格兰㹴。后来，尼莱继续从英国进口，相继带来了公犬格伦里昂和温斯通。一八八四年，格伦里昂的儿子戴克诞生，成为首只在美国注册的苏格兰㹴。那时，美国养犬俱乐部尚在开业筹备期，在下一年才接受苏格兰㹴的注册，因此为戴克注册的机构是美国养犬注册所。温斯通是英国冠军犬阿利斯特的后代，它作为至关重要的种犬，成为苏格兰㹴在美国的犬种基础。一八九五年，美国苏格兰㹴俱乐部成立，不过几年后便关门了。一九〇〇年，在以尤因博士和麦肯锡先生为代表的育犬者的努力下，成为犬种母系机构的美国苏格兰㹴俱乐部成立。另一位关键人物是弗朗西斯·G.劳埃德，他是纽约布克兄弟公司和美国苏格兰㹴俱乐部的主席，豢养了许多以威尔斯科特为前缀名的苏格兰㹴。在十九世纪末二十世纪初，劳埃德

陆续凭借这些良犬收获了各种冠军，他倾其一生携良犬参赛，于一九二〇年与世长辞。

到了二十世纪三十年代，该犬种盛行于英美。考利先生的奥尔伯恩犬舍和罗伯特·查普曼的希瑟犬舍是英国两家至关重要的犬舍，将大量良犬出口到了美国。查普曼是养犬界标志性的人物之一，他对英国现代戈登蹲猎犬的发展也起了举足轻重的作用。这段时期，英国育犬者开始打造更偏向展示用的苏格兰㹴，面部和腿部的毛发更长，身上的则较短。美国买家纷纷以重金购入这些展示犬。

二十世纪中期有只著名的美国苏格兰㹴名叫法拉。它生于一九四〇年，是玛格丽特·萨克林送给表哥富兰克林·德拉诺·罗斯福总统的礼物。这只小小的宠物很快成为罗斯福总统的最爱，如影随形地陪伴着他。法拉与总统同室而眠，每天的早餐中有一根骨头，会沿着一条轨道被运往卧室。它很快赢得了美国公众的青睐，跟着总统走南访北，出席各种场合。法拉还收到了粉丝络绎不绝的来函，拥有自己的私人秘书。一九五二年，法拉离世，被葬在纽约海德公园的玫瑰园，比邻罗斯福之墓。①

二十世纪，英美的苏格兰㹴犬种标准均经历几度修订，终于使我们看到了今日的苏格兰㹴——立耳、欢快翘起的尾巴，下腹、下巴和眼眉处生有丰富的毛发。曾因顽强而被称作"戴哈德犬"的它们已与古老的工作犬祖先大相径庭，聪慧喜人的性格和所有美好的品质却分毫未改。

---

①法拉被称为"第一犬"，历史上有许多关于它的逸闻。罗斯福总统曾以"我不气，我的家人不气，但我的狗可生气了"来回应共和党对自己"派军舰搜救爱犬"的不实攻击。

西高地白㹴

现代-苏格兰-寻常

体形

♂ 28 厘米 /11 英寸为宜。

♀ 25 厘米 /10 英寸为宜。

外观

体形小，身形结实，活泼开朗。头骨微拱；头部覆以厚实的毛发，头颈角度合宜；下颌有力，呈水平状；眼睛为中等大小，瞳色深，眼距宽，眼神灵动，尽显聪慧；眉毛浓密；耳朵竖起，小而尖，耳距宽。颈部强健；身体壮实，背线水平；胸部深陷不宽；后躯宽，肌肉发达；腿相对短小，肌肉发达；脚掌圆，前脚掌略大于后脚掌。尾巴直，长约 13-15 厘米，轻快地翘起。

毛色

白色毛发，长约 5 厘米。双层毛，被毛坚硬，底毛短小浓密。

用途

捕猎狐、獾和其他害兽，作展示犬、伴侣犬。

西高地白㹴常被人亲切地称作西部㹴。它们发源于十九世纪，可以说资历尚浅，却在短短一百年间迅速蹿红，以活泼和友善闻名，是家喻户晓的伴侣犬。它们外向独立，有时也因固执地刨土或持续不断的吠叫而遭批评。当有入侵者试图闯入时，它们的"报警"能力不容小觑。总之，西部㹴是天生的"猎犬"，它们酷爱冒险，整日奔波不知疲倦，不会因任何险峻的地形被吓退，永远那么精力充沛、热情洋溢。

若要分析它们勇猛而充满活力的"㹴犬精神"，则要追溯到犬种起源之时。起先，育犬者希望培育出一种㹴犬，在苏格兰高地捕猎狐狸、獾和攻击性较强的害兽。到了十七世纪，苏格兰已然成为各种㹴犬的故乡，它们外形各异，却身体结实，具备忍耐力强、一往无前等相似的品质，都是绝佳的猎手。不同系谱的㹴犬在各自所处的地域沿袭发展，被人类用来捕猎和控制害兽。有证据表明，在很长一段岁月中，西部高地的许多户人家豢养着白色的犬。耐人寻味的是，十九世纪到二十世纪，人们普遍认为白色犬是同类中身体素质和平均能力较差的。

① Roseneath 为历史上人们对 Rosneath 的错误拼法。

西部㹴的发展要大大归功于爱德华·唐纳德·马尔科姆上校（1837—1930）。他是波塔洛克第十六任领主，拥有邓图恩城堡，也是位于苏格兰西海岸巨大的波塔洛克庄园的主人。许多家庭豢养了这种体形娇小的白色㹴犬，所以很难说是马尔科姆上校缔造了它们。不过，他写过许多关于这些犬的文章，对犬种发展起了举足轻重的作用。马尔科姆上校配种的方法并无文字记录，研究者推测，斯凯㹴和凯恩㹴应为基础犬群的一部分。

西部㹴的育种计划或许要从一场狩猎事故说起。相传，马尔科姆曾将褐色的爱犬误认作狐狸或野兔而射杀，痛心不已的他决心培养白色的猎犬。不过，威尔士的西里汉㹴和苏格兰高地的不少其他㹴犬也有类似的犬种起源说流传下来。马尔科姆上校的㹴犬因庄园名被称作波塔洛克㹴。上校和其他㹴犬的育犬者单纯利用这些㹴犬打猎。今日的西部㹴虽酷爱刨土，却从未有人这样要求过它们。西部㹴要在岩石遍布的崎岖高地上追赶四处逃窜的猎物，窄而深的胸部能让它们自由穿梭于岩石之间，轻易应付当地崎岖的地形。

阿盖尔的几任公爵也豢养过类似的白色㹴犬。第八任阿盖尔公爵乔治·约翰·道格拉斯·坎贝尔（1823—1900）便是代表人物，他养的㹴犬因其罗斯尼斯城堡（Rosneath Castle）被冠以罗兹尼丝㹴（Roseneath Terrier）①之名。波塔洛克㹴是否曾与罗兹尼丝㹴混养，如今已不得而知，但可以肯定的是，两个家族彼此熟知。人们也曾交替使用这两个名字称呼这些短腿的白色㹴犬。另一组相似的白色㹴犬属于法夫郡的弗拉克斯曼博士，它们被命名为皮滕温㹴。

一九○五年，马尔科姆上校与一群支持者在格拉斯哥建立了白色西高地㹴俱乐部。他宣称自己并未创造该犬种，因此无法接受它们被称作波塔洛克㹴，毕竟这些犬多年前便已出现在斯凯岛、阿盖尔及周边地区。于是上校取了一个合理的犬名，白色西高地㹴。一九〇六年，第二家相关俱乐部成立，名为英格兰西高地白㹴俱乐部，同时，英国养犬俱乐部将犬种名定为西高地白㹴。英国养犬俱乐部曾允许凯恩㹴和苏格兰㹴注册为西部㹴，不过在一九二四年终止了这种做法。一九〇七年，第一只西部㹴登上克鲁夫茨犬展的舞台。次年，英国养犬俱乐部开始向该犬种颁发挑战证书，科林·杨饲养的莫文一举夺冠。科林·杨是威廉堡的太平绅士[1]和第一任管理者。

杨的育犬计划和他培育的㹴犬对西部㹴的发展产生了极为深远的影响，可谓前无古人后无来者。他的㹴犬诞生了最早的犬种冠军，一九〇七年到一九一七年间，他先后培育出六只冠军犬，共赢得四十三份挑战证书，单是冠军犬莫文就赢得了十二项挑战项目，唯一一个失利的项目由马尔科姆上校担任评审。一九七六年，西部㹴冠军犬戴安瑟斯·巴顿斯赢得了克鲁夫茨犬展的全场总冠军。（英国）犬种记录的现有保持者是冠军犬欧莱克·穆恩派洛特，它曾赢得四十八项挑战赛，并在一九九〇年赢得了克鲁夫茨犬展的全场总冠军。

一九〇七年到一九〇八年间，罗伯特·格莱特将西部㹴进口到美国，包括冠军犬吉尔提和冠军犬兰巴斯·格伦摩尔，它们都是最早来到美国的西部㹴。起初，这些体形娇小的白色㹴犬在美国被称作罗兹尼丝㹴。一九〇八年，首家在美国的该犬种机构罗兹尼丝㹴犬俱乐部成立；同年，美国养犬俱乐部承认了该犬种。一九〇九年，机构更名为美国西高地白㹴俱乐部。一九四二年，埃杰斯顿的沃夫斯·帕特恩成为第一只荣获纽约威斯敏斯特全犬种大赛全场总冠军的西部㹴。它的主人是康斯坦斯·怀南特。二十年后，芭芭拉·伍斯特的冠军犬艾尔芬布鲁克·西蒙再度赢得这项殊荣。

---

[1] Justice of the Peace，又称治安法官，是政府委托的民间人士，负责处理简单的法律程序。

爱尔兰㹴

现代-爱尔兰-稀有

体形

♂ 48 厘米 /19 英寸为宜。

♀ 46 厘米 /18 英寸为宜。

外观

灵活矫健，个性活泼而精力充沛。头骨偏平，头部相对窄；下颌有力；鼻子黑。眼睛小，瞳色深，神情灵动机敏；耳朵小，呈 V 字形，位于头部上方，位置合宜，齐整地下折，折叠处高于头顶。耳朵毛色比体毛更深。昂首挺胸，气势高扬，颈部两侧各有一缕褶状饰毛。

胸部深，不太宽；身体笔直，相对长，非常精壮。腰部稍拱，肌肉发达。后躯有力，跗关节近地面。原剪尾至四分之三长度，不剪尾则高高竖起。

毛色

纯色，以亮红色、赤黄色或浅红褐色为佳；胸部或有少量白色。被毛硬，呈金属丝质感，不平整。

用途

捕猎各种害兽，作速度赛犬、展示犬、伴侣犬。

爱尔兰传统的文字记载中曾提到爱尔兰㹴，说它们是"穷人的哨兵，农夫的朋友，绅士的宠儿"，言简意赅地勾勒出了这个犬种强大的吸引力和多才多艺的特质。与绝大多数㹴犬一样，爱尔兰㹴原为工作犬，主要在农场、庄园或主人家中驱赶老鼠和各种害兽。它们以无尽的勇气著称，能捕猎各种各样的猎物。此外，爱尔兰㹴还是出色的看门犬，对家庭尽忠职守，对主人服从爱戴。

即便不论及工作层面，爱尔兰㹴依旧是人类重要的亲密伙伴，许多爱尔兰家庭都会养上几只，这也造就了它们可爱亲和的个性。在一战和二战期间，爱尔兰㹴曾被军队广泛征用。E.H. 理查森中校创立了首家英国战争犬训练中心，他训练并征用过大量的爱尔兰㹴，评价它们"聪明绝世，忠心耿耿……多亏了这些了不起的㹴犬，许多士兵才能活到今天"。

关于爱尔兰㹴的具体记载大概要追溯到几百年前，不过那时的"爱尔兰㹴"泛指枪猎犬组中的多种㹴犬。直到十九世纪末犬种标准制定，犬种形态才真正明确下来，此前，该犬种有很长一段时间都保持着多样性。早期的多样性是面向工作能力育种的选择，也因此演化出了爱尔兰㹴缤纷的毛色和形态。今日该犬种多呈各种红色的渐变色到小麦色。

一八七九年，都柏林爱尔兰㹴犬俱乐部成立。次年，颇具争议的剪耳议题被搬上台面。最终，爱尔兰㹴犬俱乐部牵头，废除了不列颠群岛各犬种的剪耳。英国养犬俱乐部出台规定，要求一八八九年后诞生的参展爱尔兰㹴不得剪耳。

历史上有许多对爱尔兰㹴的发展做出过突出贡献的人物，包括《畜群管理人》杂志的编辑乔治·科雷尔，以及担任爱尔兰㹴犬俱乐部干事长达二十七年的 R.B. 凯利博士。另一位举足轻重的育犬者是贝尔法斯特的威廉·格拉汉姆，他是冠军母犬艾琳的主人，他将这只被遗弃在篮子中的弃犬一路培养成了冉冉升起的新星。一八七九年，格拉汉姆首次带它赴亚历山大宫参展。同年，都柏林的沃特豪斯先生的冠军犬基利尼·波埃在贝尔法斯特犬展斩获桂冠。这两只冠军犬是现代爱尔兰㹴的祖先，产下了许多留名青史的良犬。

另一只早期冠军是母犬斯普德斯，它抵美后成了当地第一只打响名声的爱尔兰㹴。到了一九二九年，爱尔兰㹴已在美国最受欢迎的犬种排行中位列前十三名，在英国也享有如此地位。一九一一年，爱尔兰㹴犬协会在英国成立。全盛期过后，该犬种数量逐渐减少，如今在英美均相对稀有。不过爱尔兰㹴的爱好者依旧遍布世界，全心全意地为它们提供大力支持。

爱尔兰软毛㹴

现代-爱尔兰-中等

体形

♂ 46-49 厘米 /18-19.5 英寸；16-20.5 千克 /35-45 磅。
♀ 身高稍矮，体重稍轻。

外观

强健勇猛，身体精壮；小麦色被毛，毛发柔软而卷曲，或呈波浪状。头骨平坦，相对较长，宽度中等，覆以长毛，盖住双眼；吻部呈方形；鼻大而黑。眼睛中等大小，清澈明亮，浅褐色瞳；V 字形耳，尺寸或小或中等，折叠处与头顶持平，耳朵及边缘处均覆以毛发。颈部长而微拱。身体结实；背部壮硕，呈水平状；腰部短小有力，从肩部起的高度比身长略大或相当。原剪尾；不剪尾则欢快竖起，但不过背线，或向前卷曲。

毛色

柔和明亮的小麦色至熟麦色的任意渐变色。被毛柔软光滑，呈大卷或小卷，线条流畅，自然垂放。周身毛发浓密，尤其是头部和腿部。

用途

捕猎各种害兽、放牧，作看门犬、速度赛犬、伴侣犬。

爱尔兰软毛㹴在二十世纪才被认证为独立犬种，不过这种颇有个性又讨人喜欢的㹴犬真正的起源要追溯到千百年前。最早只有两种区分明确的犬组：贵族犬和农夫犬。随着时间的流逝，人类为务农繁育的工作犬逐渐进化，这些祖先已不得而知的早期犬便是爱尔兰软毛㹴的雏形。

爱尔兰软毛㹴拥有㹴犬的所有美好品质：坚忍不拔，冰雪聪明，勇猛而果敢。此外，它们与绝大多数㹴犬相比，性情更为平和，适合穿梭于畜群间工作。二〇一二年一月，琳达·哈勒斯饲养的爱尔兰软毛㹴茉莉备受瞩目。在美国养犬俱乐部于佛罗里达州中部举办的澳大利亚牧牛犬爱好者放牧赛中，它为该犬种首次赢得了放牧冠军犬的殊荣。爱尔兰软毛㹴多才多艺，在农场上也自然是能者多劳，后来甚至被人训练为寻回犬。

爱尔兰本土有三种长腿㹴犬，爱尔兰软毛㹴是其中一种，另外两种是凯利蓝㹴和爱尔兰㹴。可以肯定的是，这三种㹴犬的祖先相同。此外，这片土地还哺育出了短腿的爱尔兰峡谷㹴。

爱尔兰软毛㹴、凯利蓝㹴和爱尔兰㹴源自共同的基础犬群。十九世纪犬展兴起，它们均以"爱尔兰㹴犬"的身份参展。爱尔兰软毛㹴在三者中是最晚被认定为独立犬种的，到一九三七年才获得爱尔兰养犬俱乐部的承认。一九三八年三月十七日的圣帕特里克节，爱尔兰养犬俱乐部举办了犬展，爱尔兰软毛㹴首次亮相。同年，首家该犬种俱乐部在爱尔兰成立。许多年间，该犬种在角逐锦标赛前必须先通过猎鼠、猎兔及猎獾等野外赛事的考核。

一九四二年，A.K.瓦尔迪向英格兰引入了欢乐的皮特和桑德拉两只爱尔兰软毛㹴。在他的不懈努力下，英国养犬俱乐部在一九四三年承认了这个犬种。瓦尔迪夫人的爱尔兰软毛㹴战绩不俗，她本人也是该犬种建立时期至关重要的人物。一九五五年，滨西斯犬舍主人里德夫人带领一群犬种爱好者，联合建立了大不列颠爱尔兰软毛㹴俱乐部；该组织在一九五六年获得了英国养犬俱乐部的认证；一九七五年，他们制定了冠军犬考核标准。第一只斩获桂冠的是贝蒂·伯吉斯饲养的芬奇伍德·爱尔兰·米斯特。

自二十世纪五十年代起，育犬者对爱尔兰软毛㹴外观的培养方向渐渐偏离了原始爱尔兰㹴犬的形态，具体表现为其长出了明显更厚重的被毛，这种变化在美国的反响比较积极。诚然，这也引起了爱尔兰育犬者的反感，他们多年来一直致力于保持爱尔兰软毛㹴初始的特质。今时今日，一些育犬者回过头，希望犬种向原本形态靠拢。英格兰和爱尔兰共同的核心理念是打造自然的被毛，并允许做适度的修整，使轮廓更整洁；而美国侧重于对犬做更精细的美容和修整。

一九四六年，七只爱尔兰软毛㹴的幼犬进驻波士顿。一九七三年，该犬种在美国养犬俱乐部开始注册，人气逐年上升。在其他国度也能偶然发现它们的身影。

刚毛猎狐㹴

现代-英格兰-中等

体形

♂ 不超过 39 厘米 /15.5 英寸；
　 8 千克 /18 磅。

♀ 身高稍矮，体重稍轻。

外观

活泼好动，机灵乖巧，身体比
例非常匀称，平衡感出众。头
骨顶部很平，微倾，头顶向眼
睛处渐窄。前颜面从眼睛向吻
部渐细。瞳色深，眼睛相对小，
近似圆形，眼神热切机敏。耳
朵小，呈 V 字形，整齐下折，
贴近双颊，折叠处高于头部。

颈部长度合宜；肩部向前腿骤
然下倾，前腿笔直。背部短，
呈水平状；腰部稍拱，肌肉发
达。后躯精壮有力；圆形足部，
趾紧凑。原剪尾；不剪尾的根
部高，尾巴竖起，不过背线，
长度合宜。

毛色

主色调为白色，可有黑色、黑
褐色或深褐色斑纹。被毛浓密，
刚毛质感，底毛相对短小柔软。

用途

捕猎各种害兽。

　　刚毛猎狐㹴和平毛猎狐㹴曾被认作同一犬种的不同
类型，直到二十世纪晚期才被认定为两个不同的犬种。
关于它们的起源众说纷纭：有人认为起源相似，有人则坚
决反对。事实早已无从考证，不过在漫长的岁月里，刚
毛猎狐㹴和平毛猎狐㹴被共同豢养，现今不推崇这种做
法。平毛猎狐㹴很快成为展示赛的宠儿，不过刚毛猎狐
㹴后来居上，成为美国展示赛的常胜将军，曾十三度在
威斯敏斯特全犬种大赛上赢得全场总冠军。这两个犬种
均活泼好动、聪慧伶俐且魅力十足，在速度赛事、服从
赛事和地下狩猎赛事[1]中均有不俗的表现。它们是忠诚可
亲的伴侣，都继承了㹴犬与生俱来的狩猎天赋，既能捕
猎小型害兽，也能自如地跻身地穴。

　　工作用刚毛㹴演化于十九世纪，主要负责入穴捕猎，
增强团队的猎狐水平。此外，它们也参与捕猎獾、水獭、

---

[1] Earthdog trial，测试小型犬地下捕猎能力的赛事，赛犬多为短腿
㹴犬或腊肠犬，或启用人造地下管道。

[2] 阔恩，为村落名。阔恩猎狐始于 1696 年，历史悠久，范围主要集中
在莱斯特郡，也涉及诺丁汉郡和德比郡的部分区域。

野兔和其他害兽的行动。刚毛㹴勇往直前，敢于在地穴
里对抗任何敌人，在地面则有绝佳的跑速。它们能准确
找到有狐狸居住的洞穴，然后站在洞旁向猎人吠叫示意
自己的重大发现。早期并未留下该犬种的明文记载，不
过它们的发展离不开平毛和刚毛的犬种，如黑褐色㹴、
牛头㹴、灵缇犬和比格猎兔犬。罗顿·布里格斯·李所
著的《大不列颠和爱尔兰现代犬历史及记述》对刚毛㹴
进行了形象的描写。书中提及，早期刚毛㹴色彩斑斓，
包括蓝灰色、红色、驼色、椒盐色和黑褐色。快到十九
世纪末时，才出现了以白色为主色调，辅以黑色、黑褐
色或深褐色斑纹的刚毛㹴。今日有资格参加展示赛的只
有上述配色的刚毛㹴。研究者认为，刚毛㹴曾与平毛㹴
混种，以改进前者白色的主色调，使外观日益精致。

　　十九世纪早期留下了关于猎狐用㹴犬的图像，这些
黑褐色的刚毛㹴与现代刚毛猎狐㹴相似度极高。因此研
究者推测，该犬种的成形很可能与古老黑褐色㹴息息相
关。德拉布里·布莱恩的《乡间运动百科》（1840）是
最早将刚毛㹴区别于平毛㹴的文献之一。他提到了两类
拥有刚毛和粗糙被毛的㹴犬，称其主要被豢养在英格兰
北部及苏格兰边境区域。早期记载称，研究人员曾推测
配种也许引入了牛头犬和斗牛㹴的血脉，以强化该犬种
勇猛的特质；早期的图案也彰显出斗牛㹴对其带来的深
远影响，主要表现在刚毛㹴头部的形状，以及眼周独特
的条状斑纹上。刚毛㹴的育种遍布整个英格兰，最集中
的育种区位于英格兰中部和北部的达勒姆郡和约克郡。
约翰·罗素牧师所处的德文郡也是不容忽视的刚毛㹴产
地，他对杰克罗素㹴的发展起了举足轻重的作用。效力
于《野外赛事》杂志的记者罗宾·胡德描述过一只具有
刚毛的㹴犬。它是理查德·萨顿爵士参加阔恩狩猎[2]所携
猎犬犬组中的成员。这只猎犬头部长，被毛粗糙，奇妙
地兼具"狮子般的凶猛"和"绵羊般的温和"。据说它作

为种犬，为刚毛猎狐㹴在英国内陆的发展奠定了坚实的基础。

　　一八六二年，英格兰北部第二届枪猎犬和混合犬赛事在伊斯灵顿农业展厅举办，首次开设了猎狐㹴分类。当时共有二十只赛犬参赛，一只名叫特里默的猎狐㹴夺得了桂冠，人们称它"看起来就是干活的料"。同年，在伯明翰国家展览中心举办的赛事中增设了平毛㹴分类。此后，平毛猎狐㹴成为展示赛上冉冉升起的新星，而刚毛㹴却在接下来的二十年间无人问津。一八七六年，英国猎狐㹴俱乐部成立，旨在"培养、鼓励与发展"当时最盛行的㹴犬犬种。该机构兼顾刚毛与平毛的猎狐犬，在成立当年起草了犬种标准。除了体重的微小变化，这版犬种标准至今几乎未改。一八八三年，刚毛㹴布里格斯和平毛㹴斯派斯在大挑战杯赛事中进行了激烈角逐，斯派斯最终赢得胜利。以此为契机，刚毛㹴和平毛㹴才开始作为两个独立犬种进行比拼。此后，大挑战杯赛事也为刚毛㹴和平毛㹴单独设立了奖项。一九一三年，刚毛猎狐㹴协会成立；一九三二年，平毛猎狐㹴协会也建立起来。

　　一八七九年，平毛猎狐㹴抵美；几年后，美国又进口了刚毛猎狐㹴。一八八五年，美国猎狐㹴俱乐部（AFTC）建立；同年，美国养犬俱乐部承认了猎狐㹴。一九八五年，刚毛猎狐㹴和平毛猎狐㹴被正式归为两个犬种。美国猎狐㹴俱乐部参考了英版犬种标准，在这个基础上拟定出自己的版本。猎狐㹴在二十世纪中期广为盛行，而今日该犬种在英美的数量都相对有限，其中刚毛㹴比平毛㹴更受欢迎。

牧师罗素㹴/杰克罗素㹴

现代-英国-寻常

体形

♂ 36 厘米 /14 英寸为宜。

♀ 33 厘米 /13 英寸为宜。

外观

自信机敏，工作犬外形，身体强健。头骨平滑，耳间距宽；楔形头部；下颌有力，牙体大。眼睛呈杏仁状，瞳色深；V字形耳整洁地前折，折痕不高于头顶。颈部长，从肩部起身长大于高度。胸部深度合宜，背部笔直灵活。腰部有力而稍拱，后躯肌肉发达。原剪尾；不剪尾则为中等长度，以直尾为佳，位置相对高，活动时高高翘起。

毛色

白色，以白色为主色调，辅以柠檬黄或深褐色斑纹，或上述色的任意搭配；以头部和（或）尾根有斑纹为佳，身体不得有斑纹。被毛可为平毛或不平坦的粗毛；底毛笔直、质硬、色黑、紧凑而浓密，能抵御恶劣天气。腹部及大腿下侧也长有毛发。皮肤厚而松弛。

用途

驱赶狐狸，作速度赛犬、展示犬、伴侣犬。

活泼好动、聪慧惊人的牧师罗素㹴来自约两百年前的英国，起初主要用于拦截赤狐钻入地穴，或将其赶出地穴。该犬种的诸多特性都表明其极适应这项任务，因此它们今日仍从事同样的工作。它们的胸部狭窄柔韧，能在地下自如活动，精力旺盛、体形矫健、步幅很大，有足够的体力和耐力刨土、追捕狐狸，在地上和地下都能以持续不断的吠叫声向猎人提示自身和猎物的方位。牧师罗素㹴是绝妙的伴侣犬，不过它们需要长期训练和干扰，以抑制其刨土和吠叫的原始冲动。

牧师罗素㹴的起源要追溯到十九世纪的牧师约翰·罗素，这也正是犬名的由来。生于一七九五年的约翰·罗素是教士之子，喜好狩猎，也钟爱猎犬。在雨果·梅内尔（1735—1808）的努力下，英国培育出了跑速惊人、灵活无比的猎犬，猎狐风潮也直达顶峰。这些猎犬的诞生大大加快了狩猎的速度，英国人很快沉沦其中。当时被统称为猎狐㹴的㹴犬常与猎犬结伴打猎，负责定位狐洞，找出它们的藏身之所，然后提示猎人，"诱导"狐狸离开地洞，使狩猎得以继续。据罗素回忆，

一八一九年，他买下了一只名叫特朗普的㹴犬，它便是罗素猎狐㹴的母系种犬。

一八二六年，罗素搬到英格兰南部的德文郡，继续狩猎和育种活动。那时，他已有了自己的猎狐犬和猎狐㹴的犬组，并很快以"枪猎犬牧师"的身份为人所知。他的猎狐㹴可谓犬中传奇，它们坚忍不拔，以白色为主色调。这种配色显然在赤狐中异常显眼，不会被猎犬同伴误伤。

一八五九年犬展出现后，罗素成为知名的㹴犬和猎犬裁判；一八七三年，英国养犬俱乐部成立，罗素是创始人之一。随着犬展的热度日益高涨，罗素㹴的育犬活动开始明确朝着参赛展示犬和狩猎工作犬两个方向分别进行。一八七六年，猎狐㹴俱乐部成立，至今依旧是（平毛及刚毛）猎狐㹴在英国的家长俱乐部。罗素于一八八三年去世，他的朋友亚瑟·海涅曼接过这项艰巨的使命，成为工作猎狐㹴的主要支持者。一八九四年，海涅曼创立德文郡及萨默塞特郡獛俱乐部，后更名为牧师杰克罗素㹴俱乐部，致力于保护㹴犬原本的形态。他起草了犬种标准，规定理想体形为 36 厘米（母犬为 33 厘米）。这项标准为今后犬种形态的争议埋下了伏笔。

二十世纪六十年代之前，平毛猎狐㹴在展示赛中大放异彩，作为伴侣犬也备受欢迎。遗憾的是，现在它们已被英国养犬俱乐部列为"稀有犬"。粗毛的罗素㹴虽鲜少出现在公众视野，但在农场和猎场上时常能见到它们矫健的身姿。随着时间的推移，所有小型白色㹴犬被统称为杰克罗素㹴，育犬者开始朝着短腿品种方向培养。第二次世界大战后，它们作为伴侣犬也广受欢迎，被称作杰克罗素㹴；而原始的长腿㹴犬则面临绝迹的危险。二十世纪七十年代，一大批俱乐部纷纷组建，以保护杰克罗素㹴。犬种标准对高度的要求拓宽到了 25 到 38 厘米，以维持犬种的多样性。一九七四年，大不列颠杰

克罗素㹴俱乐部成立，杰克罗素㹴的身高标准依旧相对宽泛。这使得推崇原始牧师杰克罗素㹴的育犬者十分担忧，毕竟当时的标准是三十六厘米上下。一九八三年，牧师杰克罗素㹴俱乐部迎来了第二春，成员们致力于使英国养犬俱乐部承认原始犬种。最终，在一九九〇年，英国养犬俱乐部接受了原始㹴犬的犬种标准；一九九九年，犬名变更为牧师罗素㹴。

一八七六年，美国杰克罗素㹴俱乐部成立，并采用了海涅曼版的原始犬种标准，提倡培育长腿的原始工作犬。美国杰克罗素㹴俱乐部不接受美国养犬俱乐部的认可，因为他们不希望该犬种参与展示赛，而是致力于维持它们原本的工作能力。不过，一九八五年，一群育犬者共同组建了杰克罗素㹴育犬者协会，作为美国养犬俱乐部的附属机构推广原始㹴犬。二〇〇〇年，杰克罗素㹴为美国养犬俱乐部承认；二〇〇三年，犬种更名为牧师罗素㹴，以与英国认可的犬种呼应。同时，杰克罗素㹴育犬者协会也更名为美国牧师罗素㹴协会。时至今日，该组织依旧与美国杰克罗素㹴俱乐部存在矛盾。令人哭笑不得的是，短腿的杰克罗素犬反倒赢得了公众的欢心。一九九六年，英国㹴犬爱好者俱乐部成立，旨在保护该犬种，并于一九九九年更名为英国杰克罗素㹴同盟。短腿的"罗素㹴"如今被归类至美国养犬俱乐部的混合犬组。

第八章

奉献与忠诚

考古证据和艺术作品向人类展示了形形色色的早期犬：多才多艺的尖嘴狐狸犬、视觉猎犬、马士提夫獒犬、山犬等多种猎犬，它们在不同的领域肩负着重要的使命。在遥远的从前，它们便忠心陪伴在人类身边，扮演着工作犬、猎犬、护卫犬或拖运犬的角色。经历工作犬的时期后，这些犬渐渐住到了主人的屋檐下，甚至栖居于壁炉旁。而历史也展现了另一类独特的犬，它们源于古代，在形态和功能上都与上述犬类截然不同。它们享受的可不仅仅是主人的炉火，甚至是他们的床榻和被褥。这些犬体形娇小，有些甚至可谓迷你，毕生唯一的职责是取悦主人，提供欢笑与陪伴。它们的起源要追溯到两千五百年前乃至更早的亚洲和地中海地区。育犬者着力培养这些犬娇小的体形和温驯的个性，它们也不负众望，赢得了帝王及富贵人家的青睐，只有他们才养得起这些纯观赏动物。不过，这些总结对作为赏玩犬的它们略显不公，事实上它们能从事多种工作，如捕捉老鼠，至少起到威慑老鼠的作用，力所能及地保护主人。

公元前五〇〇年左右的古希腊及罗马的图像向人类展示了形似现代马尔济斯犬的小型犬。古代文学作品频频提及它们，公元前三七〇年，亚里士多德将这种小型犬称为梅利塔·卡泰利，并与一种小型鼬鼠做了对比。早在公元一世纪，古希腊历史学家斯特拉波称该犬来自地中海的马耳他岛，彼时的贵妇相当钟爱它们；其他一些记载则将马尔济斯犬与西藏㹴联系在一起。

中国西藏和中原地区广泛繁育这些伴侣犬，热度一直持续到十九世纪末。大思想家孔子曾形容它们拥有短腿、"短嘴"、长尾巴和长耳朵。它们也被称作哈巴犬或"案几犬"。案几高约二十至二十五厘米，以便人们席地

而坐，可想而知这些犬的体形有多小。在西藏地区，这些迷你犬与佛寺结缘，多为喇嘛饲养。它们的起源与所处地域和宗教的神话及传承有关，包括佛教重要的象征——狮子。育犬者朝着狮子的外形培养这些小型犬，日复一日，它们也被称为狮子犬。在被献给中原的帝王后，这些小型犬很快盛行于宫廷中；后来佛教传入中原，这些狮子犬依旧与寺院密不可分。

包括西施犬、拉萨阿普索犬、京巴犬和巴哥犬在内的迷你犬都小到能纳入龙袍的广袖里，因此也被称作"袖犬"。它们潜于袖中，当闲杂人等靠近皇帝时，便会发出警示的吠叫，令敌人防不胜防。袖犬过着锦衣玉食的生活，有下人尽心服侍。作为回报，它们倾尽毕生精力，忠心护主，成为他们如影随形的伙伴。袖犬会赶尽宫廷硕鼠，陪伴皇帝出巡。它们通常在帝王现身前亮相，项间系铃，身着彩带，训练有素地吠叫以彰显皇威，其他犬则衔着皇室朝袍的后襟。这些小型犬被皇家严加管控，禁止外传。不过依然有人私自售卖，运往富有的人家，还有些被赠予他人。汉朝开拓了丝绸之路，打通通商之路，贸易往来也随之兴盛，形形色色的犬类开始在中亚普及，进驻欧洲。

欧洲王室盛行饲养小型伴侣犬，其中又以玩具猎鹬犬为最。王室成员倾心于以犬为代表的各种宠物，并将它们当作礼物彼此馈赠。资料显示，这些动物主要用于陪伴王子或公主（他们还有其他伴侣宠物）；英国王储无一例外地与宠物相伴长大，尤其是犬类。可以说这些充满爱意、全心全意对待主人的动物为王室成员献上了至死不渝的情义。历史上也有不幸的英国王室成员与宠物犬共赴行刑台。小型宠物犬并非欧洲王室的专属，它们

与贵族和富有的人家也密不可分。这些小型犬常与主人同榻而眠，在寒冷的夜晚献上自己的温暖；它们常被称作"抚慰犬"，夫人和小姐们也会用其暖手暖脚。古人曾说，这些小型犬具有某种神奇的治愈力，体温在一定程度上能缓解人类的关节疼痛和消化不良，还能减轻焦虑，治疗神经衰弱。它们还能将主人身上的跳蚤引到自己身上。

小型犬是女士们的最爱，男士也对它们青睐有加：查理一世（1600—1649）和查理二世（1630—1685）都痴迷于小型犬，特别是猎鹬犬。各种各样的小型犬是贵族的良伴，它们与情妇和娼妓的关系也不容忽视，法国斗牛犬是她们生活中不可或缺的伴侣。变幻莫测的时尚潮流也会影响小型伴侣犬的发展，近年来则主要体现在影视和广告行业中。多年来，小型犬在好莱坞名流间几乎成了"社交的必备之物"。不过，骤然的流行未必能给犬种带来裨益。供不应求自然会造成不合格的过度繁育，频频有无良奸商以劣质配种牟求一时之利。进而造成犬种特性被不合理地过度放大，比如过小的体形、过于扁平的颜面或圆溜溜的头部，上述过度培育给一些犬种埋下了严重的健康隐患，至今都饱受非议。

尽管许多犬种被培育成了伴侣犬，但它们中有些也渐渐掌握了工作技巧。标准贵宾犬原为水中寻回犬，负责衔回鸟类；而迷你贵宾犬则是出色的松露猎犬。两者均被马戏团征用，不过今日它们多作伴侣犬。达尔马提亚犬则是勤勤恳恳的运输犬，美国消防部门普遍使用它们为马拉消防车扫清前路，它们在守卫消防车库的安全上也功不可没。英格

兰北部曾大量启用优雅的约克夏㹴，让它们穿梭在磨坊和工厂间驱逐老鼠。

犬类给人类带来了无限的慰藉与欢欣，人类需要它们，甚至依赖它们，它们道不尽的优秀品质使人类的生活焕然一新。诚然，所有犬种都能陪伴我们，但有一些犬种显然更适合常伴身侧。

西施犬

古老-西藏地区及中原地区-寻常

体形

♂/♀

不高于27厘米/10.5英寸；
4.5-7.5千克/10-16磅为宜。

外观

身体结实，结构紧凑，毛发浓密，傲气十足。头部圆而宽，蓄有山羊须及连鬓须；眼距宽，眼睛大而圆，瞳色深，表情友善且警惕。吻部短小，呈正方形，下颌突出或呈水平状。耳朵大，毛发浓密厚实，耳根位于头顶下方。头部位置高；颈部拱形优美；背线水平，从肩部起身长略大于身高。腿骨发达，步态欢快。尾巴有饰毛，位置高，卷起过背。

毛色

任意色。被毛长而浓密，或微卷；底毛长度中等。鼻梁上的毛发呈放射状，似菊花绽放之姿。

用途

作展示犬、伴侣犬。

西施犬活泼好动，聪明伶俐，历史源远流长，与皇家密不可分。清朝皇帝的爱宠之一便是这些小小的犬，皇家也常将其赏赐他人。西施犬的气场也足够强大，尽显皇室之风，骄傲自信，表情讨喜，性格大胆奔放。西施犬体形小，外观娇美，是一种膝上犬，但这并不妨碍它们无所畏惧、精力充沛地吠叫警示。

活泼的西施犬历史悠久，一些未经证实的细节还存在争议。研究者普遍认为其发源地是西藏的偏远地区，与体形远远大于它们的护卫犬藏獒共同饲育。有证据表明，这些小型长毛犬与马士提夫獒犬组队工作，它们负责监视不速之客，并以吠叫示意，能明确分辨家人、亲友和入侵者。这些小型犬因外表特征被称为西藏狮子犬，"Shih Tzu"在汉语中的意思便是"小狮子"[①]。它们在遥远的过去与佛寺结缘，僧侣精心饲养这些小型犬，把它们当作狮子的缩影。而狮子正是佛教的圣兽，僧人相信它们能带来好运。相传，文殊菩萨常与一只小小的狮子犬结伴云游。这只狮子犬能摇身一变，化为雄狮，充

①西施犬的英文名为"Shih Tzu"，发音似汉语的"狮子"。

当威风凛凛的坐骑，一跃千里。狮子并非西藏或中原地区的产物，而是早期从国外引入的，这种小型犬便成了与雄狮最相似的象征。

西藏路途遥远，但阻隔不了小狮子犬跋涉到中原的步伐。起初它们被进贡给皇帝，这个犬种在宫苑深处得到发展。清朝的皇帝非常欣赏这种体形娇小的西藏"圣犬"，命人大量繁殖豢养。这些犬与小型的京巴犬、巴哥犬同栖宫苑，混种的概率非常大。不过，西藏狮子犬最终演化成拉萨阿普索犬，与西施犬已截然不同。两者流淌着相同的血脉，形态差异却十分显著。由于体形过小，中国皇宫的西施犬也被称作"案几犬"或"袖犬"，足以藏入名流袍服的广袖之中。它们也与中国福犬息息相关，中国福犬形似雄狮，其雕塑常被放置在寺庙大门两侧，达到震慑他人的效果。宦官负责豢养和照料这些小型犬，还要精心打理，以博得主人的认可和欢心。该犬的鼻子以扁平为佳，这也是宦官倾力打造的目标。为培育出某些特性，它们曾经历大量的近亲繁殖。

"现代"西施犬成形于十九世纪，要归功于皇帝驾崩后垂帘听政的慈禧太后。手握重权的慈禧极其喜爱犬类，开设了皇家犬舍，命人豢养大量巴哥犬、北京犬和西施犬。她在育犬方面关注血统的纯正度和毛色。没有史实证明宦官混养过上述犬种，不过混养的概率很大。慈禧在世时，豢养的犬名噪一时。不过一九〇八年慈禧去世后，犬舍随即解散，这些犬也卖的卖、送的送。西施犬和拉萨阿普索犬常被视为同一犬种，统称为拉萨狮子犬、拉萨狗、狮子犬或西施狗，但没有文字记录这一犬种。辛亥革命推动了清朝的覆亡和中华民国的建立，这些犬在这一时期的处境进一步恶化。

一九二三年，中国养犬俱乐部成立；一九三四年，北京养犬俱乐部成立，不过直到一九三八年才起草了西施狮子犬的犬种标准。截至那时，鲜少有犬走出中国。

一九二八年，奠定西方西施犬基础的布朗里格女士赴中国旅行，将两只西施犬带回英格兰，它们分别是公犬锡箔和母犬舒萨。一九三三年，爱尔兰的哈钦斯夫人得到了一只西施犬，起名为郎福萨。这三只犬及布朗里格女士的泰山犬舍对该犬种的发展起了至关重要的作用。起初，英国养犬俱乐部也将西施犬与拉萨阿普索犬视为一个犬种，经过爱好者的不懈努力，这两种犬才获得了独立认可。一九三四年，西藏狮子犬俱乐部成立，颁布了犬种标准，并于一九三五年更名为西施犬俱乐部。到了一九三九年，该机构已注册百余只西施犬。同年，盖伊·韦德林顿参与进来，成立了以盛产西施犬闻名的拉康犬舍。她精心选育，时常向固有犬群引入外来西施犬，保证基因库的多样和健康，避免遗传疾病发生的风险。

该犬种在英国的发展日趋成熟，在故土却遭遇重重困难。幸运的是，有八只被出口到英国，还有三只长途跋涉来到挪威。此前抵达英国的西施犬遭遇二战，育种项目一度中断数年。战后，英国和欧洲大陆的西施犬数量锐减，育犬者费尽心思，努力重建一切。一九五二年，京巴犬的育犬者弗雷达·埃文斯将京巴犬的血统引入西施犬，试图扩充有限的基因库，修正西施犬的一些弱项。这些混种犬的后代再次参与育种，产下纯粹的西施犬，通过反复培养，稀释京巴犬对西施犬的影响。长久以来，许多育犬者努力使纯种西施犬获取独立犬种的认定，但这种破坏犬种血统的繁殖方法令他们饱受争议。一旦混有京巴犬的血源，要经过四代才有资格得到英国养犬俱乐部的认可，美国养犬俱乐部对这类混种犬的要求则是七代。不过，今日许多西施犬的血源仍要追溯到它们在美英的京巴犬祖先。到了二十世纪六十年代，英国许多顶尖犬舍都育有西施犬。

研究者认为，二十世纪三十年代，少量西施犬开始被运往美国，不过二十世纪五十年代美国才开始大量进口。美国军人在驻英空军基地见到这个犬种，率先将它们带回美国。莫林·默多克和侄子菲利普·普莱斯成立了最早的相关犬舍；一九五四年，他们从英国进口了两只西施犬；次年，美国养犬俱乐部将其分类至混合犬组。截至一九六〇年，已成立三家关于该犬种的俱乐部，印证了它们在美国暴涨的人气。到了一九六一年，美国已注册了百余只西施犬，短期内如此流行的案例实属罕见；而一九六四年，注册数已高达四百余只。一九六三年，西施犬美国俱乐部和得克萨斯狮子犬协会合并为美国西施犬俱乐部，负责该犬种的所有记录工作。一九六九年，西施犬成为美国养犬俱乐部第一百一十六个被认可的犬种，被分类至玩具犬组。它们势不可当，在全美勇夺各项锦标赛的桂冠，人气如日中天。现在，西施犬依旧位列美国最受欢迎犬种排行的前十名，在英国的势头也不相上下。

拉萨阿普索犬

古老-西藏地区-寻常

体形

♂ 25 厘米 /10 英寸为宜。
♀ 略小 。

外观

身体精壮，毛发厚实，神采奕奕。头骨相对窄，不平滑；头部毛发繁茂，山羊须及连鬓须更为浓密。前颜面笔直；吻部约 4 厘米，不呈方形；眼睛中等大小，瞳色深，呈椭圆形；耳朵下垂，覆以丰富的羽状饰毛。颈部强健，拱形优美；从肩部起身长大于高度；肋骨展度良好；背线水平。四肢毛发丰厚；足掌圆，似猫足。尾巴覆以柔顺的羽状饰毛，位置高，卷过背部。

毛色

金色、沙色、蜂蜜色、深灰色、深蓝灰色、烟灰色、双色、黑色、白色或棕色。被毛直、长而厚重，底毛中等长度。

用途

作展示犬、看门犬、伴侣犬。

百余年前，拉萨阿普索犬发源于西藏地区。这片偏远的荒野使拉萨阿普索犬鲜少与其他犬种接触，因此在发展过程中几乎没发生改变。这些犬在西藏的寺院中孕育成长，与庙宇结缘，这也使它们在民间颇受尊崇。西藏有传说称，深居喜马拉雅山脉的狼群为了觅食跋涉到寺庙，被驯养后逐渐演化成了现在的样子。而这些小型犬明显是当地严苛环境下的产物。它们粗犷强健，毛发长而浓密，面部丰富的长毛能抵御刺骨严寒和凛冽的风雪。

历史上，拉萨阿普索犬养于室内，而藏獒长居室外。两者呼应，共同抵御外敌、守卫家园。拉萨阿普索犬对亲近之人友好忠诚，喜欢跟人嬉戏，不过保护欲极强。它们还具备立刻分辨熟人与生人的能力，判断出具有潜在威胁的不速之客；一旦发现陌生人，它们便高度警惕，在领地遭到入侵时全力吠叫以示警告。它们十分机敏，听力超群。拉萨阿普索犬的西方名字来源于西藏自治区的首府拉萨，这里也是世上最盛产该犬种的地域；而阿普索是其藏语名字，藏语中的"ara"意为"髭须"，而"sog-sog"意为"毛发旺盛"。

研究者普遍认为，拉萨阿普索犬大多生活在西藏的佛寺内或富有的家庭里。当地人视其为幸运的象征，当作厚礼相互馈赠，（据说）绝不出售。收到一只拉萨阿普索犬称得上是至高的礼遇，自十七世纪起，它们便频频被进献给皇帝。

一八五四年，拉萨阿普索犬首次抵英。起初，各种来自东方的小型犬种常被混淆，特别是拉萨阿普索犬和西藏狓，它们曾被称作拉萨狓、西藏犬和不丹犬。拉萨狓（aka the Lhasa Apso）最早的犬种标准出现在亨利·德·比兰特伯爵所著的《世界犬大全》（1897）中。一九〇一年，莱昂内尔·雅各布爵士修订了初版犬种标准。一九三四年，西藏犬种协会成立，明确了各类西藏犬种的区别。第二次世界大战结束前，拉萨阿普索犬在英国一直罕见。战后，英国从印度和美国引入了一些犬，扩充基因库。后来，犬种数量逐渐攀升；一九五六年，拉萨阿普索犬俱乐部也随之成立。一九五九年，犬种更名为西藏阿普索犬；到了一九七〇年，又改回拉萨阿普索犬。一九八四年，冠军犬撒克逊斯普林斯·哈肯萨克在克鲁夫茨犬展中惊艳亮相，勇夺全场总冠军。二〇一二年三月，冠军犬泽恩塔尔·伊丽莎白艳压群芳，从两千余只良犬中脱颖而出，再次赢得这一荣誉。

京巴犬

古老-中国 -寻常

体形

♂ 体重不超过 5 千克 /11 磅。
♀ 体重不超过 5.4 千克 /12 磅。

外观

形似狮子，尽显皇室威严，勇猛而大胆。头骨相对大，耳间平坦，眼距宽。瞳色深，眼睛圆，不太大，表情冷淡而无畏。心形耳，有大量羽状饰毛，紧贴头部。吻部相对短而宽，伸展至鼻梁的皱纹呈倒 V 字形。鼻宽，呈黑色；下颌坚固；颈部相对短粗；前腿相对短而粗壮，发达。身体较短，腰部突出；胸部宽；背部水平；后躯肌肉发达，比前躯较轻。足部大而平，前足或稍微外翻。尾巴位置高，紧绷竖起，微卷过背，或偏于左右两侧，有较长羽状饰毛。

毛色

除白化病色[1]或赤褐色外的任意色。被毛相对长，毛发直。鬃毛围住颈周，形似斗篷。最外层毛发粗糙。底毛粗，相对柔软。耳朵、腿后侧、尾巴及足趾覆以羽状饰毛。

用途

作展示犬、伴侣犬。

京巴犬的历史源远流长，交织着古老的东方神话和传说，它们尊贵威严，为世人所推崇。现代京巴犬与其祖先在外观上存在较大差异，不过它们继承了冷淡的性格和高贵的特性。它们忠心耿耿，全心全意为主人付出，同时又生性独立，有时甚至称得上固执。

京巴犬的故事要追溯到遥远的公元前五〇〇年，当时，一种吻部短小的中国犬在历史上留下了足迹。公元前二〇〇年前后，中西方打开了贸易通道，罗马、埃及、中东、西藏地区和中原地区开始互通有无。研究者推测，这些面部平坦的中国小型犬受到了罗马马尔济斯犬的影响。这些小型犬具备攻击力，是看门好手，却多作宠物犬。供养宠物的花销巨大，因此它们只与富人阶层关系密切。

大思想家孔子曾将京巴犬形容为拥有短腿、"短嘴"、长尾巴和长耳朵的犬类。它们也叫"哈巴犬"或"案几犬"。当时的案几多为二十厘米至二十五厘米，供人席地

---

[1] Albino，指周身雪白，吻部、眼周为浅粉调白。

而坐，京巴犬的娇小不言而喻。人们还豢养体形更小的"袖犬"。为了安全考量，王公子弟不动声色地将这种迷你犬藏入广袖。这些身形娇小的犬一旦被激怒，便会变得凶猛无比。

育犬者有意将它们培养成狮子的缩小版，其原因要在佛教里找答案。佛教发源于公元前十五世纪的印度，精神象征多为该国的动物。因此，狮子成为佛教中至关重要的圣兽，该地区流传着诸多关于雄狮的传说。相传，佛祖骑着圣狮直抵云霄。只见他指尖画圈，便幻化出千百只小狮子环绕四周，抵御外敌。公元元年到四〇〇年间，佛教渐渐传入西藏地区和中原地区，也带来了圣兽狮子的概念。由于中国没有狮子，人们便试图打造出它的缩小版。东汉汉明帝养了不少哈巴犬，这些小型犬作为狮子的象征成为宫廷一景，它们的毛发参照雄狮的外形修剪，成为帝王身边佛教圣兽的象征，精心打理的"狮子犬"犬种也应运而生。

这些小小的狮子犬仅供帝王和达官贵人豢养，其形象频频出现在宗教雕塑和其他艺术作品中。后来，它们被称作"福犬"或"瑞犬"，雕像成对安置在寺庙门口，或被打造成便携的护身符。关于狮子犬的民间传说如雨后春笋般涌出，为人们津津乐道。相传，佛祖有只飞天圣狮恋上了狨猴，但宏伟的体形吓退了狨猴。圣狮来到佛祖面前，恳请将自己缩小，与所爱的狨猴长相厮守。佛祖欣然允诺，将圣狮的身躯化小，却丝毫不损其勇猛与灵性。于是圣狮与狨猴喜结连理，狮子犬正是它们的后裔。

狮子犬的发展在唐朝达到顶峰。唐朝皇帝钟情狮子犬，命人仔细伺候，让它们过上极尽奢华的日子。那时，宫廷混养了一些不同品种的小型犬，育种的首要目标不是确保纯种，而是尽可能接近雄狮的造型，以悦龙颜。育犬者还关心它们特定的颜色，其中驼色和红色（狮

子色）最受青睐。白色也很受欢迎，前额处有白色斑纹的则被认为与佛祖有缘，被人们争相追捧。宫女、宦官负责豢养，宦官为主力。宫中开设犬赛，哪只犬赢得了比赛，哪位负责豢养的宦官便能领赏。画师为大放异彩的犬绘制画像，皇帝甚至会给一些犬加封头衔。汉灵帝的一只狮子犬就极负盛名。犬成为礼仪场合不可或缺的成员，有些甚至会发出短促尖锐的吠叫声示意"皇上驾到"。后来，狮子犬成为皇家专属，任意贩卖者甚至会被处以极刑。即便如此，依旧有人铤而走险，走私这些名贵犬。

一四〇六年到一四二〇年间，宏伟的紫禁城拔地而起，随着佛教在本土影响力下滑，狮子犬也不再独领风骚。到了清朝，育种再度复兴，并迅速蓬勃发展起来，各类名犬进驻紫禁城。据说当时欧洲人偏爱一种舌头上长黑斑的犬，于是这类犬就被售往欧洲。不过十九世纪中期之前，京巴犬在欧洲极为罕见。一八六〇年第二次鸦片战争期间，英法联军在北京颐和园烧杀掳掠。他们抵达时，皇帝早已携妃嫔仓皇逃离。据说皇帝身边的一位老妇人和她的五只狮子犬留了下来，但她在英法联军闯入时自尽。这五只狮子犬被英军带走，成为该犬种在英国的基础犬群。英国陆军上尉约翰·哈特·邓恩将最小的一只献给了维多利亚女王。一八六一年，这只公犬登上了《伦敦新闻画报》，被称为伦敦第一京巴犬，声名远扬。

彼时，包括京巴犬在内的一些宫廷狮子犬开始进入中国寻常人家。一八六五年，持续六天的售犬活动开始逢月举办，达不到宫廷标准的犬均被出售，其中一些还出口到了国外，成为该犬种在海外的基础犬群。而一八九六年道格拉斯·莫里走私出境的两只则是例外。这两只良犬是现在许多京巴犬的祖先。一九〇二年，垂帘听政的慈禧太后重返紫禁城，将几只名犬赠予外国贵客，包括送给美国总统西奥多·罗斯福之女爱丽丝·罗斯福的京巴犬，以及送给美国银行家约翰·皮尔庞特·摩根的一只。这两只京巴犬成为该犬种在美国的基础犬群。

十九世纪六十年代，京巴犬方才进入英国，它们起初被称作北京猎鹬犬，时而被误认为日本狆；而日本狆那时（1977 年以前）则被称作日本猎鹬犬。日本猎鹬犬俱乐部同时监管这两个犬种，后来更名为日本与北京猎鹬犬俱乐部，直到一九〇四年，京巴犬俱乐部才正式成立。一九〇九年，美国京巴犬俱乐部成立，该犬种开始盛行英美。不久后，上流社会的犬展逐渐兴起，更是带动了京巴犬的发展。一九〇九年，美国根据英国的原稿制定了京巴犬犬种标准，后又进行了数次修订；体形和体重的争议接连不断，有些育犬者坚持认为六点五千克（18 磅）对于该犬种来说未免太重了。为表抗议，北京宫廷犬协会于一九〇八年在英国成立，协会规定的体重要轻很多，规定的犬种体形也相对娇小，更符合初始的样貌；随后他们制定了自己的犬种标准。两家俱乐部迄今都致力于扩大京巴犬的受众群，而英国只接受了一种（折中的）犬种标准，将理想体重规定为四千克（11 磅）；美国则规定京巴犬的体重不得超过五千克（14 磅）。

巴哥犬

古老-中国-寻常

体形

♂/♀ 6.3-8.1千克/14-18磅。

外观

矮胖，身形呈方形，威风凛凛，非常聪慧。头部圆，相对大；吻部短而钝，呈方形，下颌稍微突出。前额皱纹深；眼睛大而圆，瞳色深而有光泽，兴奋时神采奕奕。耳朵小而薄，丝绒质地，呈玫瑰耳或纽扣耳，后者为佳。颈部有力而微拱，身形矮壮，背部水平，胸部宽。前腿强健而笔直，后躯有力；尾巴位置高，紧绷，上卷过背，以两道卷为佳。

毛色

银色、杏黄色、驼色或黑色。色调、色块（黑色线条从后枕骨延伸至尾巴）及面部的色彩分界明显；斑纹同理。吻部、面部、耳朵、双颊间的斑点，前额处的指印斑或菱形斑，以及身体上的分界条纹均以黑色为佳。毛发细密光亮，柔软而短小。

用途

作展示犬、伴侣犬。

人们常用"小中见大"来形容巴哥犬，意指它们小小的身躯里囊括了诸多犬种的特性。巴哥犬是体格上的小犬，却是性格上的巨犬，或许"小中见大"便是最贴切的形容。它们性格迷人，极富魅力，活泼欢乐的个性和出类拔萃的智商让它们成为伴侣犬的绝佳选择。

巴哥犬也是一种古老的犬种，起源要追溯到公元前四百年的东方。没有文献记录其早期发展，不过研究者普遍认为它们原产于中国。大思想家孔子曾提到过一种"短嘴"犬，大概是早期的巴哥犬，称作猣子。几幅东方的古老画卷证实了这里有几种小型伴侣犬，包括今日的京巴犬、拉萨犬、西施犬和日本狆。早期的记载相对模糊，但可以肯定的是，中国古代的帝王倾心于这种小型犬，命人照料，养于深宫。它们有专人伺候，每日山珍海味，享尽荣华。

巴哥犬最显著的特征之一莫过于前额处的皱纹，这几道痕迹形似汉字中的"王"，恰由三横一竖组成。早期育种极为重视这个"象征"。

后来，巴哥犬流传到了西藏地区，广受僧侣和寺庙的欢迎。之后它们流传到了日本，被天皇放在腿上取暖。汉朝开通了丝绸之路，贸易通道延展，商业往来也日益密切，各类犬种传入中亚甚至更远的土地。十六世纪，它们长途跋涉来到葡萄牙和西班牙。不过早期巴哥犬在欧洲发展的核心地带是荷兰。这主要归功于荷兰东印度公司于一五七〇年在日本长崎开设的重要贸易站，该站点仅为与荷兰的商贸往来开放。犬类则是荷兰东印度公司的众多商品之一，在一六一九年阿姆斯特丹特设的犬市转手。詹姆斯·豪厄尔曾在书中记述相关场景。后来，艺术家亚伯拉罕·洪第乌斯（1638—1695）为犬市作了一幅画。在奥兰治亲王威廉一世（1533—1584）的努力下，巴哥犬很快在荷兰大获成功。巴哥犬是威廉一世众多爱犬中最令他倾心的，这便要提起该犬对他的救命之恩。威廉一世每每踏上与西班牙交锋的战场，都会带上心爱的巴哥犬。一五七二年的一个夜晚，西班牙人潜入荷明尼，偷袭并撂倒了守卫，向威廉一世所在的营帐放火。与威廉一世同眠的巴哥犬迅速觉察，叫醒了亲王，才使他及时脱逃。此后，威廉一世毕生豢养巴哥犬，并将它们定位为奥兰治家族的代表犬。在威廉一世长眠的代尔夫特教堂之墓上，甚至刻着巴哥犬的形象。毋庸置疑，这种犬已在荷兰大受欢迎。一六八八年，荷兰的威廉三世（1650—1702）抵达托贝，将该犬种引入英国；他在一六八九年成为英国国王，带来了许多心爱的巴哥犬，使其迅速受到王公贵戚的青睐。十九世纪末期，由于统治阶级的大力推广，该犬种在英国的热度也长盛不衰。维多利亚女王在漫长的统治中共养过三十六只巴哥犬。若干年后，温莎公爵及其夫人养了九只巴哥犬，并请知名艺术家多次为爱犬作画，使活泼讨喜的巴哥犬再度成为焦点。

十八世纪，巴哥犬来到了俄国。据记载，彼得大帝（1672—1725）曾向康熙帝派遣使节，而康熙帝也命人精心接待，双方交换了各自国家的犬。研究者认为，在俄国繁育的巴哥犬又传入了欧洲各国，包括意大利、法国、西班牙和德国，不过没有史实证明这一点。欧洲各地至今流传着许多绘有巴哥犬的画像。

到了十八世纪九十年代，巴哥犬风靡于法国的绅士名流之间。拿破仑·波拿巴的第一任皇后约瑟芬·博阿尔内（1763—1814）极其喜爱巴哥犬。在法国大革命期间，仍是亚历山大之妻的约瑟芬蒙受牢狱之灾。她的爱犬"幸运"获准每日探视主人，为约瑟芬带来慰藉。她趁机将纸条塞入"幸运"的领饰中，给外面的官员送信，延迟自己的处刑日期。亚历山大上了断头台，而约瑟芬最终被释放，后来嫁给了拿破仑。拿破仑不喜欢狗，甚至有人说这位法国将军在新婚之夜，还被在婚床上小憩的"幸运"咬了一口。这场事故过后，"幸运"和约瑟芬的其他爱犬被勒令远离卧室，栖居在隔壁的宠物间。它们依旧享受着专人事无巨细的照料，还拥有专属的车厢。

在十九世纪前二十五年间，英国育犬者让巴哥犬与斗牛犬杂交，并对巴哥犬剪耳，造成了外观上的损害。十九世纪五十年代，情况才得以好转。威洛比勋爵养了两只巴哥犬，名为莫普斯和奈尔，据记载是"椒盐色"犬，它们成为勋爵的巴哥犬的基础犬群。同一时期另一对关键种犬则是"金驼色"的庞琦和泰蒂，主人是伦敦富勒姆白鹿俱乐部的查斯·莫里森。到了十九世纪末，韦尔斯利侯爵直接从清朝的宫廷得到了两只粗毛巴哥犬，后将其赠予圣约翰夫人。这对巴哥犬产下了可谓完美的种犬克里克。在接下来的许多年间，克里克一直在英美的巴哥犬犬展中大放异彩。

随着时间的流逝，也不乏黑色的巴哥犬出现，却始终未受到人们的认可，曾被认为"不合规"。而十九世纪后半期，布拉西小姐的一对黑色巴哥犬迅速蹿红，打破了固有认知。在布拉西小姐的不懈努力下，一八八六年，梅德斯通犬展甚至单独开设了黑色巴哥犬分类。一八七三年，英国养犬俱乐部成立，第一版犬种登记簿上记录了六十只巴哥犬。一八八三年，英国巴哥犬俱乐部成立，并颁布了犬种标准。

美国没有关于早期巴哥犬的明文记载。研究者普遍认为，它们大约在十九世纪六十年代中期被引入。一八七九年，纽约威斯敏斯特全犬种大赛登记了二十四只巴哥犬。该犬种在美国的发展相对较慢。截至一九二〇年，仅有数名育犬者在美国养犬俱乐部的登记簿上注册了自己的巴哥犬。一九三一年，美国巴哥犬俱乐部成立；同年，美国养犬俱乐部承认了该机构。今日，巴哥犬受到各地人们的喜爱，在美英的最受欢迎犬种排行上都有一席之地，分别为二十五名和二十名。巴哥犬是静待伯乐的良犬，也有人说一见巴哥，其他犬种再难入眼。巴哥犬生机勃勃，友善亲和，它们经历了漫长而跌宕起伏的历史，但总能迎来光明。

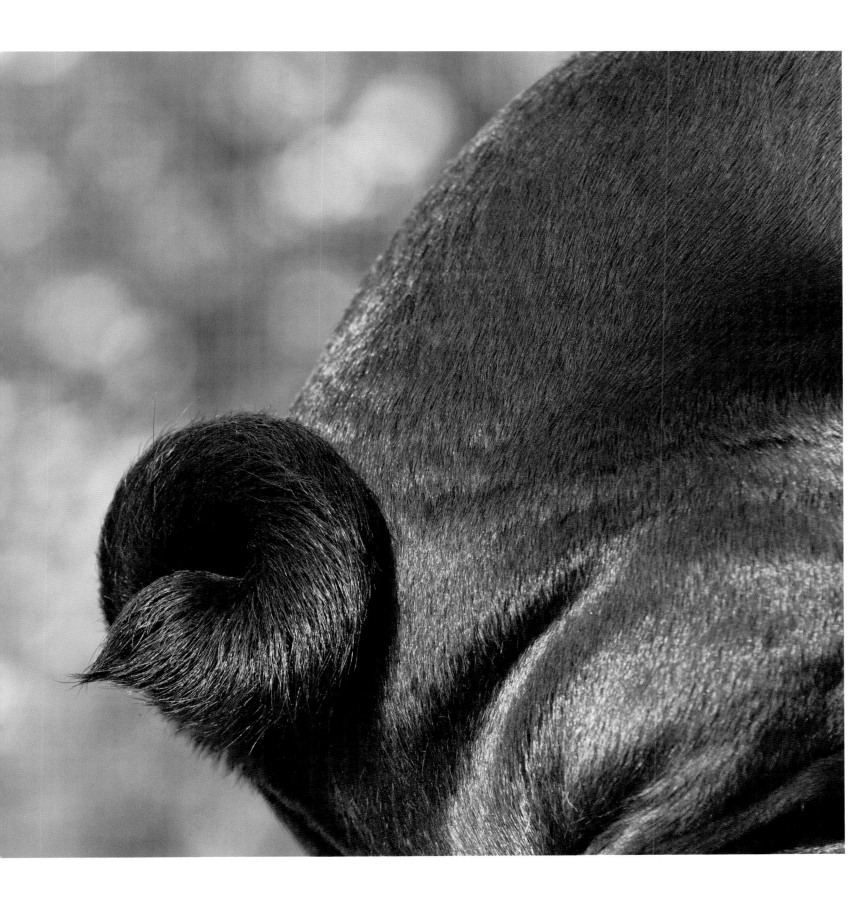

中国冠毛犬

古老-中国-寻常

体形

♂ 28-33 厘米 /11-13 英寸为宜；
  体重不超过 5.4 千克 /12 磅。

♀ 23-30 厘米 /9-12 英寸为宜；
  体重不超过 5.4 千克 /12 磅。

外观

高贵优雅，骨量均衡，骨质佳。头骨稍圆，偏细长，向吻部渐窄，鼻头不尖。瞳色极深，眼睛中等大小，呈杏仁状，眼距宽；耳朵大，直立，位置低，长毛型犬或为垂耳。颈部修长而前倾，线条优美；前腿纤长；身体长度为中等或偏长；胸部相对宽而深；腹部微微收起；臀部圆；后腿腿距很宽；足部窄而长。尾巴长，位置高，尾尖渐细，以覆长而飘逸的羽状饰毛为佳。

毛色

任意色或任意色的组合。分两类——无毛型：仅头部（头冠部）、尾根起三分之二范围（羽状饰毛）、足部（袜子位置处）有毛发。皮肤柔软，温暖而光滑。长毛型：有柔软、长而光滑的双层毛发。

用途

捕鼠，作展示犬、伴侣犬。

中国冠毛犬分成截然不同的无毛和长毛两类，无毛型基本不长毛，而长毛型则长满毛发。一窝幼犬可能同时出现两种类型，它们外形独特，在众多犬种中独树一帜：无毛中国冠毛犬的头顶及耳部覆以柔美的毛发，尾根向下的三分之二处长有羽状饰毛，此外它们还穿着毛茸茸的"袜子"；而长毛中国冠毛犬则浑身遍布长而光滑的毛发。这些赏心悦目的犬敏感机灵，彻底融入了人类的家庭生活。相应地，一旦落单一段时间，它们可能会悲伤焦躁、难以自抑，因此需要能全心照顾它们的主人。

无毛犬的历史要追溯到史前时期，它们最早出现在墨西哥或南美洲地区，这些地域至今也有不少无毛犬的身影。它们常与迷信行为和精神信仰密不可分，频频被用于献祭仪式，甚至会被吃掉。十六世纪，西班牙征服者曾有关于无毛犬的记载。除上述地点，它们还出现在非洲、土耳其、埃及和亚洲等地。中国冠毛犬是从哪些犬群演化而来的已无从考证，不过研究者多认为其祖先是墨西哥的无毛犬。可以肯定的是，十六世纪时这些无毛犬已活跃在中国，受到航海家的欢迎。海员们主要用它们在甲板上驱赶老鼠，也会将其作为稀有犬投入港口贸易，于是无毛犬渐渐声名远播。

十九世纪六十年代，出于对动物表演的需求，英国从中国进口了一些中国冠毛犬，不过它们到了一八八一年才被注册在案。该犬种在英国的发展较为缓慢，一九六九年，中国冠毛犬俱乐部才成立；一九七一年，该俱乐部仅有二十六名会员加盟。时光飞逝，到了一九九五年，英国养犬俱乐部终于承认了该犬种，在开放当年便收到了五百余份注册申请。纽约人艾达·加勒特在一八八〇年遇到了中国冠毛犬，是美国最早开始繁育这个犬种的育犬者，她倾尽心力，奋笔记录长达六十年。二十世纪二十年代，加勒特结识戴布拉·伍兹，两位女士携手共进，成为在美国奠定中国冠毛犬基础的关键人物。伍兹建立克莱斯哈文犬舍，从二十世纪三十年代起详细地记录下了该犬种的资料。到了二十世纪五十年代，这本良犬登记簿已非常翔实，足以支撑美国无毛犬俱乐部的建立，并为该犬种的注册提供充分依据。令人惊异的是，这家俱乐部在建立初期仅有两名会员。而在短短的四年间，中国冠毛犬和墨西哥无毛犬的注册数量分别达到了一百六十只和二百只，速度之快令人啧啧称叹。

在美国的中国冠毛犬发展历史中，另一位举足轻重的先驱则是舞者兼表演者吉普赛·罗斯·李。她的妹妹曾在康涅狄格州的动物收容所领养了一只中国冠毛犬，为了给姐姐的表演提供助力，她将这只犬赠给了姐姐。后来这位表演者作为积极的育犬者，倾尽毕生心血推广和普及这个犬种。一九七八年，美国中国冠毛犬俱乐部成立；一九八六年，美国养犬俱乐部将其列入混合犬组；一九九一年，美国养犬俱乐部正式承认中国冠毛犬，它们现在的分类是玩具犬组。中国冠毛犬敏捷灵活、高度服从，能够担当伴侣犬甚至是心理理疗犬的角色。

吉娃娃犬

古老-墨西哥-寻常

体形

♂ / ♀

身高：15-23 厘米 /6-9 英寸。

体重：2.7 千克 /6 磅。

外观

体形小巧精壮，娇美而俏皮。"苹果型"圆顶颅骨，吻部相对短，稍显尖。耳朵大，呈 45 度展开。眼睛大而圆，眼距宽，表情机敏活泼。深色或红宝石色犬有深色瞳，被毛色淡，则瞳色也淡。颈部稍拱，从肩部起身体长度大于宽度；肋骨展度良好；胸部深；足部娇小精致。尾巴长度中等，位置高，上举过背。

毛色

除云石色（斑点）外的任意色。毛质分两类：长毛型毛发柔软，平坦或波浪卷，有底毛；耳朵、足部、腿部、后腿"裤子"处、尾巴及颈环处有羽状饰毛；尾巴覆以大量饰毛；平毛型柔软细密，极具光泽。

用途

原用于仪式，是肉类来源，现作展示犬、伴侣犬。

吉娃娃犬是体形最小的犬种，令人过目不忘。它们身形娇小，却极有性格，智商很高。近几十年，它们通过广告和《律政俏佳人》（2001）、《比佛利拜金狗》（2008）等影视作品深入人心。吉娃娃犬是非常独特的犬种，尤其需要温馨的家庭和悉心的照料。它们很不适应被主人独自留在家中，总体说来也不适合与婴幼儿共处。吉娃娃犬对主人高度依赖，忠心耿耿，讨人喜欢。它们对外人十分警惕，一旦察觉到陌生人闯入便高声吠叫，是出色的看门犬。

吉娃娃犬的早期历史依旧饱受争议，唯一可以肯定的是这种小小的犬属于古老犬种。研究者通常认为它们在墨西哥繁衍发展，而吉娃娃犬这一名字源于墨西哥北部的奇瓦瓦州，不过该犬种到了十九世纪才具备今日的雏形。托尔特克文明时代（约800—1000），墨西哥中东部活跃着一群古老的特吉吉犬，研究者普遍将该犬认作吉娃娃犬的祖先。九世纪的雕刻、陶器文物证实了形似现代吉娃娃犬的犬类的存在。对早期在中美洲和南美洲生活的人来说，犬是生活中不可或缺的组成部分，各类犬种也蓬勃发展起来。托尔特克文明留下了有关特吉吉犬和佐罗兹英特利犬（别称佐罗犬或墨西哥无毛犬）的记载，后者要追溯到三千年前。

这些犬类常被当作珍馐食用，也是古代不可或缺的祭祀品。古人认为犬能将辞世不久的人类魂灵通过黄泉顺利引入极乐世界。研究者多次在墓穴中挖掘出相关陶器，上面印有形似现代吉娃娃犬的形象。它们在墓中静静地守卫着死者，而在实际历史中，确实常有犬类殉葬。考古人员也在这些墓穴中发掘出了犬类的遗骸，经判定，近似今日的吉娃娃犬。人们也曾以犬类祭天，许多庙宇中都豢养了大量的特吉吉犬。托尔特克文明之后，阿兹特克文明继承了上述信仰。

十五世纪，西班牙征服者长驱直入，大肆掠夺，冲击着土著文化。这些小小的犬有的流窜成了野犬，有的则被西班牙人带回了欧洲。目前没有文字明确记载这些小型墨西哥犬的命运，但研究者推测它们作为野犬幸存下来了，并在三百年后被"再度发现"。也有理论称这些墨西哥的小型犬来自亚洲，甚至称它们来自欧洲，后者的论据来自十五世纪的艺术作品。归根结底，该犬种的历史已无从考证，但可以肯定的是，它们与墨西哥的关系最为密切。

十九世纪五十年代，这种犬才在西方"被发现"；因所在地奇瓦瓦州被命名为吉娃娃犬，后来有些流入英美。一八九七年，伦敦摄政公园犬展上展出了一只吉娃娃犬；罗顿·布里格斯·李也在《大不列颠和爱尔兰现代犬历史及记述》（1897）中描述了该犬，但那时它们仍未受到重视。二十世纪早期，吉娃娃犬的爱好者寥寥可数，鲍威尔夫人便是其中之一。她从一九三〇年开始展出吉娃娃犬，到一九三七年已进口六只。其中一些曾在英国参展，也有些参加过美国威斯敏斯特全犬种大赛。令人扼腕的是，鲍威尔夫人的家在二战期间受到炮火袭击，她倾尽心血培育的犬顷刻之间全部殒命。后来，英国的其他育犬者也致力于发展该犬种。一九四九年，英国吉娃娃犬俱乐部成立。一九五五年，世界迎来了第一只长毛吉娃娃犬。

吉娃娃犬在美国更受欢迎。最早推行该犬种的是作家兼犬展裁判詹姆斯·沃森。一八八八年，他在得克萨斯州的埃尔帕索得到了第一只吉娃娃犬。一八八四年，费城犬展首次展出短毛吉娃娃犬。墨西哥的出口犬种既包括短毛吉娃娃犬，也包括长毛吉娃娃犬。在接下来的几年间，沃森又从埃尔帕索最北边和亚利桑那州的图森进口了形形色色的犬。当时，研究者对这些犬是否可以归为一个犬种存在争议。后来，欧文·威斯特及其挚友查尔斯·斯图尔特成为吉娃娃犬成形初期关键的育犬者。他们购入了一只红色的长毛吉娃娃犬卡兰扎，繁育出梅仑、佩里托、拉·雷克斯·朵儿，发展为三个犬系。梅仑和佩里托犬系主要继承了长毛基因。二十世纪二十年代和三十年代，作家兼育犬者艾达·加勒特将短毛吉娃娃犬与波美拉尼亚犬、蝴蝶犬混种，以繁育出长毛犬。一九五二年，美国养犬俱乐部根据毛发形态将其分为两类。一九〇四年，美国养犬俱乐部注册了首只吉娃娃犬；一九二三年，美国吉娃娃犬俱乐部成立，同时推出了犬种标准。西班牙裔美国人沙维尔·库加是一名乐队领队，享有"伦巴之王"的美誉，他致力于推广吉娃娃犬，有效地使其人气稳步增长。这些小小的犬很快成了"伦巴之王"的标志，陪他出现在每周的电视节目中。到了二十世纪六十年代，吉娃娃犬登上了美国最受欢迎的犬种排行榜第三名的宝座。时至今日，它们在英美仍备受人们喜爱。

蝴蝶犬

古老-法国-寻常

体形

♂/♀
20-28 厘米 /8-11 英寸。

外观

娇俏可人，优雅而活泼。耳间头骨较圆；吻部尖，形态优美。耳朵大而灵活，耳端尖，边缘饰毛厚重，位于头部靠后位置。竖耳型犬的耳朵与头部呈 45 度角，"垂耳"型犬（法连尼犬）的耳朵垂于头部两侧。眼睛圆，中等大小，位于面部靠下位置；吻部向鼻尖渐尖。颈部优雅，长度合宜。身体相对长，背线水平，肋骨展度良好；腰部有力；腹部微拱，线条优美；腿部纤细，腿骨发达；足部似兔足。尾巴长，位置高，弯曲卷起，位置过背，覆以浓密厚实的羽状饰毛。

毛色

白色为主，辅以赤褐色之外的任意色斑纹。被毛旺盛而飘逸，无底毛。毛发长而光滑，质地佳，平滑地覆盖在背部或平摊于身体两侧。胸前饰毛浓密厚实，头部、吻部、前腿的毛发短小细密。前腿后侧至脚踝区域、尾巴及大腿处覆以长毛。

用途

作展示犬、速度赛犬、伴侣犬。

蝴蝶犬属于玩具犬种，娇小玲珑，对生活充满热情。它们是极好的伴侣，乐于奉献、忠心耿耿、友善亲和、敏锐聪慧，在服从训练中也表现不俗。蝴蝶犬既是展示赛和速度竞赛的有力选手，又是出色的心理理疗犬。历史上，它们常被称作"安慰犬"，最喜欢的地方莫过于主人温暖的双膝。

蝴蝶犬又称巴比伦犬，"巴比伦"在法语中意为"蝴蝶"。它们竖起的耳朵上长满羽状饰毛，配上俏丽的小脸，整个头部形似蝴蝶。蝴蝶犬还有一种垂耳分类，叫法连尼犬，"法连尼"在法语中意为"飞蛾"。它们耳部毛发长而光滑，形似飞蛾，与蝴蝶犬在美貌上难分伯仲。该犬种面部斑纹对称，令爱犬人士交口称赞。如今，法连尼犬在英美已相当罕见，在欧洲大陆却较为常见。十九世纪前，该犬种以垂耳型为主；十九世纪后，竖耳型成为主流。

历史上，巴比伦犬和法连尼犬主要与欧洲皇室有关。法国是它们的故土，不过它们在整片欧洲大陆上生息繁衍，尤其是西班牙、比利时和意大利。其祖先要追溯到一种矮小的猎鹬犬，当时被称作大陆矮猎鹬犬、玩具猎鹬犬或提香猎鹬犬[①]。这种犬与其外形神似，起源相同。鉴于富有的人家对该犬种的喜爱，它们成了政客名流间相互馈赠的佳品，既是得体的外交礼物，也备受海上商人青睐，被运往欧洲各地。

这种小型犬的来历要追溯到十六世纪，它们时常出现在艺术作品中。提香（约 1488—1576）频频让它们入画，留下了蝴蝶犬早期的历史依据。当然，他并非独树一帜，文艺复兴时期的许多作品均刻画了该犬种祖先的形象。蝴蝶犬常出现在贵妇的肖像画中，它们体形娇小、柔美动人，因此作为爱与忠诚的象征被引入画中。十七世纪的荷兰艺术家极爱以它们为素材，十八世纪的法国艺术家尤甚。

后来，该犬种成了法国宫廷一道亮丽的风景。它们是路易十四王室的成员、路易十五的情妇蓬帕杜夫人的爱犬，而路易十六的王后玛丽·安托瓦内特的法连尼犬甚至陪她踏上了走向断头台的最后一程。

巴比伦犬何时呈现"蝴蝶耳"已不得而知，研究者推测是在十九世纪末，此时该犬也开始被称作蝴蝶犬。英国最早进口的蝴蝶犬来自比利时和荷兰。一九二三年，巴比伦犬（蝴蝶犬）俱乐部成立。它们迅速风靡全境，备受推崇。第一只蝴蝶犬冠军是嘉明·德·弗兰德，它在一九二五年斩获桂冠。一九三〇年，巴比伦犬俱乐部推行第一本犬种手册。一九三四年，该俱乐部又与日本狆和格里芬犬俱乐部联合举办首场犬展。后来，另有四家相关犬协先后在英国成立。

---

① 以为其作画的画家提香·韦切利奥之名命名。

博美犬

古老-德国/英国-寻常

体形

♂ 1.8-2 千克 / 4-4.5 磅。
♀ 2-2.5 千克 / 4.5-5.5 磅。

外观

身体精壮，活泼而自信。头部似狐狸，头骨稍平，长度与吻部相比较长，吻部精致。眼睛中等大小，呈椭圆形，瞳色深；耳朵相对小，立耳；颈部较短，身体结实紧凑；背部短小；胸部相对深，不过宽；腿骨发达；足掌小，似猫足。尾巴位置高，卷过背，近乎平举；尾部毛发长，浓密厚实。

毛色

除黑或白渐变色以外的任意色。有厚实的双层毛发。被毛长而直，质硬；底毛短小，柔软而浓密。颈部被毛呈围脖状，环绕面部；前躯有优美的羽状饰毛；大腿、后腿至跗关节处具羽状饰毛。

用途

作展示犬、伴侣犬。

机灵活泼的博美犬忠心耿耿，为人类的生活增添了不少愉悦与欢乐。它们漫长的历史可谓波澜壮阔。与被当作膝上犬的现代博美犬不同，其祖先发源于北极漫无边际的极寒之地，与哈士奇犬、萨摩耶犬和爱斯基摩犬等极地犬为伍。博美犬属尖嘴狐狸犬组，有属于该犬种的典型特征，如长而厚实的被毛、尖尖的耳朵与吻部，以及卷过背部的尾巴。北欧人曾用博美犬的祖先拉雪橇和放牧驯鹿。到了十六世纪，尖嘴犬在德国盛行。德语中的"尖嘴"对应的是英文的"尖头"，起初大抵是指代该犬种尖尖的吻部。它们被称作尖嘴狼犬，大多身兼数职，主要负责牧羊和拖运。凭借厚实防水的毛发，尖嘴犬能轻松抵御恶劣天气的侵袭，温和的个性又是加分点，让它们成为珍贵的工作犬。德国通过漫长的繁育，将尖嘴狼犬培养为不同的类型，体形最小的便演化成了博美犬。

在数百年前的波罗的海南岸，今日的德国和波兰境内，有片叫作波美拉尼亚[①]的土地。那里的育犬者刻意选育了尖嘴狼犬中体形最小的犬，并以地名称呼它们。不过，波美拉尼亚在漫长的历史中政局不稳、动乱不竭，

[①]历史上曾为神圣罗马帝国在波兰的省，先后为多国统治。现位于德国与波兰北部。

接踵而至的战争令这片土地饱受摧残，直接导致波美拉尼亚犬的记载尽数遗失。而该犬种的现代史和统一外观的培育要归功于英国，特别是两位女王，夏洛特女王（1744—1818）和知名的爱犬人士维多利亚女王。即便育犬者努力将博美犬培育为娇小的犬种，根据十九世纪到二十世纪流传下来的诸多画作和照片来看，它们依旧比今日的博美犬大不少。

十七世纪的英国流传着这样一则关于博美犬的故事。相传物理学家艾萨克·牛顿养了一只名叫钻石的博美犬，对它宠爱有加。根据现存的画像分析，它体形中等，体重约为十一千克，比现代博美犬要大很多。牛顿在一封亲笔信中提到，某天他眼看就要将万有引力定律修改完毕，忽然传来一阵敲门声，牛顿便关紧书房的门，出外迎客。他在书房的书桌上点着几根蜡烛，正好放在这项划时代的研究成果旁边，而钻石在不远处睡得正酣。被敲门声惊醒的钻石以为有坏人闯入，躁动不安地满屋乱窜，甚至开始撞击书桌，试图用尽一切办法保护主人。被撞翻的蜡烛倒在重要的手稿上，牛顿历尽千辛万苦的成果毁于一旦。这场悲剧使伟大的物理学家受到重创，郁郁难安，甚至在接下来的数周卧床不起。当然，钻石依旧不离不弃地陪伴着主人。当牛顿再度完稿，已是整整一年之后。

十八世纪前该犬种仅在小范围内受到欢迎。一七六七年，乔治三世的王后夏洛特从故土德国的波美拉尼亚进口了两只纯白的博美犬。皇室的青睐使该犬种迅速受到公众的广泛关注。知名的英国艺术家托马斯·庚斯博罗为这两只皇室犬和其他博美犬画了不少画像，其中包括《波美拉尼亚母子犬》（约1777）和《罗宾逊夫人与波美拉尼亚犬》（1781—1782）。前作中的模特是庚斯博罗的朋友大提琴家卡尔·弗里德里希·阿贝尔的博美犬；而后作中的女士是女演员"珀迪塔"，据传她与威尔士亲

王（乔治四世）有染。在这幅画中，她单手托着印有亲王肖像的迷你画像，身边伴着一只象征爱与奉献的博美犬。数年后，知名画家乔治·斯塔布斯（1724—1806）创作了《菲诺和泰尼》（1791），相传其中的主角之一菲诺就是他养的博美犬。在上述画作中，所有该种犬的体形远远大于现代品种，尽管形态上还有不少显著差异，但它们依旧被称作"波美拉尼亚犬"。

夏洛特女王的孙女维多利亚女王对该犬种的盛行做出了突出贡献。十九世纪八十年代，她在意大利之旅后进口了雄性博美犬马可。马可成了维多利亚珍爱的宠物犬，摄影师也常常留下它的千姿百态。后来，女王又进口了许多博美犬，并为它们打造犬舍。马可比当时境内的博美犬小很多，而女王极爱它们娇小的体形。她从意大利进口的其他博美犬也都与马可身材相当，女王命人繁育这些小型博美犬，以培养出固定的体形。博美犬能达到今日的犬种标准要大大归功于维多利亚女王。一八九一年，十四只博美犬参加首届克鲁夫茨犬展，其中几只便是女王的爱犬。这些迷人的小型犬一经展出便迅速赢得公众的青睐，广受追捧。同年，博美犬俱乐部成立，制定了犬种标准。女王豢养的最后一只博美犬图里陪她走完了生命的最后一程。

极具特色的博美犬在英国深深扎根，在美国也受人追捧。一八八八年，美国养犬俱乐部注册了第一只博美犬，将它纳入混合犬组。一八九四年，图恩先生和托马斯先生的谢菲尔德小子参加犬展，在混合犬组中赢得亚军的佳绩。谢菲尔德小子是在美国进行首秀的博美犬，不过此后它并未留下其他参赛记录。一八七六年，丘伯在斯普林菲尔德犬展勇夺桂冠，虽被分类为尖嘴犬，但它应该是一只博美犬。在博美犬的早期历史中，这两种称呼时常被混用。

博美犬偶尔会在接下来的犬展中亮相，关键的转折发生在一八九九年。那一年的美国（费城）宠物犬感恩展首次将博美犬纳为单独犬种。次年，威廉森夫人和斯麦斯夫人共同建立了美国博美犬俱乐部；同年，斯麦斯夫人的一只名叫努比亚·里贝尔的英系博美犬在纽约威

斯敏斯特全犬种大赛的博美犬组中一举夺魁，并接连赢下多场比赛。早期功不可没的犬舍包括莱克伍德犬舍和斯麦斯夫人的瑞士山犬舍，两家犬舍均培养出了优异的冠军犬。一九〇〇年，美国养犬俱乐部承认该犬种，并在一九〇九年承认美国博美犬俱乐部为会员俱乐部。美国博美犬俱乐部在一九一一年举办了犬种独展，共计一百三十八场。犬展在纽约华尔道夫酒店的日光浴室举办，是一项上流社会的活动。犬展的评选举步维艰，威尔士裁判 L. 代尔夫人表示许多项目根本挑不出冠军，赛犬的品质虽然都属上乘，但平凡无奇的展示和糟糕的剪毛，导致没有良犬脱颖而出。博美犬的人气仍在呈几何级增长，越来越多的育犬者携良犬参赛。英国和意大利的育犬者也纷纷将赛犬从本国运往美国进行角逐。多年以来，博美犬始终在美国最受欢迎的犬种排行中位列前二十名。

贵宾犬

古老-德国-寻常

体形

♂ / ♀

标准型：超过 38 厘米 / 15 英寸。

迷你型：28-38 厘米 / 11-15 英寸。

玩具型：不超过 28 厘米 / 11 英寸。

外观

姿态优雅，体形匀称，贵气十足。头部长而精致，顶端略高；五官精致；瞳色深，眼睛呈杏仁状，眼神机敏；耳朵长而宽，位置低，贴近面部。颈部长度合宜；背部短小有力，微微下陷；胸部深，相对宽；腰部宽，肌肉发达；足部紧凑，呈椭圆形，相对小。原剪尾；不剪尾的则尾根粗，位置高，距身体较远，以直为佳。

毛色

任意单色。被毛丰富而卷曲，毛发坚硬浓密。

用途

原作水中寻回犬、表演犬或马戏团杂技犬，现作速度赛犬、展示犬、服务犬或伴侣犬。

优雅又与众不同的贵宾犬是最聪慧的犬种之一，它们性格极好，几乎近似人类。贵宾犬与人类亲密相处，但凡涉及犬的智商或犬与主人的关系，表现必定格外出众。贵宾犬对亲近之人无比忠诚。据说一旦养过贵宾犬，便再难找到各方面比它们更出众的犬种了。贵宾犬共有三种体形：标准型、迷你型与玩具型，三者的特性极为相似。

贵宾犬盛行于十八世纪的法国，与这片土地的关系最为密切，是法国的国犬。不过，它们发源于德国，与俄罗斯也有难解之缘。一些学者认为贵宾犬起源于古罗马时期。出人意料的是，人类曾将它们培育为水中寻回犬，特别是在十六世纪的德国。贵宾犬在德语中写作"pudel"，意为"水花四溅"。研究者认为，早期的贵宾犬与葡萄牙水犬、爱尔兰水猎犬和法国巴贝犬等水中寻回犬同宗同源，也具备一定的共性，比如明显相似的被毛。

显然，贵宾犬独具一格的被毛非常醒目，近年来，它们也因此饱受人们的抱怨，特别是在修剪毛发时。它们的被毛极其浓密，独特的紧致细卷使其能够防水。育犬者常将非展示贵宾犬的毛发修剪为易打理的羊毛式或运动式，而将展示犬的毛发整理成特殊的形态。说起毛发的样式，不得不说一说该犬种的工作史。贵宾犬常年负责水中寻回，育犬者便将浸满水的多余毛发剪去，仅在关键部位留下提供保护作用的毛发，如胸部和关节处。它们的尾巴被剪短，以免被卡在低洼处。顶髻往往被一束缎带捆扎着，以便猎人一眼认出自家的犬。这种剪毛方式使贵宾犬看起来更加精神，也更讨人喜欢。

该犬种在法国盛行，这里也成了它们的第二故乡。世界犬业联盟承认法国为贵宾犬的起源国。贵宾犬以卓越的工作能力著称，也被称为鸭犬或卷毛犬。后来，它们优美的外观和极好的个性也为人赏识，成为备受人们喜爱的伴侣犬。它们在前期体形各异，直到参与展示赛，才得到科学的划分。十八世纪，体形较小的贵宾犬被称为"袖犬"或"安慰犬"，它们风靡各地，深受欧洲王室的贵妇小姐们的喜爱。同时，小型贵宾犬还是出色的松露猎犬。这些松露猎犬因惊人的嗅觉和灵活的腿脚活跃于法国，后来又流传至英国。在搜寻和发现珍馐方面，它们可是行家中的行家。自十八世纪起，剪毛和装扮流行起来，甚至有人爱上了给贵宾犬染色，特别是在法国。

贵宾犬也是吉卜赛人的良伴，并从他们那里学到了各种表演招式。到了十七世纪末，法国贵宾犬剧团发展得相对成熟，它们能频频展示令人瞠目结舌的新花样，甚至包括打扑克和玩多米诺骨牌。一七〇〇年，在安妮女王的命令下，来自卢万的贵宾犬剧团"小型犬舞会"在英国进行了一场表演。穆尼托是最知名的马戏团贵宾犬，甚至能表演走钢丝。威尔士维多利亚公主（1868—1935）养了一只名叫萨米的标准型贵宾犬，它口衔一根小棍、在两把椅子的椅背上保持平衡的姿态，以相片的形式被永远记录在了《英国皇室典藏》中。萨米是维多利亚公主的爱犬，并且是《英国皇室典藏》不少传世佳作中的主角。令人遗憾的是，这只名犬不幸因误食老鼠药死去了。

十七世纪流传着一个关于贵宾犬的引人入胜的故事，围绕英国国王查理一世的外甥帕拉丁王子鲁珀特展开。在作为奥地利战俘期间，鲁珀特得到了一只标准型的白色贵宾犬，名为博伊。被释放后，王子在博伊的陪伴下，参与了英国内战，与查理一世及骑士党进退与共。查理一世相当中意这只贵宾犬，甚至在开会时允许它坐在自己身边与王座形似的专属座位上。博伊随即被骑士党视为吉祥物，也自然被圆颅党[1]视为眼中钉。后来博伊在马斯顿荒原战役中被杀，鲁珀特从此一蹶不振，昭示着骑士党的最终覆灭。

---
①支持议会的党派，与支持国王的骑士党对立。

二十世纪，温斯顿·丘吉尔（1874—1965）对其贵宾犬鲁弗斯一世及鲁弗斯二世宠爱有加。美国作家约翰·斯坦贝克（1902—1968）在一九六二年出版的《横越美国》中，通过栩栩如生的描写让贵宾犬真正走进了美国大众的视野。二十世纪，特别是第二次世界大战后，贵宾犬在全世界的人气长盛不衰。一八八七年，美国养犬俱乐部注册了该犬种。贵宾犬在一九六〇年至一九八二年间长达二十二年的岁月中，成长为北美最受欢迎的犬种，这项记录在美国养犬俱乐部的历史上尚无其他犬种能够打破。今日，贵宾犬的人气略有下滑，不过大多数时候依旧高居前十名。同时，贵宾犬在英国也备受青睐。

法国斗牛犬

现代-法国-寻常

体形

♂ 12.5 千克 /28 磅为宜。

♀ 11 千克 /24 磅为宜。

外观

身体结实精壮，长有别具一格的"蝙蝠耳"。头部呈方形，头顶耳间处非常平坦，前额呈圆形；惊觉时皮肤会展现出精细的皱褶；吻部宽，轮廓分明；下颌宽而深，稍微前凸上翘。眼睛大小适宜，呈圆形，瞳色深，眼距相对宽；耳朵形态独特，似蝙蝠形，大小适中；耳根宽，耳尖呈圆弧形，向上竖起，双耳平行。颈部粗，呈拱形；身形矮壮，肌肉发达，胸部宽，肋骨展度良好；背部强健而微拱；腹部紧收；肩部宽，向胸部和腰部渐窄；腰部粗而有力。尾巴短，位置低，尾根粗，向尾尖渐细，直尾为佳，永不过背线。

毛色

斑点、杂色或驼色。被毛柔顺细腻，短小有光泽。

用途

作展示犬、伴侣犬。

法国斗牛犬个头虽小，却十分精壮，肌肉发达，个性十足。它们被称作"犬界小丑"。与憨厚的外表不同，这个犬种格外聪慧，甚至能违反常理，反过来"训练主人"。法国斗牛犬时常有些固执，但总体说来是天性快活的乐天主义者，以取悦人类为己任。该犬种需要充分的交流和鼓励，但并不需要大量训练，是理想的城市犬。

法国斗牛犬的起源要追溯到原始斗牛犬和英国斗牛犬。原始斗牛犬和马士提夫獒犬均为古老的摩鹿斯犬的后裔。原始斗牛犬常用于斗犬或斗牛，这正是英国繁育斗牛犬的目的。一八三五年，英国对此类活动下了禁令，这些犬种只能寻找新的角色。将小型斗牛犬作为伴侣犬的做法渐渐风行起来，育犬者也开始定向培养出体形更小的斗牛犬。

十九世纪工业革命期间，许多工匠纷纷带着自己的小型犬搬到法国。这批英系小型斗牛犬与法国的原始斗牛犬杂交，孕育出了具有法国原始斗牛犬特征的小型斗牛犬，它们随即被称作法国斗牛犬，深受上流社会的妇人和艺术家的青睐。

一九〇三年，W.J. 斯塔布斯出版了《法国斗牛犬史》一书，称该犬种的基础犬群为迷你型英国斗牛犬。而法国和德国均反对这一说法，一致认为英国犬对已经存在的法国斗牛犬起了推进作用。另有相关人士称，该犬种起源于西班牙斗牛犬。

尽管相关的历史依据尚不充足，仍有研究者认为狓犬和巴哥犬的杂交进一步巩固了法国斗牛犬的特性。一八九三年，一些法国斗牛犬被引入英国，却备受冷遇。为推广该犬，一群法国斗牛犬爱好者于一九〇二年共同成立了英格兰法国斗牛犬俱乐部。一九〇五年，英国养犬俱乐部承认了该犬种，将其命名为法国斗牛犬，后在一九一二年将写法换成英文的"French Bulldog"。

同一时期，法国斗牛犬已深深扎根美国，风靡上流社会。一八八五年，育种犬舍纷纷建立。一八九六年，十九只法国斗牛犬在威斯敏斯特全犬种大赛进行首秀。次年，"耳朵分歧"引发了激烈论战。当时，并非所有法国斗牛犬都像现在有竖起的蝙蝠耳，有些法国斗牛犬属"玫瑰耳"，即耳朵下折。而在这场赛事中脱颖而出的犬均为"玫瑰耳"类型。后来，一群美国育犬者成立了美国法国斗牛犬俱乐部（1897），并制定了犬种标准，确定耳形应为蝙蝠耳。这条标准如今已被业界接受，成为该犬最典型的标签之一。该机构成立不久后，美国养犬俱乐部也承认了法国斗牛犬。一九〇六年，法国斗牛犬已在美国最受欢迎的犬种排行中位列前五名，至今仍高居前二十名。

波士顿㹴

现代-美国-寻常

体形

♂ / ♀

体重不超过 11.5 千克 / 25 磅。

外观

头部相对短，身体强健精壮，尾巴短。头骨呈方形，头顶耳间处非常平坦，吻部宽而深，短小呈方形；方形下颌。眼睛圆，瞳色深，眼距宽，不太大，眼神机敏而温和；立耳，耳朵小。颈部微拱；背部短小；胸部宽度合宜，肋骨展度良好；腰部短小有力。臀部至尾部有弧度；侧腹微收；躯干较短，但不矮胖。尾巴短，位置低，尾尖渐细，或直或卷曲，不过背线。

毛色

白色斑纹的斑点犬，斑点清晰分明；黑色犬搭配白色斑纹，而斑点犬搭配白色斑纹更佳。理想斑纹：吻部、额间、颈部、前胸、前腿部分或全部，后腿跗关节以下有白色斑纹。被毛短小光滑，质地细腻。

用途

作展示犬、速度赛犬、心理理疗犬、伴侣犬。

迷人的波士顿㹴被誉为"美国绅士"，这绝非浪得虚名。它们小小的身体里蕴藏着丰富的个性。该犬种以极度温和的天性和漂亮的外形著称，深受人们的喜爱。波士顿㹴忠于主人，勇于奉献，是极好的玩伴。它们与家庭成员的关系亲密，难舍难分。同时，这个犬种智商很高，体能惊人，是出色的速度赛犬和服从赛犬，也经常被培养成心理理疗犬。

波士顿㹴由表及里，是彻底的美国本土犬，十九世纪末期在马萨诸塞州的波士顿发展成形。其祖先则要追溯到英国斗牛犬和英国白㹴。胡珀的贾奇是波士顿㹴最早发展的重要种犬，它由斗牛犬与英国㹴犬杂交而来。十九世纪六十年代中期，贾奇随主人罗伯特·胡珀漂洋过海，从英格兰来到美国波士顿。根据记载，它是深色斑点犬，有白色斑纹，头部"短小而坚硬"。贾奇与伯内特的吉普（凯特）进行了配种，吉普的主人是马萨诸塞州的爱德华·伯内特。它也是一只矮壮、重心偏低的犬，同样有短小坚硬的头。伯内特还养了几只类似的犬，并称赞它们为捕鼠能手。这两只种犬产下的最知名的后代被称作威尔的艾夫。与父母一样，它重心偏低，身体强壮，是深色斑点犬，夹杂着白色斑纹，嘴部平坦。威尔的艾夫与托宾饲养的一只金色斑点犬凯特交配，凯特在一八七七年产下汤姆，主人是约翰·巴纳德。汤姆被公认为第一只真正的波士顿㹴，它是一只红色斑点犬，被毛有白色斑纹，尾巴呈螺丝状卷曲。汤姆与母犬凯莉的内尔交配，作为报酬，约翰·巴纳德得到了幼犬中的良犬。他挑选了一只长着大大的圆眼睛的公犬麦克，大眼睛也是该犬种今日最显著的特征之一。当然，不乏其他重要的早期种犬，比如哈尔的麦克斯、比克斯比的托尼·波埃，以及母犬雷诺的菲莫斯、桑德的凯特和诺兰的莫莉，它们对波士顿㹴的发展做出了突出贡献。早期育犬者也曾引入法国斗牛犬的血脉，重塑其类型及大小。

一八七八年，波士顿的首场犬展隆重举办，下设了牛头㹴分类。一八八八年，犬展增设"圆头牛头㹴"分类，波士顿㹴就被称作圆头㹴、波士顿圆头㹴或波士顿牛头㹴。一八九一年，一群育犬者共同创立了美国波士顿㹴俱乐部，并以其起源地称呼该犬种。他们联合起草了初版犬种标准。一八九三年，美国养犬俱乐部承认了该犬种，波士顿㹴成为最早的纯美国产犬种。

作为纯美国产犬种，波士顿㹴备受美国人青睐，成为国家的骄傲，频频出现在本土广告中。一九三五年以前，该犬种在美国最受欢迎的犬种排行上一直位列前十名。一九三五年之后，它们的人气一度下滑，但今日再度位列前二十五名，成为美国人钟爱的犬种。同时，波士顿㹴在英国乃至世界都备受好评。

骑士查理王小猎犬

古老/现代-英国-寻常

体形

♂ / ♀

体重 5.4-8.2 千克 / 12-18 磅。

外观

高贵优雅，活泼而温和。头顶耳间处非常平坦；吻部长约 3.8 厘米，线条优美。眼睛大而圆，瞳色深，眼距宽，眼神温柔。耳朵长，位置高，有丰富饰毛。颈部微拱，长度合宜；躯干短小，结构紧凑；肋骨展度良好；背部水平。尾巴位置佳，有丰富的羽状饰毛，欢快地翘起，永不过背线。

毛色

黑色 / 深褐色、红宝石色、布伦海姆色（浓栗色 / 白色）或三色（白底色辅以黑色，有深褐色斑纹）。被毛长而光滑，或有波浪卷，羽状饰毛丰富。

用途

驱赶小型猎物，作展示犬、伴侣犬。

骑士查理王小猎犬温文尔雅，丽质天成，生性友好，是人类的良伴。这些小型犬脾性极好，以取悦人类为快乐的源泉，为生活增添无限欢愉。它们聪慧且高度服从，容易被驯服又十分贪玩，对主人忠心耿耿，属于较为安静的犬种。骑士查理王小猎犬酷爱在室外撒欢，会本能地将小鸟赶出地穴。历史上，它们常常被用于驱赶小鸟，但主要身份还是伴侣犬。该犬种的起源要追溯到数百年前，骑士查理王小猎犬与体形更为娇小的近亲查理王犬，即今日美国的英国玩具猎鹬犬出自同门，不过它们直到二十世纪才被冠以骑士之名。

十六世纪的欧洲画作证实了小型玩具猎鹬犬的存在，它们甚至可能早在十五世纪时便登上了历史舞台。安东尼奥·皮萨奈罗（1395—1455）笔下的名画《圣尤斯塔斯的幻象》（约 1438—1442）描绘了两只极小的猎鹬犬，虽无史实依据，但它们应属早期的玩具猎鹬犬。而将玩具犬作为"安慰犬"的历史已长达数百年之久，特别是在古代的亚洲。据推测，日本狆和西藏猎鹬犬一路西迁，进驻欧洲大陆，对欧洲猎鹬犬产生了深远影响，也造就了这种体形娇小的玩具犬。这些小型犬被称作"异种猎鹬犬"或"安慰犬"，成了欧洲上流阶层的良伴，为人们带来温暖与慰藉。据传它们能缓解疼痛，治疗疾病，将跳蚤从主人身上引到自己这里。它们广受皇室和王公贵戚追捧，现有不少相关的传世画作。十六世纪以来，欧洲诸多地方都留下了绘有小型猎鹬犬的艺术作品，包括意大利、德国、西班牙、荷兰及法国。斯图亚特王朝期间（17 至 18 世纪），骑士查理王小猎犬（英国玩具犬）蓬勃发展起来。

这些小型猎鹬犬的命运与主人即英格兰王室成员息息相关。查理一世是猎鹬犬的大力支持者。甚至传说查理一世被处死时，整个英格兰的猎鹬犬纷纷落泪。艺术家安东尼·凡·戴克在几幅宫廷画作中描绘了这一犬种。其中包括《查理一世的五个孩子》（1637），这幅画绘有一只红白相间的小型猎鹬犬，旁边是一只巨大的马士提夫獒犬。查理一世最喜爱的罗格是一只红白相间的玩具型猎鹬犬，据说它陪伴主人走上了行刑台。也有人说，后来奥利弗·克伦威尔让这只命途多舛的玩具犬游街示众，彰显自己的胜利。该犬种与查理二世的关系最为密切，这位骑士王身边常伴着几只小型犬。他酷爱这种小型猎鹬犬，赋予它们自由出入任意场合的权力，甚至包括国会和酒吧，不过并无史实印证这一点。可以肯定的是，这些小型犬与查理二世息息相关，并因此被称为查理王猎鹬犬。下一任国王詹姆斯二世继位后，也在宫廷中豢养了猎鹬犬。后来王位传到荷兰的威廉三世手中，他出身奥兰治家族，更偏好巴哥犬。因此查理王猎鹬犬很快失宠，再难在宫廷现身。不过，一些贵族依旧在豢养该犬种，包括坐拥布伦海姆宫的第一代马尔博罗公爵约翰·丘吉尔。有一段口耳相传的故事，说的是在布伦海姆战役（1704 年 8 月 13 日爆发）期间，公爵养的一只红白猎鹬犬要生产。公爵夫人为这只母犬揉捏脑门，助它放松。当捷报传来的那一刻，这窝新生的小狗正好来到人世。它们与母亲一样长着红白相间的被毛，

前额均有红色的印记，因此这种特征被称作布伦海姆斑。这种颜色组合如今被称作布伦海姆色。

虽然巴哥犬在宫廷中受尽恩宠，但查理王猎鹬犬依旧活跃在英格兰的贵族豪门。不过，它们的外观从这个时期起发生了变化，开始向王族更为青睐的巴哥犬靠拢。巴哥犬的面部更短小，通过长时间的杂交，查理王猎鹬犬也潜移默化地拥有了更为小巧的脸庞，此外，它们的头骨变圆，耳居低位，与历史上传统的长口唇、平头骨和高位耳的祖先已大不相同。自此，早期的原始犬才被称作骑士查理王小猎犬。维多利亚女王并未追随潮流，而是养了一只传统的（骑士）查理王小猎犬，叫作戴士。一八三三年，仍是公主的维多利亚得到了这只三色犬，它也是埃德温·兰西尔为女王所画的第一只爱犬。一八四〇年，戴士离开人世，被埋葬在温莎城堡，墓志铭写道："忠心耿耿，无怨无悔；天真快乐，心似明镜；勤勤恳恳，赤诚以待。过客啊，行如戴士，方得世间真情，为人缅怀。"

到了十九世纪末，短脸圆头的查理王猎鹬犬成为主流，这也与犬展的发展和犬种标准的拟定相互呼应。查理王猎犬的犬种标准规定了短脸和圆头骨两项内容，因此历史上的传统型几乎消失殆尽。所幸，这一经典的英国犬种被一位名为罗斯维尔·埃尔德里奇的美国人所救。二十世纪二十年代，埃尔德里奇跋涉到英格兰，找寻曾在古老欧洲绘画中见过的"大鼻子"猎鹬犬。他对该犬种从未出现在犬种大赛上的事实备感诧异，因此在克鲁夫茨犬展上将二十五英镑的赏金颁给了一公一母两只查理王猎犬，原因是它们最像查理二世时期的传统型。这一举动为该犬种的历史揭开了新篇章，却惹来了一众英国育犬者的非议，毕竟他们多年来一直致力于培育出圆头骨、小鼻子的小型猎鹬犬，无计可施的育犬者只好带来他们"最差的"（鼻子最长的）犬参展。可叹的是，埃尔德里奇在寻回理想传统犬的过程中便与世长辞了。所幸其毕生的投入激励并鼓舞了若干爱犬人士，包括休伊特·皮特夫人在内的育犬者开始重塑史上的原始型犬。

这些犬被冠以骑士王之名，人称骑士查理王小猎犬。一九二八年，犬种俱乐部成立，第一部犬种标准也得以制定，此版标准中的绝大多数内容沿用至今。不过该犬种的数量依旧稀少，英国养犬俱乐部也拒绝承认骑士犬。偏少的数量并未妨碍它们在展示赛中亮相，还曾数度让观者惊艳。一九四五年，英国养犬俱乐部终于承认了骑士查理王小猎犬，也赋予了它们角逐挑战证书的权限。该犬种的第一只冠军犬叫戴维尔·罗杰，在一举夺冠后，它继续对骑士王犬种的发展起着举足轻重的作用。第二次世界大战对犬种数量产生了消极影响，不过截至一九六〇年，英国养犬俱乐部的注册数已达四位数。一九七三年，冠军犬阿兰斯米尔·阿柯瑞斯在克鲁夫茨犬展中赢得全场总冠军，终于改变了该犬种默默无闻的命运。经此一役，骑士犬在英国乃至海外都成了引人瞩目的焦点。

骑士小猎犬在美国的成功之路更加举步维艰。研究者认为，早期殖民者曾豢养过原始型骑士犬，不过并无事实证实这一点，最早的记录见于二十世纪五十年代。一九五六年，一群积极的育犬者和犬种支持者共同创立了骑士查理王小猎犬俱乐部。鉴于犬种数量不足，美国养犬俱乐部仅将其列入混合犬组。骑士查理王小猎犬俱乐部自行组织了锦标赛，并详细地记录下了全部的血统资料。终于，该犬种在一九九六年得到了美国养犬俱乐部的完全肯定，是美国养犬俱乐部认可的第一百四十个犬种。美国骑士查理王小猎犬俱乐部应运而生，成为该犬种的家长俱乐部。此后，这些魅力十足的小型犬日益深入人心，受到了世界人民的喜爱。

约克夏㹴

现代-英格兰-寻常

体形

♂ / ♀

可达 3.2 千克 / 7 磅。

外观

体形小，毛发笔直，整齐地分开。性格活泼，贵气十足。头部小，头顶相对平；眼睛中等大小，瞳色深，熠熠生辉，眼神机敏；立耳，耳朵小，呈 V 字形。身体结构紧凑，背部短小，背线水平。原剪尾；不剪尾的则翘起，略高于背线，以直为佳，尾毛丰富。

毛色

深钢蓝色（非银蓝色），从后头部延伸至尾根，不混有驼色、铜色或深色毛发。胸前毛发丰富，呈亮褐色。所有褐色毛发从根部到中部，乃至尾部的色泽愈行愈浅。被毛长度合宜，笔直而光滑，利落光泽。

用途

捕鼠，作展示犬、伴侣犬。

　　约克夏㹴是体形最小的㹴犬之一，它们身形虽矮，却自视甚"高"，被亲切地称为"小约"。与许多小型伴侣犬犬种一样，它们小小的身体里藏着极为丰富的个性。约克夏㹴自信满满，魅力十足，活泼可人，需要足够的尊重和倾心的关注。它们拥有一袭傲人的奢华被毛，需要精心打理来维持最佳状态。纵观全身，小约的美貌可谓一绝。它们可能备受主人宠溺，不过本质上依旧是㹴犬，享受"生而为犬"的快乐，既爱嬉闹，又喜欢追逐啮齿类动物。小巧的身体和讨喜的个性使约克夏㹴成为最受欢迎的小型犬种之一。

　　十九世纪中期，约克夏㹴发源于英格兰北部的约克夏郡和兰开夏郡。为对抗泛滥的老鼠，当地磨坊主与纺织者有意繁育了一种小型犬，但并未留下相关记载。这些工人中有不少来自苏格兰，他们带来了自己的家犬。今日小约的起源要追溯到十九世纪的㹴犬，主要包括克莱兹代尔㹴、猎水獭犬和古老英国玩具㹴（粗毛型），这些犬种均已绝迹。其中克莱兹代尔㹴对约克夏㹴的影响最大。该犬种由斯凯㹴演化而来，被形容为"蓝褐色"的犬。斯凯㹴还演化出了帕斯里犬（已灭绝），记载称它们周身长有蓝色毛发，对约克夏㹴产生了少许影响。古老英国玩具㹴为黑褐色或蓝褐色，亦对小约的成形有所贡献。在约克夏㹴正式得名前，一些早期的约克夏㹴育犬者称爱犬为玩具㹴。

　　约克夏㹴最初有三只重要的种犬：生于一八五○年前后的斯威夫特的老螃蟹、克肖的凯蒂，以及 J. 维特姆的一只老的雌性英国㹴。据说凯蒂一生共产下约八十只犬。而当之无愧的第一种犬则是哈德斯菲尔德·本。它在展示赛和捕鼠赛中的表现均出类拔萃，荣誉傍身，据说今日所有的约克夏㹴都流淌着它的血液，它的直系子女包括十只公犬及一只母犬。

　　一八八六年，英国养犬俱乐部正式承认约克夏㹴。一八九八年，约克夏㹴俱乐部成立，致力于保护和推广该犬种。彼时，这种小型犬备受富贵的夫人和小姐青睐，声名大噪，横跨大西洋直至北美洲的各方土地。早期不乏一些重要的展示者及育犬者，比如纽约的奇斯特曼夫妇。一八七七年，两人在首届威斯敏斯特全犬种大赛上展出了自己的爱犬，并在接下来的岁月中致力于繁育约克夏㹴，直至一八九八年。后来，接踵而至的育犬者纷纷继承他们的事业，举足轻重的当属纽约的费迪南德·森夫妇，他们培育的犬为美国的约克夏㹴奠定了血统基础。一八七八年，二人开始携约克夏㹴参展，到一九一六年，他们始终积极投身于各项犬种建设活动。森夫妇曾多次从英格兰进口顶尖的良犬，不过他们的第一只冠军母犬是本土培育的"小精灵"，它在一九○五年一举夺冠。其父"小宝石"则是美国约克夏㹴血统中最早的一脉。

达尔马提亚犬①

古老-南斯拉夫-寻常

体形

♂ 58-61 厘米 /23-24 英寸。

♀ 56-58 厘米 /22-23 英寸。

外观

周身布满斑点，肌肉发达而生机勃勃。头部长度合宜，头骨平，耳间距宽；吻部有力；黑色斑点犬鼻子为黑色，肝色斑点犬鼻子为褐色。眼睛明亮，中等大小，呈椭圆形，眼距较宽，眼神机敏；黑色斑点犬为深褐色瞳，肝色斑点犬为琥珀色瞳。耳朵位置高，紧贴头部，耳根宽，耳尖渐窄，呈弧形。颈部长而微曲，线条优美；前躯下沉，从肩部起身长略大于高度；胸部深，不太宽，肋骨展度良好；背部强健，呈水平状。腰腹有力而微拱；后躯稍圆，肌肉发达。尾巴达跗关节，微微翘起。

毛色

底色为纯色；黑色斑点犬缀有密集的黑色斑点；肝色斑点犬缀有赤褐色斑点；斑点为圆形，清晰分明，直径为 2-3 厘米，分布均匀。头部及四肢的斑点比躯干上的稍小。被毛短小坚硬，浓密而顺滑，具有光泽。

用途

作马车犬、消防犬、猎犬、军用犬，作速度赛犬、展示犬及伴侣犬。

达尔马提亚犬一袭引人注目的被毛让它们别具一格。这个犬种出生时周身雪白，两周后渐渐长出斑点。也只有在此时，才能判断它们是属于黑色斑点犬，还是肝色斑点犬。达尔马提亚犬外形出众，性格极好，频频出现在广告或影视作品中，最著名的莫过于华特·迪士尼的经典作品《101 只斑点狗》（1961），改编自英国作家多迪·史密斯于一九五六年出版的书。媒体的需求对犬种产生了不良影响，不懂行的人更看中该犬种"可爱"的特质。而实际上，达尔马提亚犬属于能量充沛的犬种，需要大量训练。它们非常聪慧，善于面对各种挑战。出众的智商和运动能力使它们能轻松胜任多种角色，如狩猎、捕鼠、参与军事行动、务农、看护，还可以进行马戏团表演，作消防犬或马车犬。

达尔马提亚犬在英美主要以后两项职责驰名。它们天生与马匹相处融洽，本能地与马并行，既不会惊扰马，也不会妨碍马前行。达尔马提亚犬自然地被马接纳，而其他犬种则不然。十六世纪，四轮大马车在英国亮相，后来渐渐普及开来，并在十九世纪进入全盛期，这一时期被称为"马车的黄金年代"。而达尔马提亚犬便是马车不可或缺的伴侣。它们与车厢并驾齐驱，阻止野狗袭击马匹。当马车停下时，它们便在车厢下静默地守卫。夜色来临，达尔马提亚犬与马儿同眠，保护它们免受不速之客的侵扰，无论对方是人还是野兽。富有的私人马车车夫酷爱这个犬种，使它们熠熠生辉的不单是它们无与伦比的能力，还有俊朗的外形——潇洒的达尔马提亚犬与马车同行的场面着实是一道亮丽的风景。十九世纪，它们在英国常被称作"英国马车犬"、"马车犬"、"葡萄干布丁犬"或"斑点犬"。

十九世纪，达尔马提亚犬在消防方面的傲人表现闻名北美洲。十九世纪中期，人们开始用马拉消防车，达尔马提亚犬便是其忠心的护卫。与在英国作马车犬的表现类似，它们与消防车并肩而行，大声吠叫扫除前方路障，并在车辆和马匹休憩时保护它们。该犬种很快有了新名字"消防犬"。今日的消防部门也把达尔马提亚犬作为吉祥物或好伙伴。一九五一年，美国国家消防协会设计的吉祥物斯帕奇，便是一只达尔马提亚犬。

达尔马提亚犬近来的历史清晰可循，不过它们的起源和早期发展则迷雾重重。研究者多认为，它们发源于南斯拉夫西部的达尔马提亚，不过这种说法未经证实。实际上，该犬种直到一九三〇年才出现在达尔马提亚。当时，摩纳哥驻英总领事维恩·伊万诺维奇将一对达尔马提亚犬带回了达尔马提亚，送给继父博索·巴纳茨当礼物。作为一名英国达尔马提亚犬俱乐部的成员，他也希望这个犬种能在故土安家。达尔马提亚犬很早便出现在文艺作品中，从埃及出土的古希腊时期（约前

---

①也称大麦町犬，俗称斑点狗。

1700）的壁画便刻有斑点犬，或称"污迹犬"。其中有一幅从梯林斯被带到了雅典，现今在希腊国立考古博物馆展出。壁画内容是黑色和肝色斑点的猎犬正在捕猎野猪。一些学者推测，这些犬可能发源于巴尔干山脉，随后通过广阔的商贸网来到了地中海地区。达尔马提亚犬还见于十四世纪意大利佛罗伦萨新圣母马利亚教堂的壁画中。这座教堂的多明我会修士身着白袍，披着一袭黑斗篷，而在艺术作品中，常用黑白相间的犬指代新圣母马利亚教堂。或许这暗示着教堂与达尔马提亚犬的祖先密不可分的联系。

还有一种关于犬种名和起源的说法。相传十六世纪，塞尔维亚诗人朱利季·达尔马廷（约 1547-1589）给波西米亚公爵夫人写了一封信。信中提到公爵夫人曾在一五七三年赠予他两只土耳其犬。研究者认为达尔马廷豢养的这两只犬，即今日达尔马提亚犬的前身。事实上，该犬种的起源已无从考据，它们是否发源于史前的斑点犬也难以查证。世界犬业联盟将达尔马提亚列为该犬种的发源地，而它们能追溯到的现代史，与英美的关系最密切。

一九二五年，南方达尔马提亚犬俱乐部成立。一九三〇年，由于该犬种盛行英国全境，俱乐部更名为英国达尔马提亚犬俱乐部，这一名称也沿用至今。同年，该机构举办了首场犬种特展，收到了一百四十三份报名。一九三三年，该俱乐部赢得了冠军，并在此后每年都会举办锦标赛，仅在第二次世界大战期间中断过。一九六八年，范希尔·芳恩在克鲁夫茨犬展勇夺总冠军，这也是迄今唯一斩获这一殊荣的达尔马提亚犬。一九〇五年，少量犬种爱好者共同创建了美国达尔马提亚犬俱乐部。出生于一九〇一年的冠军犬"斑点钻石"成为首只被美国养犬俱乐部承认的达尔马提亚犬冠军母犬。

名单

环衬 *Savannah* (Saluki)
Al Zorbair Arabian Horse Stud, Sharjah
Owners: J. Wickham & S. Jones
jacidw@hotmail.com
sara@bespokegcc.com

Maisie (Hungarian Vizsla)
Willowhunt Daisy
Owners: Mr. & Mrs. D. Hill
jsmith7@its.jnj.com

Lady (Pembroke Welsh Corgi)
Lady Foxway
Owner: Miss R. Crosby
Rcc2123@Sbcglobal.Net
Max (Pembroke Welsh Corgi)
Llandian's Max
Breeder: D Connolly
Owner: Mrs N Esdorn
Nickiesdorn@Mac.Com

Jasper (Labrador Retriever)
Adula Jade
Owners: Mr. O. & Mrs. F. Morley
ollycooper@btinternet.com

Puppies (Shar-Pei)
Abbey Pontshannon Aint I Smart
Owner: Mr. C. & Mrs. L. Walker
ll.walker@live.co.uk
www.pontshannonshar-pei.com

Molly (English Cocker Spaniel)
Folderslane Gold Bangle
Owner: Ms. L. Bruce
lynn.bruce@cwgsy.net

4-5 *DayDay* (Borzoi)
GCH Go Lightly's Big Day
Breeders: Mr. & Mrs. P. Zobel, Go
Lightly Borzois
Owners: M. Zobel & R. Stachon
golightlyborzoi@sbcglobal.net

6 *Minnie* (Saluki)
Plas Yr Wregin Minnie HaHa The
Amazonian Queen
Owner: Miss T. Charles-Jones
tilericj@aol.com

9 & 10 *Seren* (Sloughi)
Moulay El-Mehdi Al Tisha of Falconite
Owner: Mrs. J. Harris
julia@falconite.co.uk
www.falconite.co.uk

13 *DayDay* (Borzoi)
GCH Go Lightly's Big Day
Breeder: Mr. & Mrs. P. Zobel, Go
Lightly Borzois
Owners: M. Zobel & R. Stachon

golightlyborzoi@sbcglobal.net

14, 16 & 17 *Leo* (Afghan Hound)
GCH Kassan Windwalker of Skyview
In loving memory of June Boone
Owners: M. & D. Suess, J. Boone
doc@afghan-hound.com
www.afghan-hound.com

18 & 21 *Foxy & Wease* (Greyhound)
Marry Late & Flying Weasel

23 *Zipper* (Ibizan Hound)
BIS MBISS CH Harehill's Love On
The Run
Breeders: W. & K. Anderson
Owners: K. & D. Gindler, W. & K.
Anderson & L. Mattson
kikigin@me.com
www.harehillhounds.com

23 *Jackie* (Ibizan Hound)
GCH Harehill's Ace In The Hole
Breeders: W. & K. Anderson
Owners: K. & D. Gindler & W. & K.
Anderson
kikigin@me.com
www.harehillhounds.com

24 & 27 *Glanton* (Irish Wolfhound)
Madiamoy Glanton Gilbert
Owner: Mrs. S. More-Molyneux
m1521562@googlemail.com
www.loseleypark.co.uk

29 *Whisper* (Scottish Deerhound)
Ehlaradawn Whispers
Owner: Master L. Rae
suzi@goldenoakeventing.com

30 *Poppy* (Whippet)
Derohan Attraction
Owner: Diana Webber
diana@whippets.plus.com

33 *Ditto* (Whippet)
Dittander Lilac Moon
Breeder: Miss P. Rose
Owner: Miss N. Cardale

34-35 *Stoney* (Siberian Husky)
Khovaki's Elfstone of Kascaram
Owners: C. & K. Doss
conker20630@mypacks.net

37 *Nik & Cain* (Alaskan Malamute)
Shomont Rasin Hell & Showmont
Rasin Cain
Shomont Malamutes
Owners: S. P. Thompson & K. Givens
sue@shomont.fsnet.co.uk

www.shomontmalamutes.webeden.co.uk

38 *Wyatt* (Siberian Husky)
CH Sno-Magic's Gunslinger
Behind is *Seeley* (Sno-Magic's Devil in
a Black Dress CGC, RN), *Sarah* (CH
Sno-Magic's Northern Serenade, SD), &
Spicy (Khovaki's Red, Hot'n Spicy)
Sno-Magic Siberians
Owners: Mr. & Mrs. M. Lavin
susan@snomagic.com
www.snomagic.com

40 & 41 *Musher: Mike Lavin* (Siberian
Husky)
Teton (Sno-Magic's Teton) (*right lead*),
Stormy (Sno-Magic's Dark N Stormy)
(*left lead*). Behind is *Seeley* (Sno-Magic's
Devil in a Black Dress CGC, RN), *Wyatt*
(CH Sno-Magic's Gunslinger), & *Sarah*
(CH Sno-Magic's Northern Serenade,
SD)
Sno-Magic Siberians
Owners: Mr. & Mrs. M. Lavin
susan@snomagic.com
www.snomagic.com

42 *Maggie* (Samoyed)
CH Sunfire's Amethyst Stardust, WSX,
Th.D, CGC, HCT-II, TDI
Sunfire Samoyeds
Breeders/owners: Mr. & Mrs. M.
Emmett
sunfiresamoyeds@sbcglobal.net
www.sunfiresamoyeds.com

45 *Kasey & Misty* (Samoyed)
CH Lhotse's Sunfire On Kara Sea, WS,
CGC, TDI (*Kasey*)
CH Mystiwind's Sunfire 'N Ice, WS,
CGC HCT-II, TDI (*Misty*)
Sunfire Samoyeds
Breeders: Mr. & Mrs. L. Tusoni & J. &
J. Ritter
Owners: Mr. & Mrs. M. Emmett
sunfiresamoyeds@sbcglobal.net
www.sunfiresamoyeds.com

46 *Blu* (Akita)
CH Snow Crests Rhythm N Blus
Snowcrested Akitas
Owner: Miss T. Liles
snowcrestedakitas@yahoo.com
www.snowcrestedakitas.com

49 *Glacier* (Akita)
GCH Snow Crest's Blu Ice
Snowcrested Akitas
Owner: Miss T. Liles
snowcrestedakitas@yahoo.com
www.snowcrestedakitas.com

50, 52 & 53 *Poh* (Chow Chow)
Jamarhys Chow Chow
Owner: Mrs. J. Powis
janepowis@btinternet.com

55 *Koru* (Norwegian Lundehund)
C'Ciqala Casey Lonewolf
Sakari Kennels
Owners: Mr. & Mrs. P. Rousseau
sakarikennel@yahoo.com
www.sakarikennels.com

56 *Leif* (Norwegian Elkhound)
Arctic Ridge's Leif Worfson
Owners: B. Oxley & Mr. & Mrs.
Wagner
wagnerrl@earthlink.net

59 *Meri* (Finnish Spitz)
Sukinimi Meri
Owners: Mr. S. D. & Mrs. A. M. Piearce
sukunimi@aol.com
www.finnishspitzonline.com

61 *Snoopy* (Keeshond)
Brykin Big Chief
Owner: Mrs. J. Waller
brykin.kees@btinternet.com

63 *Zeno* (American Eskimo Dog)
Snodreams Zeno of Peyton
Owner: Mrs. K. Conrad
ekconrad@msn.com

64 *Abel & Kiya* (Basenji)
Annandael's Land of Nod (*Abel*)
White Wind Anpu's Lil Secret (*Kiya*)
Breeder/owner: Miss D. J. Johnston
Haus Annandael Basenjis
annandael@gmail.com
www.annandael.com

66-67 *Lullah* (Great Dane)
Owner: Mr. D. Coughlan
dean@deancoughlan.com

69 *Boris* (Mastiff)
Sle-P-Holo's White Russian At Gavin
Breeders: T. Hyland & D. Golden
Owners: P. & J. Brown & T. Hyland
tonihyland@sbcglobal.net
dbpb@sbcglobal.net

70 *Wally* (Mastiff)
Owners: Mrs. A. Barroll Brown & family
absbarrollbrown@hotmail.com

73 & 74 *Bertie* (Bulldog)
Owner: Mr. D. Roderick
davidroderick1949@btinternet.com

77 *Sonny* (American Staffordshire Terrier)
CH Bergstaff's Bet On Cabin Creek
Breeders: S. & L. Cabral
Owners: Mr. & Mrs. M. Davi
cabincreek63@gmail.com
www.cabincreekamstaff.com

79 *Rio* (Boxer)
Zeus In Possession Of Power
Owners: Mr. C. Jones & Mrs. S. Rew-Jones
stevierew@hotmail.co.uk

80 *Roman* (Dogue de Bordeaux)
Holgaryn Major Achievement
Owners: Mr. G. & Mrs. H. McKeon
holgarynddb@yahoo.co.uk
www.holgaryn.com
www.welshandwestddbclub.co.uk

83 & 85 *Lullah* (Great Dane)
Owner: Mr. D. Coughlan
dean@deancoughlan.com

87, 88 & 89 *Abbey & puppies* (Shar-Pei)
Abbey Pontshannon Aint I Smart
Owner: Mr. C. & Mrs. L. Walker
ll.walker@live.co.uk
www.pontshannonshar-pei.com

91 *Yogi* (Newfoundland)
Inkomo Harare
Breeders: Inkomo Stud
Owner: Mr. G. Antoniazzi
guy.antoniazzi@btinternet.com

92 *Merlin* (St Bernard)
Mtn Home Merlin The Great
Owners: B. McCarthy & M. Snow
mbmccarthy1@comcast.net

94-95 *Rupert* (Briard)
Crackerbie Crackerjack
Owner: Mrs. C. Cox
caroline_cox1@hotmail.com

96 *Twiga* (Bearded Collie)
Highglade Rags to Riches (AH4)

98 *Boo* (Border Collie)
Owner: Mr. D. Wilson
noblehalf@yahoo.com

100 *Oscar* (Rough Collie)
Cotswoldway Inca Gold
Owners: Mr. J. & Mrs. H. Owens
helendenisesorrento@hotmail.co.uk

103 *Cooper* (Old English Sheepdog)
Llandeilo Prince

Owners: Mr. & Mrs. David
advd11@aol.com

105 *Cassie* (Pyrenees mountain Dog)
CH SuePyr's Wild Surprise
SuePyr Great Pyrenees
Owner: Mrs. S. Cole
sue3cole@gmail.com
www.suepyrgreatpyrenees.com

106, 108 & 109 *Bindi, Lash, Shiloh, Belle, & Dozer* (Australian Cattle Dog)
CH Castle Butte Bindi CD RE HSAdsc HIAsc HXAc NA OAJ OAP AJP NFP (*Bindi*)
Bar H I'm A Cover Girl HSAs (*Lash*)
CH Castle Cutte Shilho HSAs (*Shiloh*)
Bar H Tinkerbelle Trail PT (*Belle*)
CH Bar H Blue Bulldozer PT (*Dozer*)
Breeders: Mr. & Mrs. P. Myers
Owners: Mr. & Mrs. J. Hampton
barhcattledogs1@verizon.net
www.barhcattledogs.com

111 *Rupert* (Briard)
Crackerbie Crackerjack
Owner: Mrs. C. Cox
caroline_cox1@hotmail.com

113 *Rosie* (Canaan Dog)
Anacan Shoshannah For Amicita
Breeder: Mrs. E. M. Minto
Owners: Mr. P. & Mrs. B. Gould
amicitia9.rosie@ntlworld.com

114, 116 & 117 *Quincy & Murray* (Komondor)
BIS BISS World, Int, Americas, American, Canadian, Mexican CH Gillian's Quintessential Quincy (*Quincy*)
GCH Quintessential Curious George M. (*Murray*)
Owners: Mrs. J. Cupolo & Mr. J. D. Landis
janrdc@aol.com

119 & 120 *Boz* (Schnauzer)
Owner: Mrs. S. Stone
sharonstone@elpasotel.net

123 *Max* (Pembroke Welsh Corgi)
Llandian's Max
Breeder: D. Connolly
Owner: Mrs. N. Esdorn
nickiesdorn@mac.com

123 *Lady* (Pembroke Welsh Corgi)
Lady Foxway
Owner: Miss R. Crosby
rcc2123@sbcglobal.net

125 *Zeus* (Rottweiler)
Fantasa Free N Easy
Jamado Rottweilers
Breeder: L. Dunhill
Owner: M. Docherty
docherty658@btinternet.com

126 *Kramer* (Dobermann)
Cosmo Kramer
Owner: K. Fox

129 *Sadie* (German Shepherd)
Sadie Von Defenbaugh
Owners: Mr. & Mrs. G. Gates
hollisgates@aol.com

130 *Mason* (German Shepherd)
Owner: Mrs. S. Vaughan
sian_vaughan13@hotmail.com

132-133 *Onza & Skedaddle* (Bluetick Coonhound)
CH PR NA DEM Koyo Blue Onza Leegend (*Onza*)
CH PR NA DEM Koyo Skedaddle Sundown (*Skedaddle*)
Owner: L. Bolin
indianoutlaw25@hotmail.com

135 & 137 (Bloodhound)
Southern Shires Bloodhounds
By kind permission of the Masters of the Southern Shires
www.southernshiresbloodhounds.co.uk

139 & 140 *Cooper* (Bassett Hound)
Malrich Bryn
Breeder: D. Elrich
Owner: Miss H. Anderson
helen.anderson16@gmail.com

143 *Chaucer* (Otterhound)
Teckelgarth Chorister
Owners: Miss M. Lerego, Mr G. Usher, & Mr. M. Branch
maria.lerego@sky.com
www.teckelgarth.org

145 *Bumble* (Beagle)
Blackthorne King of Spellcatcher
Owner: Mrs. K. Denton-Drage
keely-drage@idexx.com

146, 148 & 149 (American Foxhound)
Smithtown Hunt
By kind permission of the Masters of the Smithtown Hunt
www.smithtownhunt.org

150 *Jeter* (Catahoula Leopard Dog)
Owner: J. McCulloch

jen@olivesveryvintage.com

153 *Skedaddle, Tule, & Fiddler* (Bluetick Coonhound)
CH PR NA-DEM-KOYO Skedaddle Sundown (*Skedaddle*)
CH PR NA-DEM-KOYO Blue Tule Jewel (*Tule*)
PR NA-DEM-KOYO Blue Grass Fiddler (*Fiddler*)
Owner: L. Bolin
indianoutlaw25@hotmail.com

155 *Jade* (Plott Hound)
PR Fisher's Bearstopping precious Jade
Owner: Mrs. D. Culley-Fisher
culley-fisherd@saccounty.net

156 *Sylvie & Rockin'* (Dachshund)
Dikerdachs Rapunzel (*Sylvie*)
Dikerdachs Rockin'At Midnight From Doxieville (*Rockin'*)
Breeder: V. Diker
Owners: N. Shawriyeh & V. Diker
vtdiker@gmail.com
http://dikerdachs.com

159 & 160 *Shisha* (Rhodesian Ridgeback)
Shisha Tofathin
Breeder: Francine Van Rensburg, Pleasant View Ridgeback Kennel, SA
Owner: Mr. M. Ammirati
marco.ammirati@gmail.com

162-163 *Molly* (English Cocker Spaniel)
Folderslane Gold Bangle
Owner: Ms. L. Bruce
lynn.bruce@cwgsy.net

164 *Jazmine* (English Springer Spaniel)
Shackleton Bonnie
Breeders: Holloway
Owners: The Plummers
plummers@cprp.demon.co.uk

167 *Bob* (English Springer Spaniel)
Tawney Hill Ted
Owner: Miss S. Ellis
famelliss@aol.com

168 *Molly* (English Cocker Spaniel)
Folderslane Gold Bangle
Owner: Ms. L. Bruce
lynn.bruce@cwgsy.net

170 *Sariyel* (Irish Water Spaniel)
CH Chantico's Light of Land and Sea
Owner: M. Garbarino
mgarbarino1@optonline.net

173 *F.J., Lucille, Winnie, May, & Moody*
(English Setter)
Kert-Jo's Black Label On The Rocks (*F.J.*)
CH Kert-Jo's Wild 'N Unfaithful Lucille
(*Lucille*)
CH Kert-Jo's Da Winnie Pooh (*Winnie*)
GCH CH Kert-Jo's Maybellene Y-Can't-
U-B-True (*May*)
Kert-Jo's In The Mood (*Moody*)
Kert-Jo Setters & All Setter Rescue
Owners: Mr. R. Attleson & Ms. M.
Mengel
http://allsetterrescue.blogspot.com

175 *Lacey* (Gordon Setter)
Laurelhach Legacy
Laurelhach Gordon Setters
Owner: Mrs. F. Boxall
frances@laurelhach.co.uk

177 *Zulu & Mally* (German Shorthaired
Pointer)
Owner: Mr. E. Jenkins

178 *Maisie* (Hungarian Vizsla)
Willowhunt Daisy
Owners: Mr. & Mrs. D. Hill
jsmith7@its.jnj.com

181 *Kizzie* (Weimeraner)
Parhelis Minuet (*Kizzie*)
Owners: Mr. B. & Mrs. A. Hargreaves
bill@larkhillfarm.co.uk

182 *Dino* (Spinone Italiano)
GCH CH Brier Creeks Dynoche Know
Gunsmoke
Breeders: K. & J. Mann
Owner: H. Key
fieldnfeathers@ymail.com

185 *Zeus* (Chesapeake Bay Retriever)
Zoe's Classic Zeus
Owners: Mr. & Mrs. Prodromakis
alypro42@yahoo.com

187 *Jasper* (Labrador Retriever)
Adula Jade
Owners: Mr. O. & Mrs. F. Morley
ollycooper@btinternet.com

188 *Popcorn* (Labrador Retriever)
Ken Millix Honeybear
Owner: Miss A. Seel
bella@bellaseel.com

190 *Rosie* (Golden Retriever)
Tenfield Coral Sea
www.tenfield.co.uk

192-193 *Bo* (Scottish Terrier)

Rwffys Rockerfeller
Owner: Mrs. C. Adams

194 *Amber* (Manchester Terrier)
Twisel Gregory's Girl
Owners: Mr. B. & Mrs. A. Hargreaves
bill@larkhillfarm.co.uk

196 *Robbie* (Dandie Dinmont Terrier)
CH King's Mtn Robert The Bruce
Breeders: Mrs. S. Pretari Hickson & B.
A. Stenmark & V. Wilson
Owners: Mrs. S. Pretari Hickson & D.
Chambers Bau & V. Wilson
sandra.pretarihickson@gmail.com
www.kingsmtndandies.com

199 *Krystal* (Bedlington Terrier)
GCH WmShire's Krystal Blue Jewel
Breeder: N. Peterson
Owner: N. Peterson & R. Lundin
nadinepet@gmail.com

201 & 202 *Jemima & Bumble* (Border
Terrier)
Pourciaux Raz (*Bumble*)
Pourciaux Roselle (*Jemima*)
Owners: Miss S. Wethey & Miss B.
Wethey
bellawethey@gmail.com

205 & 206 *Suzi* (Airedale Terrier)
Moonlight Mist
Owner: Mrs. K. Protheroe
kath.protheroe@swansea.gov.uk

208 & 211 *Bo* (Scottish Terrier)
Rwffys Rockerfeller
Owner: Mrs. C. Adams
chuff.wake@tiscali.co.uk

212, 214 & 215 *Zhara, Spencer, & Lady
Alice* (West Highland White Terrier)
Rwffys Rockerfeller
Owner: C. Botha
celeste.botha@telkomsa.net

217 *Bear* (Irish Terrier)
Bearnard
Owner: Miss G. Freydl
gabf2000@yahoo.com

219 *Gladys* (Soft-Coated Wheaten
Terrier)
CH Heirloom To Infinity & Beyond
OA OAP
Heirloom Wheatens
Owners: P. Chevalier & R. Bergman
pjcheval@yahoo.com
www.heirloomwheatens.com

220, 222 & 223 *Karma, Smooch, &
Moxie* (Wire Fox Terrier)
GCH Dalriada's Instant Karma (*Karma*)
Rockinfox Sincerely Hugs & Kisses
(*Smooch*)
Rushinons Outfoxed Me Once Too
(*Moxie*)
Owners: K. Read & S. Loudenburg
read@rmi.net
rockinfox@gobrainstorm.net

224 & 227 *Bentley* (Parson Russell
Terrier/Jack Russell)
Bentley Blower
Owner: Mr. Z. Helm
zebhelm@gmail.com
www.zebedeehelm.com

228-229 *Javier* (Pug)
Owner: M. Taylor
mariasdogs@optonline.net

231 & 232 *Rainbow* (Shih Tzu)
Chodeas Eastern Star
Owners: Miss S. & Mrs. M. Dean
cherriedean@sky.com

235 *Bruno* (Lhasa Apso)
Valeview My Cheeky Fella
Owners: The Lees
steve.lee.2@hotmail.co.uk

237 & 238 *Marcus & Finlay* (Pekingese)
Jidorian The Apprentice For Delwin
(*Marcus*)
CH Dreamtines Odds On For Delwin
(*Finlay*)
Owner: Mrs. G. A. Godwin
toydom@aol.com

240 & 243 *Javier* (Pug)
Owner: M. Taylor
mariasdogs@optonline.net

245 *Sparky* (Chinese Crested)
Hitmonchan Angel Secret
Owner: J. Jones
hitmonchan@btinternet.com
www.freewebs.com/hitmonchancresteds

246 & 249 *Pablo* (Chihuahua)
Owner: Miss R. Jones
rachel.annjones@hotmail.co.uk

250 *Pablo* (Papillon)
Owner: Miss R. Jones

252 & 255 *Tito* (Pomeranian)
CH Velocity's King of Mambo
Mr. J. Bendersky
www.planetjorge.com

256, 258 & 259 *Justin & Patsy* (Poodle)
Donnchada Just Right (*Justin*)
Multiple BIS, BISS CH Donnchada
Sweet (*Patsy*)
Donnchada Poodles
Owner: E. Brown
donnchada@yahoo.com
http://www.donnchadapoodles.com

261 *Dotty* (French Bulldog)
My Favourite Domino
Owner: Miss K. C. Evans
k155_kim@hotmail.com

263 *Bowie & Patience* (Boston Terrier)
CH Constellation's Ziggy Stardust
(*Bowie*)
Constellation's Patience Is A Virtue
(*Patience*)
Owners: Mr. & Mrs. Kaesemacher
timvalk@comcast.net
www.constellationbostons.com

265 & 266 *Charles* (Cavalier King
Charles Spaniel)
Owners: Mr. & Mrs. E. Mill
millmob2@comcast.net

269 *Lola* (Yorkshire Terrier)
Owner: L. Hughes
lolajanehughes@gmail.com

271 & 272 *Fleckie* (Dalmatian)
Owner: Mrs. D. Honl

致谢

感谢英国养犬俱乐部（www.the-kennel-club.org.uk）、美国养犬俱乐部（www.akc.org）和联合养犬俱乐部（www.ukcdogs.com）分别提供了官方的犬种标准，以及关于诸多犬种各个方面的翔实且珍贵的信息。

感谢所有私立犬种俱乐部，感谢英美的犬种专家及历史学家给予无私的帮助和教导，使我们受益匪浅。

衷心感谢Mark Fletcher, Jane Laing, Dean Martin, Elspeth Beidas及所有团队成员的耐心、支持与指导，感谢以下全体人士（如有遗漏，深表歉意）：

Adele Nicholson
Adrian Bicknell
Angela Danvers-Smith
Ann Taylor
Anne Deranmar
Anne Roslin-Williams
Barbara Baese
Barry Bull
Barry Offiler
Beryl Kay
Betty Anne Stenmark
Betty Smith
Bob Plott
Bob Thomas
Bonnie Dalzell
Brenda Willliams
Caroline Riggs
Carl Gomes
Carl Yochum
Carol Cooper
Charla Hill
Chawn Santana
Christopher Adams
Chris Carberry
Chris Hazell
Colin Bowker
Dareen A Bridge
David Crossley
David Webster
Deborah Harper
Dexter Hockley
Diana Allen
Diana Phillips
Don Abney
Dorothy Grayson Wood
Doug And Louise Collier
Ed Thomason
Eileen Geeson

Ellen Minto
Elspeth Kelly
Ermine Moreau-Sipiere
Ernie Hill
Geir Flyckt
Gill Taylor
Gillian Burgoin
Graham Foote
Graham Rogers
Gwen Eddie
Helen Burke
Ian Halbert
Ian Seath
Jackie Jones
Jackie Shore
James Pound
Jan Wakerley
Jill Cowper
Jim Grebe
Jim Todd
Joanne Silver
John French
John Steele
Jorge Bendersky
Judith Ashworth
Judy Creswick
Julia Harris
Kevin Moore
Leslie Bauman
Linda Carnaby
Lisa Cowley
Liz Egan
Lorraine Harvey
Lt. Col Dennis Foster
Lynn Randall
Lynne Luff
Margaret House
Marion Hipkin

Martina Gates
Mary Lowe
Mary Swash
Max Jones
Michael Harrisson
Miranda Brace
Monica Davi
Nick Clancy
Norma Armstrong
Norma Barnes
Officers And Committee Of
    Basenji Club Of Great Britain
Pat Leach
Pat Muggleton
Pat Munn
Paul Livesey
Pauline Barnes
Peggy Dawson
Peter Rousseau
Peter Yardley
Rebecca Berra
Rhoda Patience
Richard Edwards
Richard Newman
Rita Bartlett
Rob Hill
Roy Essakow
Sally Sutton
Sandra Allen
Shaheen Shahani
Steve Tillotson
Stephen Rew
Sue Nicholls-Ward
Sue Thompson
Toni Hyland
Valerie Foss
Violet Bruce

最后，如果想查阅或咨询包括官方犬种标准在内的各项信息，强烈建议您联络各家犬种机构，联系方式均可在英国养犬俱乐部的官网查询。

《狗的情义》穿越历史、跨越文化，将最受欢迎的犬种及最默默无闻的犬种尽数囊括。本书展示了形形色色的犬种，但并非"展示犬"索引，亦非犬种大全。书中的文字和图片涵盖"各界犬士"，旨在展示各类犬种的情义与风采，突出其本质，描述其历史，呈现其天性。